經營顧問叢書 ㉝⑨

U0070577

企業診斷實務

黃憲仁　編著

憲業企管顧問有限公司　　發行

《經營顧問叢書》叢書出版緣起

　　市場競爭激烈，更面臨來自國際間的新挑戰，企業界均渴求實際指導方法，以尋求贏的策略。

　　業者為求生存、求勝利而開創出的各種決策與執行後，內中的甘苦，值得敬重，尤其是成功經驗，最值得我們珍惜與吸收。

　　堪稱「企業醫生」的經營顧問師，在多年輔佐企業，本身必然累積甚多寶貴經驗與成功 Know-How，其精華卻僅受限於聘僱企業可加以幸運獲取；憲業企管顧問公司為服務廣大的社會讀者，特別策劃 ＜經營顧問叢書＞，高薪約聘各類顧問師，出版系列叢書，其基本精神，即在於提供本土顧問師成功實戰經驗，他山之石，以啟發經營智慧，為企業的繁榮而共同奮鬥。

＜經營顧問叢書＞　叢書企劃：任賢旺

《企業診斷實務》

序　言

　　市場競爭激烈化，各國產品的加入角逐，逼使我們不得不加緊管理與行銷，遺憾的是，我們如不設法提升經營管理技術來配合，很難有突破性的發展。

　　企業的經營管理是一個複雜的過程，有許多瑣細環節，牽一髮而動全身。企業小容易失敗，難以抗衡競爭；為什麼企業大了，反而倒下去更快，其實企業利潤的獲得並非需要那麼辛苦，只要關注某些關鍵步驟。遺憾的是，多數企業人士並沒有認識到這個道理，因此每天都有大大小小的公司在倒閉。

　　企業為求生存，為擴張的過程中，必然碰到種種難題，過程處理時，倍覺辛苦，成功後加上回味當初的辛酸，更感受成功果實的甜美；顧問師在與企業經營者並肩作戰之餘，更充分體會其中甘苦滋味。

　　作者擔任企業經營顧問師 26 年，在指導各產業界的企業經營者，印證出「企業只要觀察成功企業的足跡」，可以在確保成功基礎上，省下大量的寶貴資源。而這類的成功經驗，是顧問師在多年協助企業經營者所累積的 Know-How，更為珍貴，值得企業界加以留心。

　　坊間行銷書籍雖多，十之八九是介紹經營觀念，漫談基本觀念，卻常缺乏各種具體經營方法。作者在企管班授課之餘，常接獲學員心聲反應，苦無入門實施之法。

　　作者常至台灣、大陸、吉隆坡等地，執行企業診斷輔導或經營

管理之演講，推動業務時，常苦思「如何協助企業提升營運績效」，是本書的最大動機。

企業經營者、高階主管，常在實際工作歷練中，不斷的累積獲取心得，若終其一生，花費本身寶貴的青春時間於「嘗試錯誤以累積經驗」，其方法是一種錯誤，無謂的浪費，「**如何有效的吸取別人成功經驗，加以體會，獲取精華，才是企業成功捷徑**」。

有鑑於此，作者提出多年的企管顧問師實戰經驗，探討企業各種經營管理實務問題，**儘可能具體而詳細的解說各種技巧與管理，希望對貴公司經營管理績效有實質俾益**。

全書以企業診斷為切入點，說明企業之病態，並以通俗易懂之說詞，解釋企業管理的奧妙，最後提出解決對策。不斷強化經營實力，謀求企業之健全經營，確保企業持續成長和長遠之發展。

本書提出「企業是會倒閉的」，對不敬業的經營者、高階主管，予以當頭棒喝，企業只要稍不敬業，一個不小心，就會負傷、死亡。

企業經營者會影響到企業前途，顧問師觀察經營者的能力，就可以未卜先知該企業的未來前途。要診斷改善企業，必須掌握企業的性格；企業型態不同，營運操作必有截然不同，因應企業特色的改善，才能獲致事半功倍。……（第 1 章）

行銷顧問師常扮演鐵口直斷的相士，其實是由財務報表看出企業的營運績效（或是各種經營缺失），經營者要善用數據管理，不僅要看「損益表」，更要懂「資產負債表」，善用報表協助而提升管理績效。……（第 2 章）

顧問師如何診斷、改善企業弊病呢？首先就是要找出「實情」（FACT），其次是契而不捨的找出「問題的根源」，才能對症下藥，提升績效。……（第 3 章）

經營企業必須有方向、有目標，經營者要提出「願景」來領導員工，訂定出屬於自己公司的經營計畫，指出目標、方針，更標示「做什麼？做多少？怎麼做？」

經營者要卯足全力，帶領員工向前衝，稍有閃失就會觸礁沉沒；經營者有如船長，要利用精彩的數據管理，以確保在大海航行安全。。保持競爭優勢，本身要創新，否則就會倒閉。成功技巧在於發揮核心專長，創造出競爭優勢。……(第 4 章)

競爭日益嚴重，只要「企業有生產力，就不會倒閉」，如何評估生產力績效，改善生產力呢？本書有介紹。……(第 5 章)

企業要善盡社會責任，首先必須有獲利，今後必須朝向「提高利潤」，「加快週轉速度」，「穩定經營」三個層面而努力。……(第 6 章)

觀察營業額變化，顧問師就可看出企業的命運；瞭解營業額的變化程度、變化趨勢，並分析增減的真正原因，(是成長或虛胖)，使企業朝向均衡發展，永續經營。……(第 7 章)

掌握「銷貨成本創」，對公司營運有重大關係，企業不瞭解本身的真正銷貨成本，可能發生「做愈多愈慘」的窘境。從分子、分母層面，個別深入檢討管銷費用，檢討的原則是：「管銷費用必須對創造收入有幫助」。……(第 8 章)

企業必須有效的進行商品企劃工作，進行產品差別化與市場區隔化，商品定位成功，設法鞏固客戶，化解客戶抱怨……(第 9 章)

人事總費用，每年都在往上爬，隔數年即倍數增加，檢討「用人費率」，消極面在控制員工人數，積極面在提升員工貢獻績效。……(第 10 章)

要根據企業本身的特性與需求，而制定有效的行銷組織，並且

診斷組織績效隨時檢討修正與重整，以確保行銷部門的生產力。……（第 11 章）

　　企業在埋頭苦幹，致力於擴大營業額的當中，要注意「利息支出」的變化；要診斷企業的弊端，「利息支出」多寡，是一個重要指標。……（第 12 章）

　　企業「自有資本」不足，基礎脆弱，成長困難；業績太少，無法承擔虧損，而一旦業績遽然放大，營業額擴張，更面臨資金週轉之窘境，經營者不可忽略「強化本身的財務體質」。……（第 13 章）

　　企業的週轉，要靠資金的良性循環，一旦資金緊張，就有「黑字倒閉」的危險，不可不慎！……（第 14 章）

　　銷售之目的在於「追求利益」，並不單是將產品賣出，銷售僅是「發生階段」仍必須收回貨款，兌現貨款，收益始告實現。……（第 15 章）

　　企業會重視財務、現金，卻忽視放在倉庫的現金（即庫存）；成功的企業，在提升績效的當中，都會有共同的措施：提高週轉率，降低庫存量。……（第 16 章）

　　本書特別適合企業的高層管理者、部門主管、所有對管理感興趣，又苦於找不到合適教材的人閱讀。作者擔任顧問師，一向秉持協助客戶、服務企業，客戶若有實際經營瓶頸，歡迎來電詢問，作者樂於討論。

《企業診斷實務》

目　錄

第 *1* 章

企業經營者可決定公司命運

在診斷企業時，除了與部門主管見面溝通、討論問題，我都會堅持要和企業經營者會談，設法瞭解他的個性、想法、習慣、心態、經營哲學等，深信一件事情：成功的企業，經營者一定是非常努力，反過來說，一個企業如果出現經營危機，乃至於倒閉，問題也都是大部份出自公司的負責人。

成功的企業，都會有令人欽佩的經營者，公司負責人動見觀瞻，其一言一行，均會在公司內部產生上行下效的作用。失敗的企業，爭權奪利，搞權術，員工鬥成一團，「上樑不正，下樑一定歪」，公司終難逃關門的命運。

一、經營者的健全心態，決定企業的前途

全世界的企業，每年都以快速的時間在誕生與結束，各位如果查閱企業資料，會發現到即便是五百大企業，也會消失。

作者在企管班授課，常喜歡講授一個笑話，一方面引起學員的上課興趣，再者也對高階幹部加以提醒企業經營的殘酷面：

一個董事長匆匆忙忙從外頭走回公司時，見到門口一位新來的工友在整理環境，問道：「你何時來公司上班的？」

工友答道：「前幾天才來報到的。」

董事長看著工友，然後說道：「好好的幹，終有一天也會像我一樣，做個董事長。」

工友回過說，看看董事長，過了一會兒，也說道：「董事長您也要好好的經營，否則有一天也會像我一樣，做個工友。」

只要不努力經營，企業就有退步、倒閉的危險。

作者常對企業經營者強調，對企業的各種作法都要存在「永續經營」的觀念，以負責任，敬業的心態，來處理平常的任何事。

然而，遺憾的是，全世界的「百年老店」實屬不多，因為企業只要一不小心，隨時都會受傷，甚至倒閉死亡。

中小企業多是由經營者決定企業的一切活動，因此，經營者的性格及能力左右著企業的經營方針，可以說診斷的最重要對像是經營者個人。

一般家庭主婦到市場買魚，看魚是不是新鮮，都會先仔細觀察魚的眼睛，如果魚的眼睛混濁不堪，那麼，這只魚一定不新鮮，甚至已快腐爛。為什麼挑魚要看魚眼，因為，魚是先從魚眼，也就是魚最重要的部位開始爛起；同樣道理，一個企業如果是出現問題，也是先出自「企業經營者」身上。

數年前，經濟景氣好，各企業紛紛擴充，跨行多角化經營，企業經營者野心強烈，結果遇到時機不好，例如景氣蕭條，亞洲金融危機等，企業紛紛被淘汰出局。作者一再強調「企業經營者對企業的重要性」，必須「專心務實經營」。尤其要確保「核心業務」的優勢。隨意從事非本行的業外投資，終歸會失敗的。有個關於「禪宗」的故事：

有位達官貴人到禪寺拜訪主事禪師，希望大師開導智慧，讓他能在極短時間內瞭解人生大道理；於是問大師：「何為佛法最高境界？」大師回以：「吃飯、睡覺。」客人再問：「何以故？」大師說：

「吃飯的時候吃飯，睡覺的時候睡覺。」客人於是稱謝離去。

旁人皆大惑不解的問那位客人：「這到底是怎麼一回事啊？」

只見那位達官貴人回答說：「想想看這世上有多少人能吃飯的時候專心吃飯，睡覺的時候專心睡覺啊。」

在做人哲學，有句話：「坐有坐相，站有站相；做什麼像什麼！」經營企業也要專心，不論企業規模大小，重整、拍賣、倒閉的消息經常見諸報章雜誌；而其中一個人為所常見的原因是：企業事業主野心太重，大量舉債從事非本行的業外投資，高杠杆的財務金融操作（股票投資）或非相關事業多角化的擴充併購，以致拖垮整個公司的財務結構，造成企業營運資金短缺，只要有小小的風吹草動的影響下，馬上出現危機倒閉的慘劇。

創立英代爾企業（INTEL）的葛洛夫總裁，在他所著作的「十倍速時代」書內，強調「市場與外在經營環境變化越大，越要有專心本業、努力創新的執著。」因為天下沒有白吃的午餐，而真正企業家的企業家精神，與敢下大注的賭徒投機心態是截然不同的。

企業經營者要具備憂患意識，戰戰兢兢的務實經營，才能打開成功的大門。

豐田汽車要連問 5 個 WHY，要有「從毛巾擠出最後一滴水」的苦幹精神。統一企業公司的高清愿董事長，認為經營者要有「從砂礫中榨出油來」的經營精神。他說儘管每個人對成功的定義，不盡相同，再加上個人的際遇與環境不同，所該具備的成功條件，也不完全一致。不過，從過去三十年來，統一企業從無到有的經營方式來分析，興辦事業，企業負責人唯有秉持一股「從砂礫中榨出油來」的經營精神，才可能啟開成功的大門。

從砂礫中榨出油來，就是一種不服輸、創新、化不可能為可能的經營態度，也是統一企業成長的一項主要動力。

多年前，統一公司由於看好優酪乳在臺灣的銷售市場，因此，自國外進口機器設備，投資生產稠狀的優酪乳產品。未料產品推出後，由於不符國人的口味，最後被迫退出市場，這套昂貴的機器設備，也閒置在一旁。為了避免資源的浪費，就請公司的技術人員，針對這套機器設備的特性，仔細研究，是否可以移為他用。

對於這項做法，部份業界人士是投以懷疑的眼光，甚至認為，根本就不可能，因為每種機器都有其生產特性，要改變其性能，移為他用的可能性是微乎其微。

但是，這套機器在技術人員絞盡腦汁，全力突破後，終於成功的改裝成生產布丁的硬體設備。統一的布丁產品上市後，立即席捲市場，佔有率一度達到百分之百，迄今仍有 50%的市場佔有率。

這個成果，就是充分發揮了「沙中榨油」，把不可能化為可能的創新精神。

整體而言，一個企業，如果由上至下，充斥著「沙中榨油」的精神，一定可以在業界佔有一席之地，因為，對這個企業來說，沒什麼是做不到的。

二、經營者對企業前途的重要性

作者常接觸企業經營者，感受到企業經營者的心態、能力、個性，都對企業影響之深，甚至在接受診斷後，提出診斷報告建議書，有「建議企業經營者轉擔任董事，另換人擔任董事長、總經理職位」之情形發生。

企業經營者要設法經營該公司，造福社會，保障員工，股東權益，在不得已時，甚至會考慮到「犧牲自己以解救公司」。作者的日本顧問師朋友來台敘舊聊天時，就曾提到「早期的日本企業經營者本身利用

自殺，獲取保險理賠金，以拯救企業。」

不景氣逼死人，在長期嚴重不景氣下，日本自營業者、企業經營者受「經濟苦」所逼而走上絕路者，屢有所聞。最近，企業經營者以自殺「獲取」自己的保險金來拯救公司的例子，有增加之趨勢。

提出此事件，是在強調：經營者對企業之重要性，必須在「有生之年」都要設法照顧到企業的生存與成長，「只要有一口氣在，都必須使公司生存，照顧到員工」。

許多企業經營者常在抱怨「向銀行借不到錢」，其實銀行也是營利單位，本身也追求營運績效，如果發覺「企業很糟」、「經營者心態不正直」等不利的狀況，當然銀行決策就會保守從事。

銀行在評估一個「貸款案件」時，「經營者的心態」是授信的重要關鍵。

企業向銀行借錢，銀行徵信人員除了從客戶過去信譽來判斷外，還可多方瞭解經營者的想法。如果客戶寧願吃泡麵，也不願意欠錢，那麼很可能是好客戶。

一個銀行界朋友，他是負責「放款部的襄理」，提到一個經驗，多年前他到高雄工業區看一家鋼管工廠，老闆殷勤地帶他看辦公室，只見裝潢相當豪華，四面是大理石牆壁，地上鋪的地毯毛將近 10 公分厚，還有套房設備。不過到廠房時，發現整個生產線竟然沒有運轉，一問之下，老闆解釋等一個重要機器從日本運來，就可以開工。

後來銀行拒絕公司老闆增加授信額度的要求，不加以放款，並漸漸減少和他往來，原因是「如果他真的有心經營公司，為何不把錢花在想辦法買回機器上，反而用來裝潢辦公室」。經營心態不正直，或者隱瞞事實真相的客戶，都是拒絕往來的客戶。

不是經營者誠實正直就好，還得專業掌握狀況、經得起市場考驗。有的企業家第二代連財務報表都看不懂，甚至連產業前景、公司

發展策略及特色都不瞭解,只會談股票價格多好。這些都不是正常企業經營者應有的作法,如果他們向銀行申請借貸,銀行是都會傾向「拒絕往來」的!

　　診斷企業時,絕對不可以省略對經營者的「瞭解」。或者說是「診斷」,主要就是因為「經營者」因素太重要了!不只是「經營者的能力」要強,甚至於還必須要「均衡發展」。

三、企業經營在於要平衡化

　　1859 年法國走鋼索專家布隆迪,他開創了一個舉世矚目的特技表演。他在繩索長一萬一千英呎,離瀑布高 160 英呎的上面表演了很多絕活:如用袋子蒙住雙眼。在上面推著一輛獨輪單車、或是背了一個人、在繩索上踩高蹺、或是在繩索上走或吃煎蛋時,突然中途一屁股坐下去等等。

　　一個公司的經營管理工作,固然沒有像布隆迪的表演一樣這麼壯觀、矚目,但是它也必須持續的採取各種平衡措施,以便得公司能平穩的順利運作。公司錯誤決策所帶來的後果,往往直接影響到許多人(員工、股東、債權人等等)的幸福,比布隆迪在萬千觀眾的歡呼聲中失足還要來得嚴重得多。經營階層往往在兩難的情況下面臨抉擇,就好像在繩索上保持平衡一樣,例如公司是要集中力量在開拓市場上呢?還是要針對貸款方面全力以赴;是增加存貨數量以提供迅速的客戶服務呢?還是減少存貨數量以降低成本:是要花大錢,買最好的機器設備以提高競爭能力呢?還是要在公司面臨不景氣時,採取大刀潤斧、降低成本的整頓措施呢?這些都是經營階層所面臨兩難情況。

　　經營者所面臨的問題既多又複雜,而且他的能力還必須設法「平衡化」,以便在「行銷」領域、「財務」領域、「生產技術」領域的能力,

設法加以平衡。

四、企業經營階層應俱備行銷、財務、生產技術的功能

企業要正確運作，固然有賴各部門主管的操作，經營者本身也要有「十八般的武藝」，依作者的企業輔導經驗，一個企業的興盛與否，有賴於這個經營者的能力、企圖心，基本上，經營者應俱備著「行銷部門」能力、「財務部門」能力、「生產技術部門」能力，俱備著通盤策劃與執行的能力，若有所缺失或不健全、不平衡，長久之下，必會發生問題。

經營者偏重某一層面，就會加強、突出一個層面的表現，形成局部優勢，但是企業的經營講求均衡發展，否則必出問題，因此，企業經營者一定要有智囊團的成員。

經營者如果偏重生產技術，則會有熱衷於設備的更新、擴充的傾向，結果對設備著了迷，不知從資本回收的角度考慮，這樣，設備雖然擴充了，訂貨卻枯竭了，陷入資金週轉不靈的困境。

滿足市場需求的技術，對於以增加顧客為目標的事業來說，固然是一個重要的部門，但「技術」並不等於「經營」，「技術」只是企業經營的一環而已。

如果，經營者偏重財務，因此凡事有憑有據，傳票制度完善，統計完備，可是銷售量成長率卻停滯不前。

財務本來就是處於保守，掌握了數字，弄清了問題的所在，就必須開始行動。一味玩弄數字的統計，根本無濟於事，只有將數字工具付諸行動，才會有成果。

財務部門處處謹慎、冷靜的作風，對企業的經營確實很有必要，

可是財務並不等於經營,財務管理的好,並不表示企業就會運作順利。

如果經營者是營業部門出身,或是偏重營業部門,通常會把全部精力傾注在提高銷售量上,這容易拉長戰線。例如有的公司,資金一百萬元,銷售額達五千萬元之多,然而呆賬卻有五百萬元,結果全部資金都報銷了,這種情況,不乏其例。

呆賬多,將公司一次拉下海,造成倒閉;或是公司銷售快速成長,結果資金週轉不靈,造成「黑字倒閉」;甚至於,公司不要快速成長,還有存活空間在。

財務不等於經營,銷售不等於經營,而生產也不能視為經營。所謂經營,就是使生產、銷售、財務這三者適應變幻無常的經濟形勢,保持平衡。生產和銷售如不能保持平衡,產品庫存量就會增加,賒欠賬款如長期收不回來,銷售和財務就會失去平衡。

如何將生產、銷售、財務工作的平衡問題,乃是經營生存問題。經營能力的平衡,是極為重要的,如果這種經營能力喪失平衡,企業經歷一段時間後,一定會爆發問題,影響到企業的生存。

五、要有智囊團協助

企業經營者要俱備「行銷」、「財務」、「生產技術」三方面能力,而且要均衡發展,但在實際社會中,實屬少類,因此,如何突破呢?首先,企業經營者要有此正確心態,並且隨時充電,吸收新知識,其次,是內部組織單位有優秀的幹部,最重要的是,經營者一定要有智囊團成員。

一位優秀的經營者應該在週圍尋求良策,以彌補自己之不足,也就是搜集智慧,供給己用。任何偉大的經營者並非以為自己什麼都會,而是明白「自己什麼都不會的人」才是了不起的。經營者的頭腦

要靈活，若能做到「知之為知之，不知為不知」的經營者，才是真正有前途的。

經營者對企業的前途，有重大的影響，為了強化本身的能力，或者是彌補自己的能力缺點，就必須在組織層內有「智囊群」，而且要能夠採納良言。

在日本的歷史上，曾經統一諸侯的豐臣秀吉，當他在攻破高松城以前，一直是起用竹中半兵衛的智謀，從那時以後，更增加起用田勘兵衛這個人，所以他們倆人是豐臣秀吉的左右手。豐臣秀吉最初無統一諸侯的野心，後來由於採用良將的策略，才能攻破了一城又一城，他的成就得力於友人的才能居多。

凡是發展性的公司，也一定要有智囊團的組織才好。當然，參謀人員並不是時時刻刻都準備打戰的，但是，他們大部份人都能提供卓見和識力。凡是倒閉的公司，幾乎都沒有什麼參謀人員這類人的存在。

在企業方面，倒閉企業的百分之七十都和經營者的性格有關。美國的一句有名的諺語所說：「只要得到適當的湯匙（指經營者），罐子（指公司）就不會翻倒。」

經營者要關心的主要工作甚多，他主要工作是制定計劃、分析等（如決定事業內容、設定目標等），還需要採取迅速果斷的行動，以處理重大問題。再說有些企業，需要考慮長遠將來的事，或必需處理當前緊迫的問題。另一方面，還要調解公司內人事糾紛、籌措資金等工作，要求具備協調的本領。還有其他一些工作，有的需要有教育家的能力，有的則需要巧妙的交際能力。

有時恐怕還需要鋼鐵般的腸胃和應變自如的修養。因此，經營者至少必須具備三種性格。有思考能力、有行動能力、有魄力。企業要取得成功，這三種性格都必須同時充分發揮。

由於中小企業無法組成像大企業那樣的董事人才，經營者必須擁

有多方面、平衡的力量,或者擁有多位高階主管各方面的力量,否則經營者性格上的不平衡,容易帶來致命的缺陷。

　　經營者的職務,他所管轄的工作實在太多,無論如何也不是一個人所能完成的。因為這些工作的任何一項都對企業具有決定性的重要意義,處理起來很難,而且需要大量的時間,執行這些任務,就需要細緻的計劃和準備。

　　因此,除非經營者本身具備「強大的能力」,否則就必須有堅強的「董事會」或友人、顧問師充當智囊團,來作為後盾。

　　憲業企管顧問公司專門出版各種實務的企業管理圖書,幫助企業解決各種經營難題,各圖書名稱詳細資料,請參考本書末頁。
　　或是直接上網查詢:www.bookstore99.com

第 *2* 章

要重視數據管理

在診斷企業績效的經驗裏，發覺企業高階主管、經營者仍不關注「資產負債表」、「損益表」，或者甚至於「看不懂報表」！

各位讀者，如果問你「你是否會查看資產負債表、損益表？」你的答復是什麼呢？

一、不懂財務報表，會倒閉

進行經營指導工作，問到「貴公司的財務報表呢？」幾乎所有公司的財務報表，不是壓在抽屜的最底層，要不就是躺在保險庫中。不僅如此，甚至有些公司在會計事務所送來之後，就一直原封不動，連瞧它一眼都不瞧。

「為什麼不拿出來檢討呢？」我問道。結果對方的回答竟是「這個……因為沒人看得懂嘛……」

原因有幾個，一個是「財務報表根本是假的」、「是給銀行看的」，另一個是「本身不重或是根本不懂」，這些都是不對的心態。

有問題，就要快去找解答，各位企業經營的讀者們，快去修習「財務報表」課程，或是買相關書籍自修吧！

在診斷企業之前，會先要求查看企業的財務報表，要分析的財務

報表，至少有「損益表」（Profit or loss）、「資產負債表」（Balance Sheet），所謂「損益表」就是一段的結算匯總表，則是將一定期間的營業成績加以整理的資料。也就是「在這一年之中，我們的營業額、利潤是……、支出是……」之意。

所謂「資產負債表」，是一家事業經過整理後的「財產內容」。如果是年度結算的話，那就表示「經過了這一年，公司目前的財產就是這些」的意思。

你比較重視那一種數據呢？當然，兩者的內容互有差異，但都是重要的數據。然而問題就出在，我們應該將注意力投注在那一方面呢？

根據經驗，大半的經營者都比較關心損益表。如果問「上一年度（或上個月）的營業額是多少？」、「估計獲利多少？」幾乎所有人都可以具體地答出正確數字。再問「上一年度的總資產是多少？」的話，大概就沒有多人能答得出來。更何況是總資本、自有資本、銷售債權、庫存資產……等有關資產負債表的所有科目，恐怕都似乎已自記憶中消失了吧！

各位對資產負債表與損益表計算表較喜歡那一種，多數人都說損益計算表吧，這是錯誤的，P/L 的確容易懂也較有趣，可是如不經常注視資產負債產，會被倒閉的黑影籠罩而不自覺，因為損益計算表沒有列入貸款的數字，P/L 只有從銷售額減去銷售成本而列出利益的經過而已。

資產負債表也列出利益，且有短期貸款、長期貸款及應付票據，並在欄外註明貼現票據的情形。

自古以來經營企業最怕的是債務，經營企業時不去管它也會自然積存的就是應付賬款、存貨、貸款等，又自然會減少的就是銷售額及利益。

　　我們經常可以在工商經濟類報紙上，看到股票上市公司的結算匯總表。這些多項報告中，幾乎都是以資產負債表為公佈的主體。投資者在觀察該公司的資產負債表之後，再判斷是否對該公司進行投資。績優股公司有共通的現象，就是這些公司都有優異的資產負債表內容。例如「銷售債權」或「庫存資產」都不多，同時「借入款」或「應付款」的壓力也不大。

二、企業經營者要懂財務報表

　　經濟快速成長的時代，企業經營不需要化費太多腦筋，只要沿襲前人之例，就能夠達成很好的經營績效。可是，當神話逐漸遠去，邁入國際化與自由化，經營環境愈來愈險惡，面對這樣的時代，作為一位經營者，就必須正確把握公司績效真相，作確實的經營判斷。

　　作者分析許多企業的創始人，他們的出身背景，不外乎「業務部門背景」、「生產技術部門背景」，而出自「財務部門」的經營者最少，一個企業要平穩向前衝，而且要永續經營，必須「功能平衡化」。

　　由於經營者的背景，大都是業務、生產技術，因此在今日的企業中，許多經營者卻非常忽略公司的會計功能。他們認為，「會計」只是事業經營過程中，所發生的金錢、貨物的往來賬單處理與計算而已。有些人更認為，這是事後追加處理的工作。反正只要把每天往來的賬單交給會計師，他就會幫你作成財務報表，企業主只要知道「賺了多少錢」、「必須要繳納多少稅」，專門的事由專門的會計人員去處理即可。更荒謬的是，有些經營者還認為，會計數字可以用對自己有利的方式進行操作。這些人都是會計的門外漢，或可以說是經營的門外漢。

　　一個很重要的關鍵，如果你看不懂公司資產負債表，如何掌握公司的經營？

　　1980 年代後期，經濟景氣旺盛，許多企業隨著社會的泡沫風氣起舞，對公司體質做了錯誤的判斷，導致過度投資。

　　1990 年代以後，金融業、建設業、不動產業等，幾乎所有的產業都累積了大量的不良資產，讓經濟到現在還處於塗炭的深淵。

　　如果從中小企業到大企業的經營者，都能夠經常以透明經營自許，深入理解企業經營原點「會計原則」，那麼泡沫經濟崩潰所帶來的不景氣，應該不至於像現在這麼糟。

三、財務報表可以顯示企業績效

　　要診斷、改善企業，首先必須看它的財務報表，讀者們要到證券公司去買賣股票，也是要注意察看這些股票上市公司的財務報表。

　　現代人脫離不了「投資」，最普及的投資方法之一，是「買賣股票」，投資股票首先就是要看他的財務報表，公司經營、財務體質好，經營者正派，才可以參與股票買賣投資。

　　要投資企業，要先察看它的財務報表，才能挑選出合意的企業對象；反過來說，企業內部若有經營問題，我們也可以從財務報表上察知。

　　財務報表上的數據內容，主要有現金、短期投資、應收票據及賬款、存貨、長期投資或長期股權投資貸項內容。現金通常包含三項：庫存現金、銀行存款、定期存款，此時要注意，銀行存款是否為企業向銀行貸款後又回存，或定期存款有否辦理質押，這些情況都造成現金流動性降低，上述兩情況雖列為現金，但實已非現金了。

　　現金若不足，就容易出現週轉不靈或必須貸款經營，以致增加利息負擔的問題，尤其要留意為何此企業會發生現金不足情況？是本業經營不良，還是經營階層有惡意挪用情事，而成為注意此企業營運的

一項警訊。

看到應收票據，要去查「交易明細表」，檢查是否為關係人交易，若是且金額巨量時，就要當心，集團出事時，這些應收票據較可能變成收不到款項的芭樂票。

其次，要看「備抵呆賬」的金額估算是否允當。「備抵呆賬」運用之妙，可以使股票上市的盈餘增加或減少，以炒作股票市價。備抵呆賬就是企業自認為收不回款項的呆賬，若故意低估，就可增加賬面獲利數字；若故意高估，就可使企業賬面獲利數字減少。

存貨，也是最容易動手腳的項目，例如電子產品，產品生命週期很短、價格變化迅速，今天每件還能賣到一百美元，明天可能就沒人要了，因此，瞭解這些存貨是否有很多是滯銷品，以衡量公司提列的備抵存貨跌價損失是否允當，並參看同類產品的存貨週轉率，在與過去週轉率比較後，若有變慢，則要評估是否應改列為滯銷品，而非存貨了。

投資也是一個例子，例如短期投資可看出此企業買賣股票的盈虧，當虧損很大時，就需要提列備抵跌價損失，自然會影響獲利。

四、從報表掌控企業的危險訊號

企業經營者不看財務報表，不掌握數據，企業可能稍不小心，就會面臨倒閉了，各位不要認為在開玩笑！

各位一定知道，企業經營不善、有虧損，就會倒閉，卻不知，若是產品有利潤，也是有倒閉的風險。

企業也許正陶醉在計算單一產品的獲利，洋洋得意，卻不知碰到週轉不靈而倒閉，造成週轉不靈的原因，可能出自「應收賬款」、「庫存」、「不當投資」等等。

如果產品銷售，扣除成本、費用後仍有利潤，若利息居高不下，所得利潤全部用在「支付利息」，有如「人體沒有復原能力」，終無法挽回。

企業導致倒閉的最終現象，就是到達了已無法靠貸款來挽回的局面。輪船會沉沒，是由於船已傾斜卻沒有復原的力量，如果還有復原能力就不會沉沒。

假設公司資產有如水槽內的水，公司資產有 8 公升，現在「營業額銷售業績為 14 公升」，然後流入(營業額)14 公升，但是下方的水龍頭又流出 12 公升(銷售成本)，最後的結果是水槽中剩下 10 公升，與最初的存量比較，現在是多了 2 公升。

14 公升是營業額，12 公升是銷售成本，多出來的 2 公升是利潤，損益表所要表達的重點，不出這個範圍。

問題是：「原有 8 公升，又再加上 2 公升，最後形成 10 公升，表示是資產，如果是髒水，就無法飲用」。

其次，站在「損益表」立場是評估「流入資產 14 公升，流出資產 12 公升，因此多出(利潤)2 公升」，在「損益表」分析，是要研究這個利潤 2 公升，而站在「資產負債表」立場，則是去檢討整個流程，每階段剩下來的是什麼水？可以飲用否？

庫存或應收款都是資產的一部分。如果這所剩下的「資產 10 公升」，代表的是現金的話，那就什麼問題也沒有，但若為庫存(甚至是不良庫存、呆賬)的話，就會有「週轉不靈的危險」，那就完沒法子解救了。

五、企業經營者要重視數據管理

經營企業，有如在波濤洶湧、滿布暗礁的大海中，駕駛一條船，

經營者就像是掌舵的船長，隨時要掌握、分析各種情況，以利向前行駛，否則稍有閃失，極可能觸礁沉沒。

重視「數據管理」，就是經營者在大海航行中，確保航行安全的重要工具之一。

經營企業的過程，出現虧損的現象，不足為奇，畢竟，商場如戰場，盈虧勝敗皆屬常事。一般來說，公司如果賠了錢，經營者能知道賠的是什麼，為什麼會賠，這個公司大體還有救。最可怕的是，有些經營者對於公司賠了些什麼，到底是怎麼賠的，糊裡糊塗，甚至一無所知，像這類盲目經營，凡事不知追根究底的經營者，必定遭市場淘汰。

企業經營者對數據要敏感，對每一項產品，從成本、銷售、賺或賠，無論是數量、價格，盈虧原因，都要分析得清清楚楚，作成報表後交給經營者，作為決策的依據，就是避免盲目經營，一意孤行。

經營企業要追根究底，這方面，曾有過反敗為勝的經驗。

20多年前，向某家日商，買了一個牛奶工廠。接手時，這個工廠虧損頗巨，且未充分發揮產能。兩、三個月後，在整頓下，每天牛奶的產能，從3萬瓶提升至10萬瓶，同時在中市場銷售一空。可是每月結算下來，仍然賠錢，甚至還愈賠愈多。對於這種現象，公司許多人都百思不得其解。立即請財務部門進行成本分析，研究所有相關的財務數據數據，一定要找出原因，最後終於查明真相。

原來早先這家奶品工廠的生產比例，70%是鮮奶，30%是調味奶。接手經營後，基於鮮奶頗受市場歡迎，所以仍維持這種生產方式，沒想到，鮮奶的成本分析，竟然是每生產一瓶，就賠5毛錢，我們生產的多，當然賠的也多。反倒是調味奶，每一瓶可以賺5毛錢。知道原因後，立即要求工廠，把這兩種奶品的生產比例對調。調整後的當月，這個工廠就轉虧為盈了。

身為一位經營者，腦子裏絕不能有糊塗這兩個字，遇有狀況發生，一定要打破砂鍋問到底，不僅要知其然，更要知其所以然，唯有本著這種精神經營事業，才能掌握制勝的契機。

六、數據管理的重要性

從報章雜誌的報導，可知道許多企業的倒閉，其倒閉原因甚多，各位讀者在本書各章節均可發覺「原因」與「對策」，其中有一個原因，是「可歸諸於經營者本人之因素」，在於「經營者對數據無法掌握」、「經營者迷迷糊糊」，讀者參考下列表格，在一份調查「企業倒閉的原因」，身為企業經營者，提出意見，佔最大比率者是表示「原因可歸諸於不景氣者，佔 67.7%」，此外尚有「原因是資本不足，佔 48.2%」（如 A）等；但是，在由「金融機構角色之評估看法」（如 B），卻有不同的看法，他們認為「企業倒閉，最大原因在於經營的無效率，佔 58.9%」，換句話說，原因出在經營者本人身上。

說出來，各位可能很難以相信，各位都知道「企業經營者有兩套財務賬本」，為什麼呢？令人難以相信的一件事實，臺灣的企業界因企業未能建立健全的會計制度，一種業績具有兩套賬，到最後可能變成三套賬，虛虛實實，真真假假，弄得老闆也迷迷糊糊，月終決算無從做起，預算控制與目標管理，資金計劃與利益計劃等之管理技巧，更是無法運用，最後變成連老闆都也無法知道自己公司到底是盈或虧？若虧損，又出在那個環節呢？根本沒有確實證據可依據，更不用說要如何修正了。

許多企業界的幹部，雖都是第一流大學的畢業生，說起來令人難以相信，竟然連資產負債表也看不懂。利潤一詞的意義也弄不清楚，甚至高級主管既沒有成本觀念，也沒有利潤意識，不只是員工，幹部

沒有數據觀念，甚至一部份的經營者也是缺乏計數管理的經營感覺，這些都遲早會將公司帶到危險的地步！

表 2-1　對日本企業破產原因的分析

失敗的原因	(A)經營者的分析意見	(B)金融機構的分析意見
不景氣	67.7	29.1
經營的無效率	28.2	58.9
資本不足	48.2	32.9
家庭不和	35.1	28.1
不良貸款	29.8	17.6
競爭激烈	37.9	9.1
次本貶值	31.6	5.8
不正直、不誠實	－	23.7
間接費用過大	24.0	8.9
急劇擴張	10.5	7.2
投機失敗	11.6	5.8
選址不當	14.6	2.7
賒銷過多	9.5	3.9
儀式款利息過大	11.1	2.1
市場惡化	11.2	1.9

1. 倒閉企業的調查樣本共 570 家公司。

2. A 欄表示「經營者的分析意見」，B 欄表示「金融機構的分析意見」。

要掌握公司的實際狀態，一定要瞭解，掌握公司的數據資料。因為數字為經營上之結果，是經營的成果，同時依一定的原則，來表達客觀的資料。

運用數據數據，可輕易看出，與一年前的數據比較，即可瞭解「營業減少」、「利益增加」、「經費增多」之變化，也能明確比較與其他公司的狀態及所設定之目標。

各位讀者不要誤以為「經營大公司才要談『經營管理』，小公司，小商店不必太在意！」，曾經協助朋友診斷他的服飾商品，他正為週轉不靈而傷腦筋。我問他是否有每月或下定期盤點存貨，她說「沒有，但是店裏面的庫存應該大概是 50 萬元，每月收入大概 100 至 120 萬元，淨利大概 7 萬元左右，公司應該是賺錢的，但是才經營 5 個月就有點週轉不靈了」。

各位！這就是數據管理了！我請她馬上清庫存，結果是 150 多萬元的存貨，3 倍大的誤差連她自己都嚇一跳，接下去清點應付賬款、應付票據、計算固定管銷費用，和她當初的估算都差距甚大，這種案例很多，創業的天真與草率，都叫人捏一把冷汗。

七、管理要務實、具體

作者為企業員工作培訓課程時，深深感受到務實經營的重要性，員工若是缺乏「認真」的心態，凡事以「大概」、「可能」、「或許」，的心態著手，例如問到「銷售多少數量」，卻回答「比上個月好」，沒有正確的數據觀念，若再接著問到「比上個月好，到底好多少呢！」大概會聽到「沒有數據，但應該是比較好」類似的答案。

不僅是經營者、主管要有數據觀念；運用到企業的每一個部門，也應該要求一個員工有數據觀念。在公司內，數據觀念強的人，往往是擔任主管的。

經營者有數據觀念，才能擔負起公司的經營責任。日本某一流公司的董事長，部屬給他的評語是「我們董事長只要聽過一遍數字，就

絕對忘不掉。」托這個評語之福，只要給董事長的報告，幹部都會非常用心地做。最主要是因為，發表數字後過了幾天，如果有修改成別的數字，董事長就會冒出一句「為什麼數字不一樣呢？」所以幹部感受到不可蒙混過關，必須努力作事，就會學習到重視數字的態度。

　　主管要有數據觀念，具備卓越的本領，將部門加以經營妥當。我觀察到，在上班族中，具有強烈的數據觀念者，常是擔任主管職位的。

　　即使在公司裏，技術人員習慣用數字來表現工作事務，但換成了事務人員，很明顯地用數字來表現工作的能力就差了。例如「上個月和上上個月比較起來，增加了百分之五十」，就能具體地表現出問題的大小程度，清楚地說出問題的輕重；反之，若是說「有增加」，就無法看出問題的情況。

　　一般人所提出的意見當中，類似這樣的表現是經常發生的。就像「很多」、「好厲害」、「不得了」，但站在改善及掌握問題重點的立場上，這樣的表現法就無法明確地指出問題重心了。

　　沒有比用數字來表現事務的能力更強的了，只要是正確的數字，而且很有自信地說出來，對無法說出數字的人而言，就具有很大的說服力。

　　對「欲學習商務談判、說服」的人而言，有辦法提出具體數據，也是一個很有利的說服對方的方法。

　　員工在日常的操作工作，無論是公事或私事，也必須有數據觀念。例如，以「今天溫度很高」而言，就要說出到底有多高，例如：

　　「昨天實在有夠熱的，是今年氣溫最高的一天呢！」

　　「是啊！都熱到 36.1°了呢！」

　　以前例而言，「銷售狀況比上個月好」，就應敍述「好在那裏」，例如「本月成交 50 件，比上個月 40 件，成長 25%」、「本月銷售 2000 萬，比上個月成長 30%」……等。

又例如「最近要求賠償的案件相當多」，以此方式向上級報告是不合格的，你必須具體地掌握這是有關那一種產品？什麼樣的賠償？是那一位客戶？雖然說是「最近」，這又是指那一段期間呢？只含混地說「最近」就行了嗎？還是指與好幾個月前比起來，上個月的賠償特別明顯呢？這些都必須先弄清楚。

如果是說：「與好幾個月前的一個月比起來，上個月有關 A 項產品，某某人的要求賠償增加了許多倍。」就可更進一步地說明其內容了。將實態具體地細分到某程度後，能不能看得出來，或能不能再加以分析，這就是掌握實態的重點所在。

八、如何比較數字

企業要比較營運績效，必須採用具體，明確的數字管理，以明白區分，所引用的方法，可概略區分為「運用企業內部數據數據」加以比較，另一是「企業與外部企業互相加以比較其績效」。

經營者如果不能確實瞭解經營績效好壞，或是仍舊沉緬於往日的美好時光，這種公司遲早會倒閉的！

(一)與本身的歷史數據相比較

作為一個經營者，一定要知道本階段的營運成果如何？要判斷好壞，應有所依據之標準，最簡單的方法，是將這階段成果與公司本身的上一階段作一個比較。

自我比較法是在不同時點或期間之數值比較，以瞭解企業本身各種財務數據增減情況，或比較內部各部門差異情形等，比較方式有兩種，一種是「金額絕對值法」，另一種是「百分比結構法」。

「金額絕對值法」之比較，例如「比上期成長 2000 萬元」，但是

「2000 萬元」到底是多或少呢？成長幅度令人滿意嗎？因此另一種「百分比法」，就是將「比上期成長 2000 萬元」，更深入的分析「比上期成長 2000 萬元，成長幅度 34%」，方便主管、經營者閱讀，並瞭解其狀況。

1. 金額絕對數字

此法系比較金額增減之數值，可瞭解其財產消長之情形外，獲知上期經營結果究竟比前期進步或是衰退。

1998 年資產總額 25000 元比 1997 年增加 5000 元，其中流動資產增加 4610 元，固定資產增加 390 元，而 1998 年流動資產 13710 元中，現金及存款 3790 元比 1997 年增加 690 元，應收款項 3572 元比 1997 年增加 1820 元，存貨 6348 元比 1997 年增加 2100 元。

2. 百分比結構法

此法系以各分項總額及全部總金額作為 100%，再求出每一分項內各科目對分項總額之比率，與各分項內科目對全部總額之比率等，主要在瞭解各項目對分項總額與全部總額之構成比率。

例如流動資產總額比率由 1997 年之 45.5%增為 1998 年之 54.84%，而流動資產中，存貨所佔比率兩年來大致相同，但現金及存款則由 1997 年之 34.1%減為 1998 年之 27.6%，其減少原因主要為應收款之增加，其增加比率為 1997 年之 19.3%增為 1998 年之 26.1%…等。

(二)與目標值相比較

另一個為「與所定目標相比較」，如果在經營上採取放任、自由的態度，即使獲得實績，由於沒有任何基準，將無法與此一實績相互比較。但若設定目標或預算，就可以與此一實績相比較，以判斷是好是壞，更在判斷之後，可以講求改善措施。

　　作者在診斷企業的績效時，常碰到兩個問題，一個是「企業不瞭解績效」，因為企業內沒有數據資料，銷售數據充斥在各個抽屜內，必須花時間去湊出來。另一個問題是「對績效不滿意」，但深入分析，「雖然不滿意，但滿意的數據是多少呢？也沒人知道」。

　　這問題的原因之一，是出在「當初沒有訂目標」，經營者只是對主管：「努力吧！」主管又對員工：「大家努力幹活……」，全公司上下沒有人有工作目標。

(三)與企業內相關部門相比較

　　企業可將性質相關的各部門，彼此加以比較，尤其是對於採行利潤中心制度或事業部制之企業而言，可比較各部門財務數字，以分析其經營成效如何。

　　例如將各利潤中心區分為 A、B、C 事業部，每事業部之損益獨立計算，而各以其銷貨金額為 100%，如此則各可求出其成本，費用與利益等銷貨之比率，可看出該公司 C 事業部利潤最高，B 事業部次之，A事業部最差，故可考慮設法擴大 C 事業部之經營與降低 A 事業部之成本，以達到經營改善目的。

(四)與外部企業比較

　　企業與外部企業加以比較其績效，又可分為兩種比較，與「一般企業比較」，與「同性質企業比較」。

　　如果是大企業，由於競爭對象非常地明確，可以清楚地比較同業其他公司的狀況，以瞭解所獲得的數字數據是好是壞。此外，如果能夠獲得有價證券報告書總覽之類的詳細資料，就能夠與同業其他公司詳細的比較。

　　可是，中小企業的財務狀況，多半都不公開，要想與其他公司作

比較，是很困難的。不得已之下，只是求取次佳之策，也就是收集日本中小企業廳、大藏省（財政部）或其他調查機關所發佈的統計資料，來加以比較。與同業其他公司比較，或者用同業種平均值來比較，都可稱之為橫向的比較。

比較之後，即使發現自己公司的狀況良好，也不能感到安心。因為統計資料是許多企業的平均值，只能作為參考。自己公司的數值比平均值高，並不能保證自己公司的營運非常健全。此外，假設銷貨利益率為 5%，是業績上升之後的 5%，還是業績下降之後的 5%，其意義是完全不同的。因此，僅止以某一時點狀況作比較，是不夠充分的。

就這個時點來說，甲公司比乙公司的業績好，但是如果把好幾期的數據來加以比較，往往就會發現甲公司的業績是逐漸下降的，而乙公司的業績則是逐漸改善的，在這種情況下，任何人都會對甲公司有所警戒，而對乙公司有所期待。所以，盡可能要以好幾期的資料來作比較，這種比較，可以稱之為縱向的比較。

第一種「與企業比較」，是選擇幾個企業，加以比較其優劣狀況；為深入瞭解，因此有第二種「與同業比較」，乃是尋找「性質更相近、有競爭行為的企業」，加以比較其各種效數據。

1. 與一般企業互相比較

企業間比較法，即某企業與其他企業在同時期之比較，以瞭解自己究系比他人為優或較劣。

個別企業之比較旨在瞭解各公司間之財務狀況，以利管理改善及投資人選擇投資組合之參考。其使用範圍包括各相關重要事項之比較，例如（2-2）為四家公司各項財務結構、償債能力、經營能力與獲利能力等之比較，任何一家公司都可與其他三家比較，以作為自己衡量之參考。A 公司純益率 22.19%，每股盈餘 5.61 元，其獲利能力較其他三家優越，而且財務結構除遜於乙公司外，亦都比另二者為佳，

償債能力更是四家之冠，經營能力亦然。因，此以選擇 A 公司較好。

表 2-2　四家公司財務比率比較

分析項目	公司		A 公司	B 公司	C 公司	D 公司
財務結構 %	佔資產比率	股東權益	68.51	78.55	53.5	56.21
		負　債	31.49	21.15	46.5	43.79
	長期資金佔固定資產比率		603.78	138.89	117.5	220.40
償債能力 %	流動比率		429.06	185.09	112.7	110.15
	速動比率		390.61	97.37	78.9	62.02
經營能力	應收款項週轉率(次)		14.38	10.89	5.09	12.69
	應收款項收現天數		25	33.50	72	28
	存貨週轉率(次)		13.04	4.46	6.55	6.06
	平均售貨天數		28	80.72	56	60
	固定資產週轉率(次)		3.20	1.49	2.33	4.31
獲利能力	資產報酬率(%)		22.16	19.74	3.49	17.67
	股東權益報酬率(%)		31.31	23.77	3.78	26.88
	佔實收資本比率(%)	營業利益(損失)	63.28	41.11	9.60	7.19
		稅前純益(損失)	67.09	43.40	6.33	30.80
	純益(損)率(%)		22.19	21.95	1.90	10.63
	每股盈餘(虧損)(元)		5.61	3.88	0.62	3.46

2.與同性質企業互相比較

在個別企業比較時，有時因各公司其他狀況不同，僅比較財務報表其客觀性未必足夠。因此，宜再比較其整個業界平均之情形更佳。例如(表 2-3)為公司各項財務比率與同業平均數比較之情形，該公司財務結構及獲利能力較同業為佳，存貨週轉率較同業低，速動償債能力略低於同業。

表 2-3　與同業平均財務比率比較

分析項目			本公司	同業平均數	比較結果
財務結構 %	佔資產比率	股東權益	66.15	62.63	較佳
		負　債	33.85	37.37	較佳
	長期資金佔固定資產比率		150.31	132.11	較佳
償債能力 %	流動比率		153.62	142.59	較佳
	速動比率		104.73	110.43	略差
經營能力	應收款項週轉率(次)		9.40	6.46	較佳
	應收款項收現天數		38.83	56.50	較佳
	存貨週轉率(次)		4.76	5.13	略差
	平均售貨天數		76.68	71.15	略差
	固定資產週轉率(次)		1.84	1.16	較佳
獲利能力	資產報酬率(%)		10.68	2.26	較佳
	股東權益報酬率(%)		14.96	4.49	較佳
	佔實收資本比率(%)	營業利益(損失)	24.70	9.33	較佳
		稅前純益(損失)	24.82	8.20	較佳
	純益(損)率(%)		11.77	4.55	較佳
	每股盈餘(虧損)(元)		2.07	0.52	較佳

九、數據無法表達的，要靠直覺力

我強調數字的重要性，要善用數字，以數據來進行各種經營管理，然而，在實際診斷過程中，仍有賴於診斷顧問師的經驗，尤其是在數據無法表達的部份，在非計數方面，要靠直覺力。

從計數面來分析現狀時，可使用資產負債表、損益表，以及其他的決算數據，來檢討財務，狀況、收益力、生產力、成長力等。作現狀分析的時候，可以掌握住自己公司最近幾期以來的變化趨勢，同時也可以與一些其他公司或各種的統計資料相比較，比較之後，可以從整個企業的觀點來掌握問題點，並研擬改善的對策。

僅依靠數字，往往無法真正瞭解整個公司的實際狀況，同時也需要檢討非計數方面的問題，例如顧客對公司的信用度、經營者或主管的能力、技術水準、研究開發能力、勞資關係、員工的士氣、工作熱練度、能力高低等。

要想掌握企業的實際狀況，僅依靠數字是不夠充分的，必須同時檢討不能夠用數字來表示的種種重要原因。例如，企業家在委託顧問專家進行「員工士氣調查」，看過調查報告之後，經營者才警覺到員工想法與老闆心態，有相當大的差距，甚至背道而馳。

因此，經營者平日除由各部門主管獲得各種報告、訊息，有時也必須傾聽基層員工的心聲，例如趁機與員工共進午餐、晚餐，或下班後聚餐飲酒作樂等。

十、如何善用數字的步驟

建議經營者，要對「數字」敏感，反應快。

績效好的經營者，對所生產的產品，由那個供應商出貨，成本多少，造成何種影響，銷售情況，市場反應，都瞭若指掌，不必看書面檔案，就能對有關數據，一一說出。

對「數字」的運用，有幾個階段，首先是瞭解其重要性，要掌握數字，第二步是面對一大堆數字，要加以整理出有用的資訊，第三步是「針對有用的數字，設法加以活用」，其次是「用數據來修正績效」、「動作快，有差異就要迅速處理」，這幾招是經營者掌控數字的秘訣。

1. 掌握數字

最初期的階段，是公司沒有任何數字數據。

爾後，公司內部管理逐漸上軌道，產生若干「數字」，人員逐漸瞭解到「數字」對營運、管理的重要性；為了「掌握數字」，最後變成「設法掌控數字，而形成數字資訊過多」。

在此階段，要檢查一下是否疏忽數字，數字是否收集得過多，造成統計數字的氾濫，會引起事務繁瑣化、目標混亂以及內部不團結，最終導致管理費上升。

2. 整理數字

數字本身沒有特別意義，必須經過整理、分析、歸納、判定之後，才有特別意義。

我在診斷企業時，常發現有些企業的管理水準，只是留在「對數字的掌握階段，而欠缺對數字加以整理、運用」，尤其在本位主義盛行的企業內，「數字」常只是本單位「關起門的工作事項」，從不對其他部門加以溝通、聯繫。針對這種病症，解決對策是在部門間要加以溝

通，在制度上要實施「部門間的輪調」，以解決本位主義的問題根源。

作者從 18 歲起即在社會工作，由搬運工、業務員做起，迄擔任公司高階幹部、總經理、顧問等職，看過許多企業內的病態，也解決甚多企業的毛病。相信許多企業經營者常碰到一個問題：「每天面對一大堆資訊、數字、報表」，你要如何做呢？

不負責的上班族，常填報一大堆基本數據讓主管去「摸索」，製造「工作」讓主管去忙，到底誰才是主管？誰才是部屬呢？

由於數據必須經過整理、比較、分析，才能成為有用的「情報」，身為總經理不宜親手分析或閱讀這些「原始」數據，建議你在部屬提出報告時（不管是成本若干，客戶訂單多少，名單多少人等），必須讓他附上他自己的分析與評論，並要他根據這些數據所顯示的意義，做出未來的預測與建議。

此時經營者，針對心目中疑惑加以詢問，最後才核示，如此不只可扮演好經營者角色，檢討更具體，更有機會挖掘出新穎的點子，讓管理更有實際績效。

3.善用數字

數字經過整理、歸納後，「數字」變成有用的「資訊」，然而，要對企業營運有所幫助，仍有賴於「善用」此數字、資訊。

企業運作上，常會出現「為報告而報告」，調查、撰寫一大堆的報告，引用許多數字，以炫耀此「豐功偉業」，卻缺乏「如何運用此報告」的步驟，令人頭痛，無意翻閱。

在「善用數字」的步驟，也常出現「數字私有化」之毛病，部份主管為保護自己或有所企圖，獨佔「數字」，一份有用的報告或資訊，只有他本人瞭解，並放入私人抽屜內，將「資訊」佔為己有，由於只有他明白，以突顯出他的重要性，這些都是不正當的行為。

另一種病態是「迷信數字」。「迷信數字」者，對數字的掌控，近

乎「走火入魔」，產生什麼都依賴數字的弊端。

統計數字是瞭解現實的手段，如將原本難以用數字反映的情況，也依靠數字來掌握，就可能遭到失敗。

例如對員工士氣的判斷，每天只看每天的出勤率，卻不深入工作現場體驗氣氛，或瞭解真正原因。

其實，有些現象是數字可以反映的，有些是數字不能反映的，正確的做法是將統計數字與現場視察結合起來考慮，這樣做是比較理想的。

「迷信數字」或「排斥數字」，過猶不及，均非常態，都會造成公司管理上之困擾。

4.以數據管理來修正績效

企業經營必須「有方向」，必須有目標；而控制技巧上，經營者必須瞭解經營的績效，隨時掌握到公司的種種運作。一旦發現「績效」與「目標」有所出入，必須檢討問題，找出原因，設法解決，落實「制訂標準、構思計劃、具體執行、找出差異、分析原因、解決問題」一整套的作業。

所謂「管理」，如同火車在軌道行駛，火車照著事先鋪設的軌道，順利的往前行，一旦超出軌道外，就會出差錯。企業的運作，也是相同，事先訂目標，規劃執行步驟，落實各種執行事項，就有如「在鋪設軌道、確立目標、制定標準」。

在管理上，一發覺企業操作有異狀，要馬上找出問題，比較差異，並且設法解決問題。

為了及時發現與處理在複雜的企業經營中常常出現的意外事故，就要收集、分析繁瑣的數據，查核標準與實績之間的差異。

如果對發現的問題不作有效的處理，那麼制訂標準、查核差異的成本就會上升，理應對經營有貢獻的管理，就會勞而無功。企業引進

管理技巧，但收效甚微的首要原因，在於不查核差異。

企業的運作，不可缺少「會議管理」，我總覺得作為一個上班族或是主管，如果不懂得如何「參加會議，主持會議」，你在公司的前途是有限的！

會議一開始，在未進入本次會議之前，先將上週所要求執行的工作，逐一報告其執行後結果，否則變成「只交待工作，而不考核工作」！同樣的道理，在會議開始之前，重要的是要將數字與計劃比較，與上月比較、與去年同期比較、與同行的標準比較，以此來發現差異，確定問題所在。

公司在上一個年度將結束前，要編列新年度的預算，辛苦編列後，若缺乏「比較差異，找出問題」，將是白做工！將預算管理每月精心製作的差異報告書，看也不看就蓋章，在有些公司是司空見慣的，你的公司是否也是如此？

企業每月照例要召開許多會議，會議上資料堆積如山。但是在問題的資料中，是否都只列出「初級資料」呢？沒有深入分析、找出問題點，不能反映出差異呢？

5.有差異就要迅速處理

管理重點在於「發現差異」，而「有差異就要處理」。

企業經營者要對公司最後的成果，負「成敗責任」，公司倒閉後，再來怪罪何單位、何人的不配合、作怪，都於事無補的！所以，經營者必須具備一針見血的掌握問題實質，看了數字，聽過報告後，能對關鍵問題進行分析，並加以改善。

企業必須「明是非」、「重管理」，一旦公司出現各種偏離正軌的差異，都必須立即處理，在診斷後的輔導技巧，有兩個方法可資運用：重點管理、授權管理。

根據「80%與 20%」原理，我們可採取「重點管理」，原則上主管

只處理重要事務(指佔 80%比重的工作)，餘下的事務(指佔 20%比重的工作)，則交給其他人員去處理。

我個人相當欣賞這個「授權管理」的創意，第一個發明這個想法的人，應該在企業管理領域，與發明家愛迪生同樣的偉大！

為充分發揮績效，「授權管理」是一個重大的工作發明，由於資源有限，時間有限，為了發揮績效，主管必須授權給當時最適合的員工，某些工作的執行權利；作者要強調的是，是「授權」不是「授責」，主管在「授出權利」時，本身仍要承擔原先固有的責任，這一點，許多主管都疏忽了！

「一切問題要在現場解決」，這是自古以來的哲理，重要的思考與行動，關鍵在於如何認識問題，如何行動。

憲業企管顧問公司專門出版各種實務的企業管理圖書，幫助企業解決各種經營難題，各圖書名稱詳細資料，請參考本書末頁。
或是直接上網查詢：www.bookstore99.com

第 **3** 章

問題實情與改善現況

　　作者從事企業診斷輔導工作多年，在執行診斷過程中，都要求一件事：「事實」，唯有「掌控事實」，才能瞭解真相，改善企業的經營績效。

一、要掌握事實

　　警員在刑事案件裏，為了要破案，經常必須在現場一再的詳細檢查，目的就是找出線索，進而破案，例如：

　　首先趕至現場，要詳細觀察所遺留的物品，或環境散亂的狀況等。其次要仔細調查被害者，由受傷的狀況來推斷犯罪的手法，或者查明被害者的身份。依據這些情報，開始做偵查上的搜查與科學的搜查，綜合推理與科學的判斷，以找出罪犯。

　　日本一流的企業，曾為了展開改善整個公司體質的活動，花費高價聘請了一位美國一流的顧問，並期盼著這位美國顧問能帶來新的技巧。

　　但是這位美國顧問，自始至終只強調「FACT（事實）」就回去了，結果讓他們大失所望。企業人員反覆思索，才悟出「企業問題，出在沒有真正找出問題的根源」，而這正是美國顧問師所要表達的重點。

作者要強調的是，你要改善績效，掌握問題，都必須「掌握事實」，日常的處理業務，也是要講求事實，掌握事實。

在考慮解決已發生問題，或改變現狀時，原則上首先要明確地掌握現狀。

作者強調，要行銷診斷，必須找出問題的根源，而掌握事實就是重要的關鍵，一個重要的「戰略」，至於「使用何種道具、方法」，則是具體的落實。

二、觀察要仔細

員警到達犯罪現場，必須仔細觀察，找出證據、事實等，才能破案。不只是負責社會安全的員警必須如此，負責治療病人的醫生，或是協助企業的顧問師，也都要依循這個原則來執行。

作者曾在企管培訓班講個故事，150 年前，維也納的一家醫院裏，產婦的死亡率居高不下，群醫束手無策。這些產婦得到的是產褥熱，這是一種在生產過程中，因細菌感染而引發的病，在沒有抗生素的當時，這種病的死亡率相當的高，這種狀況，在當時是極普通的。

匈牙利籍的醫師 Dr・Semmelweis 欲深入調查，加以改善，他是如何執行呢？他第一個關鍵性的工作就是「掌握事實」。

他到現場反覆觀查，親眼檢查各種工作，與各類人仕交談，甚至於解剖屍體，想要找出事實──到底是何原因造成這些產婦死亡呢？

他發現這些產婦在死亡前都接受過實習醫師的檢查，而這些實習醫師在產科病房實習的前一堂課是「解剖課」。在當時，醫藥衛生觀念仍相當落後，學生在上解剖課接觸過屍體後，並未馬上洗手，就跑到產科病房實習，於是就把屍體上的病菌傳給產婦，而使得產婦發病死亡。

他於是做了一個簡單的實驗，他要求學生們在上完解剖課後一定要洗手，詳細洗手，才能到產科病房實驗，結果，產婦的死亡率下降了近十倍。

這個劃時代的發現，讓大家開始知道了洗手的重要性，也開啟了傳染病防治的先端，而 Dr‧Semmelweis 也成了公共衛生史上重要的貢獻人。直到今天，感染症的專家仍不斷呼籲勤於洗手，不僅是避免感染，也是預防社區、學校、餐廳、以及家庭內傳染，最簡單、最便宜、且最有效的方法！

這個例子，在於強調「找出事實」。這位專家發現產婦的死亡，都有接觸到實習醫師「不乾淨的雙手」；於是，他採取的對策為：要求實習醫生「上完解剖課要洗手」。各位，覺得不可思議吧！「找到問題，提出對策」，一個簡單的事實，卻是劃時代的發現！

作者曾受日本顧問師之指導，他提及一個日本診斷案例，「日本偏遠地區的業務員，其業績為何都無法提振」呢？在深入的檢討，到現場與當事人訪談，一直深入事實，並且層層調查，才發覺出一個實情：並不是「銷售潛力不好」，更不是「產品不好」，而是「人員有犯錯，表現不佳者，就調往那地區」、「派駐在那轄區一年」、「待一年後觀察悔過情形才調回原單位」。因此，那地區有如「待處分」的問題單位，難怪每一個銷售人員士氣低落，業績自然相當差。解決這問題的對策，當然必須針對它的獨特性而另外「配解藥」了！

三、一再的深入瞭解實情

一再強調要「找出事實」的重要性，其中要領，是深入挖掘、分析，以確實的數據作為分析基礎，並加上實地的瞭解，才有改善的機會。

　　經營者常說「營業狀況順暢但利益卻不能成長」，作者發現營業狀況順利而利益未成長者，多數是因為他們所依賴的決算表項目，頂多分析至「收益率降低」的原因，或「費用增大」及「毛利率降低」之程度而已。

　　只觀看表面上的財務，而以「毛利率降低的某部份有原因」就結束：這是將數據資料只看成結果，或活用情報於經營策略上之差異，既未掌握實情，也未深入分析問題的原因。

　　要「掌握實情」，就要一再的、持續的深入瞭解，針對你所獲得的訊息、數字，一再的反問自己「為何會造成如此？」、「是什麼狀況才會發生此事件？」

　　例如，假定發現多數的營業員並未進行開拓新客戶之事實，一般人只分析至此就告終止；但這事實，你若深入分析，會引出「為何營業員未進行開拓新客戶」之新的疑問。

　　然後又進一步設定假設，「是否無法開拓新顧客」或「他們沒有意願開拓新客戶」。

　　假設營業員具有開拓新客戶之能力，有列出對象，也有時間表，但並沒有去開拓新客戶，就需思考「無法讓他採取開拓新客戶行動之理由何在？」

　　如此這般，逐一探索疑問，就可發現其根源之問題點。「開拓新顧客是件辛苦又麻煩之事，同時未開拓新客戶而維持營業總額相同之成績，公司的評價也不會改變。既然薪資也相同，所以不需自尋煩惱開拓新顧客，而重視既存的大顧客，不僅對方高興，自己也樂得輕鬆」、「課長只看數字的合計，因此不必重視中小型的新交易對象之獲得，而注重大型交易對象之想法」等原因，即可明瞭。

　　亦即，前者是因公司的評價制度及組織風氣之問題，而後者是公司或管理人員的管理方法之問題。因此，毛利益降低的真正原因，在

於公司的評價制度及組織風氣、管理方法中所造成。

如此踏實的反覆假設與驗證，公司的實象就浮出面了。

要改善企業首先要找出「事實」，並且要規劃出工作改善的方法，並安排出執行順序。例如製造部門，長期以來為極度不理想的業績所苦。過去生產的產品已經不能充分滿足客戶的需要。在研究開發及市場方面也很落後。在經理級的幹部中，也沒有卓越的人才。當然，經營陣容的士氣自然會低落，從業人員也會完全失去工作意願，勞資關係日漸惡化。

表面上看到的現象是「士氣低落，勞資關係惡化、對立」，但事實呢？行銷顧問師必須「找出事實」，尋找造成這現象的真正原因，並設法改善。

令人遺憾的是，經營陣容中的人，竟然愚昧地把經營不善的原因歸咎於「不良的勞資關係」。

實際上處理這個輔導案例的專家，他並沒有立怪罪到「勞資惡化、對立」方面，而是深入瞭解後，採取下列的修正措施：

1.檢查庫存及生產程序。

2.瞭解顧客最需要的是什麼，並運用在手邊有的庫存品之推銷上。

3.除了下個月所需要的東西之外，暫時停止一切生產和採購。

4.重新製作生產所必須的零件和材料的清單。

5.不管正式或非正式，要開會。不但高級幹部、中階層的管理者要參加，現場員工也要派代表參加。不但要給他們主題，也要吸收他們的想法，設法使全公司的意志統一。

為了迅速且毫不留情的進行改善體質的工作，下令把經營不善責任轉嫁到勞資關係不良的七名高級幹部辭職，再由其餘的五名高級幹部繼續努力，以改善體質。

混亂的庫存和生產程序都能合理化，開發市場並加以調查，生產各部門也要始緊密合作，經費削減、生產增加，經營步入軌道之後，必須以現款發放員工獎金。大多數的從業人員經過多次和經營者的會議之後，開始諒解資方所做的努力。

整頓前營業額為九百萬美元，三年後達到二千二百五十萬美元。即使不增加資本投資，未來也有達到三千萬美元的希望。

四、數字會說話：「到底說真話或說假話」

要藉由診斷瞭解事實真相，並加以改善，「掌握數據」是一個常用而且可靠的方法，惟讀者在運用數據之時，必須知道一個微妙關鍵：「數字會說話，數字有時說的是真話，有時說的是假話，有時甚至說的是笑話」。

真正有利於企業的改善，是必須找出事實，儘管手中握有「資料數據」，也要瞭解它的真正意義：數據是確實存在的，卻被你誤解了。

曾經有這麼一個實際有趣的案例，二次大戰後，駐在日本的美國士兵要返回美國時，常會購買稱為「天狗」的日本古典面具。這種古典面具有一個特色，就是有一個長達三寸的紅鼻子。此種特殊的相貌，在美國大受歡迎，美國玩具進口商便向日本工廠大量訂購，這個「天狗」造型的古典面具，在美國相當受到歡迎。

利之所在，美國玩具進口商便向日本工廠大量訂購，日本工廠在發大財之餘，聯想到日本另有一種扁鼻子的福相面具，叫做「阿多福」面具，與天狗面具同受日本民眾的喜愛，因此猜想「天狗」面具具既然在美國如此暢銷，阿多福面具也一定能暢銷。在沒有調查天狗面具暢銷的原因下，就獨斷地大量生產「阿多福」面具，也向美國市場推銷，結果銷路大不如天狗面具，蒙受重大的損失。

日本的工廠失敗之後，才瞭解到美國很多家庭在客廳掛有天狗面具，是用來裝飾，更利用天狗面具的又長又高的鼻子來掛帽，又在寢室掛上天狗面具，可用來掛領帶，如此一家常有兩、三個面具，「天狗」面具當然銷路良好。至於阿多福面具，由於缺乏可以懸掛東西的高鼻子，當然就不容易銷售出去了。

作者要強調的是「暢銷是事實」，「為何暢銷」則是要瞭解的事實，若只知「古典面具暢銷」，便自作主張，聯想到「其他的古典面具應也會暢銷」，則會吃虧。

行銷人員要透過「市場調查」，來實際深入瞭解消費的狀況，否則缺乏實地的瞭解，會令企業者「大意失荊州」，日本的「天狗」面具外銷美國，就是明顯的例子。

五、豐田汽車的「問五次 WHY」

作者所強調的「一再深入分析，探求事實真相」，就有如「品質管制 TQC」的作法，「強調資料與過程、作法」，以豐田汽車公司為例加以說明。

豐田汽車公司內部 TQC 單位，TQC 鼓勵人們將注意力延伸到前一制程，以發掘問題的癥結；TQC 要求工廠的員工就一個問題提出五個「為什麼」，而不只一個「為什麼」。因為，通常第一個答案不會是問題真正的答案，如果我們能多找幾個答案，真正的答案可能就在裏面。

世界著名的豐田汽車公司副社長大野耐一曾經舉了一個例子，來說明如何深入分析，找出停機的真正原因：

問題一：為什麼機器停了？

答案一：因為機器超載，保險絲燒斷了。

問題二：為什麼機器會超載？

答案二：因為軸承的潤滑不足。

問題三：為什麼軸承會潤滑不足？

答案三：因為潤滑幫浦失靈了。

問題四：為什麼潤滑幫浦會失靈？

答案四：因為它的輪軸耗損了。

問題五：為什麼潤滑幫浦的輪軸會耗損？

答案五：因為雜質跑到裏面去了。

經過連續五次不停地問「為什麼」，才找到問題的真正原因和解決方法：在潤滑幫浦上加裝濾網。如果員工們沒有以這種追根究底的精神來發掘問題，他們很可能只是換個保險絲草草了事，真正的問題還是沒有解決。

六、走入現場．體驗實情

直接接觸實態的首要之務，就是到現場觀察。若是要改善辦公室的工作，那就得走出辦公室，聽別人的意見固然很重要，但總比不上親自到現場去看看。

1. 到現場親眼察看

到現場去用眼睛看，但可不是馬馬虎虎地看，若是賬單票據之類的，就要一項一項具體地核對才行。

單是在自己的座位上看賬單票據的樣本，是無法瞭解實態的。

要去看票據具體記載的地方，這樣就能瞭解最初記入的內容、時間、速度、作業的環境、氣氛與忙閒，還必須具體地觀察整體的工作場所與人事。

例如：人員的上班狀況，工作士氣，工作場所的整齊或零亂，辦公桌的配置，工作區的安排，各工作人員之間的距離、隔音、採光、

紀律，桌上事務用品的放法，抽屜裏的整理，上司與工作人員之間的談話，電話的使用情況，使用什麼樣的傳票，誰是怎麼寫的、怎麼核對。流程是否順暢，表單有否掉得滿地等等。

提到票據、表單，每人所保管的量都很龐大。所以單看樣本是不行的，還要打開櫥櫃過目所有的檔案。而問及別人所說的數據，應該也只是其所保管之數據的少部分而已。

舉個會計傳票的例子，通常會計傳票是裝訂成疊的，你要一張一張地翻看其內容，因為會計傳票是公司所有費用的流程表，接待要開傳票，買消耗品更要開傳票。在如此的實態下，自然就可以知道公司流程，並且知道體質與問題所在了。

2.親自提出疑問

除了「到現場親眼察看」，還要「親自提問題，聽對方的答復」。把握實態的基本，最重要的就是去現場觀察，並向本人直接提出問題。直接接觸實態，不但能掌握問題的發現與解決的線索，而且在說明時也能增加說服的魄力。

當你向對方直接提問題時，若對方含混帶過，就要警覺到「對方不清楚」或是「有內情，要追查」，若是答復「大家都如此做」，表示對方是「不瞭解事實」。若是牽涉到其他單位，就要繼續追問其他所牽涉到的單位。

若是公司以外的事情，還是得去會見公司以外的那些人，並向他們詢問實際狀況才行。因為公司的人不瞭解事實的話，就會站在公司的立場來說明，如此就會產生誤解與偏見了。

只是「親眼看」，大多會從感情或印象掌握現在的狀態，但對於未表露於外的問題，如本來的意義目的等，假使不從有關人員那裏直接聽取和討論，就無法真正瞭解。

3.寫下工作重點

只有「親眼看」、「親口問疑點」還是不夠的，還要「用手寫」的。

親自計算，親手寫下數據，並且加以分析檢討，例如「記下工作順序」、「分析工作流程」、「檢討每一個人的工作務」。只有看和聽還不夠完整，不清楚的地方，透過圖表會清楚一些，有錯誤的地方也會知道錯在那裏。更重要的是，透過圖表，可以將其整體與所有部門聯繫起來看，讓人一目了然；有時只需要看圖表，問題就會自然地浮現出來。

要掌握事實，就要直接走入現場。例如城市的「議員代表」，就要深入群眾，擁抱群眾，才能瞭解民意，代替人民主持公義；行銷診斷師就要深入瞭解，直接走入現場，親自查訪，提出疑問，瞭解企業問題的真正原因，才能對症下藥。

要瞭解問題的真相，使用工具會更有優勢，選擇適當的工具，就等於「如虎添翼」，比起徒手空拳來，當然使用工具較優勢。常用於現場的方法，約有下列：

⑴特性要因圖；⑵要因分析圖；⑶圖表；⑷柱狀圖表；⑸查對圖；⑹管理圖；⑺散佈圖；⑻二項機率紙。

我們僅有兩隻手，因此，不可能同時揮動八根鐵棒：最好要選擇因時、因地，用最適合、最有幫助的方法來使用。

七、以「業務內容調查表」來清查工作

在檢討企業整體績效或部門績效，常會碰到一個問題，「這個部門到底是在做何工作」，我常拿這個問題去問當事人或經營者，主管常含混帶過，尤其新任主管者，更摸不透自己部門的主要工作項目為何。

有經驗的行銷顧問師，透過與經營者、部門主管、工作執行者的

交談溝通，即可快速找到公司經營的缺失，並規劃方法設法謀求改善。

作者強調，一個負責任的主管，有必要將本身部門工作予以明確化，並確實瞭解如何正確執行；否則有必要進行「工作內容調查」。

作為一個經營者，也要注意盤點業務，一般人只知道「盤點有形的庫存品」，其實公司內的做事方法、做事項目，也要加以盤點的，尤其是主管人事異動頻繁時，該部門的工作項目常變得一團糟。

首先，要改善一個部門的效率，為了在研討時不出現遺漏現象，必須將部門的所有工作列成圖表，然後，要求每個人製作「個人業務內容調查表」，根據這個表進行綜合研討。

1.設計「業務內容調查表」的表格項目

調查表的格式不拘，要點是易於登記、研究和綜合。登記內容，可以參考下列的項目：

· 填表單位。

· 製成年月日。

· 工作的大分類、中分類，必要時加上小分類。

· 每一工作的程序方法。

· 該作業的前工程是什麼。

· 該作業的後工程是什麼。

· 用該作業製作的數據名或登記的賬本名。

· 工作的時間是以每日、每週、每旬、每月、每期或每年計。作業是在何時、何日或何月完成。

· 工作頻率。即該工作大致要發生多少次。

· 每次工作量多少。如每次大約填發 10 件傳票等。

· 處理一件事所需時間。

· 一個月的工作量平均一天大約要花多少時間。

· 關於各種作業的問題和改善方法等(執行者本身的意見)。

2.召開說明會

調查的表格設計妥當後，召集全體人員，說明調查的主旨。

盡可能仔細地說明登記項目的意義和具體的登記範例，因此在事前應準備好登記範例，作為填寫的導引，業務的分類表也要在這時加以說明。

表 3-1　業務內容紀錄表例

No	業務單位			業務內容應具體記載	發生頻率、件數				所需時間			問題點、難關改進意見
	大分類	中分類	小分類		日	月	期	年	每件	月數	年數	

3.填寫

欲清查個人業務內容，首先使每個人對自己份內的工作，自動自發地採取具體行動。回想自己的工作，並把它做成可見的書面記錄。

記錄時要依照業務體系單位，把工作內容詳細寫出來，必須記錄的項目有：「業務單位名稱」、「業務內容」、「頻率、件數」、「所需時間」、「改進意見」等五項，除此之外，可視需要，記錄其他的事項。

以業務單位為準，每位員工回想自己的業務記錄在業務內容記錄表上，其目的並不在於記錄本身，而是可趁此機會檢討自己的工作，以尋求改善。

填寫「業務內容調查表」，有一項重要工作，那就是「改善建議」，為使每個人都能主動改進自己的工作，令其對自己業務的內容逐一檢討，然後再寫出需要改善的重點。

4.討論「業務工作內容」

每個人填寫妥當後，要先經過分析、過濾，找出該部門的工作系統，填寫妥當之後，要以單位為分析對象，並參考每個人所填寫的「業務內容調查表」內容，通常面談要以一對一的方式進行，在進行面談時，最重要的是要瞭解對方的工作內容，並且儘量尋找工作上需要改進的地方，然後引導當事者說出改善的意見，因此，要讓接受面談的人有充分發表的機會，並從他的談話中找出需要改善的線索。

由第三者進行面談分析時，這張業務內容記錄表就不可缺少了，不僅接受面談的一方可根據記錄，對自己一年的工作做有條理的說明，進行面談的一方也可根據記錄表，瞭解對方的說明，並且便於提出質詢。

進行談話的次數，第一次的面談為瞭解對方的工作，第二次面談則是要找出改善的重點和方法。

為改善業務而進行的面談，其基本方法當然是要詳細且具體地聽取對透的意見，而其內容則要注重所謂「5W1H」，也就是誰(Who)、何地(Where)、何時(When)、何事(What)、為何(Why)、如何(How)。

5.檢討工作項目的重要程度

其次，要檢討「該工作的重要程度」，是否有忽略或重覆，或工作未掌握重點，例如：

⑴對現在的機能及目的。這個事務現在有何機能？完成什麼目的？

⑵對原來的目的與機能。這個事務本來應完成的目的和機能應該是怎樣的？應有的狀態是什麼？

⑶對目的機能達成程度的研究。本事務是否充分完成本來應有的目的與機能？不足的部分是什麼？多餘的部分又是什麼？

⑷對方法、程序和時間、空間的合理性研究。為達成目的和機能

的方法程序，以及在時間空間的利用方面是否得當？為達到目的最簡單的方法是什麼？

　　⑸對資格條件的研究。做這工作的人需要何種能力與資格？現在的人員是否滿足這個條件？

　　再來是檢討「為完成工作所需耗費的時間」，按事務分類累計所需時間，要檢討一下，在本來不應花那麼大工夫的事務上，是否花了過多的時間？有沒有對普通的作業事務多花了時間，而對關鍵性的判斷、交涉和實施不夠用心？

　　根據各種分析與討論，以便找出改善的重點應放在那個事務上。

　　就每人所寫的問題和改善方案，按事務性質重新分類列舉。其中也許多少會有估計錯誤的地方，但透過它可以瞭解到各執行者有何困難，很多情況下還能發現想不到的改善關鍵。

　　此外，透過分析「所耗費的時間」，也可掌握各種業務工作的比重，將所記載之各項業務所需時間的總和計算出來，然後再擬出自己所屬部門的所有業務之優先百分比。透過這種方法，不僅可得知各項業務在優先次序中的排位，也可知道其在工作時間中所佔的比重。

　　參照百分比，就可瞭解每一部門業務的優先度及所費時間的比例。換句話說，就可以發現「為什麼才花了這麼點時間，就能完成如此重要的工作」或「如此不關緊要的工作竟然花了這麼多時間」等等的事實。

　　填表人員在填表後，診斷人員在檢討「業務內容調查表」時，一個重要的觀念是要指出「這個部門的任務是什麼？」必須站在改善業務的觀點上，好好想想部門的任務，以及究竟該把那項業務列為重點。

　　部門的主管為提出「部門工作重心」，首先要對自己所屬部門承辦的數項業務進行評估，列出其優先順序，然後將各項業務在業務體系的大分類中定位，再依其比重在中分類中再次定位，如此細分之

下，便可得知各項業務優先度的百分比，換句話說，一個部門的主要任務，或者說是「最主要的工作項目」，即可輕易查出了，顧問師更可依此瞭解該單位工作方向是否執行正確。

八、運用「業務流程圖」來改善

另一種可看出公司全盤業務運作之方法，就是善用「業務流程圖」，諸位不要小看這個「流程圖」的威力，許多資深的人員，由於資深、經驗多，對自己的工作相當熟悉，但是對於該項工作的「工作的由來」、「工作之目的」、「工作的流程」、「表單往來的運用」、「表單或工作的配套工作」等，就不熟悉了，因此，只要一脫離他的工作軌跡外、服務部門外，所謂「資深經驗」馬上就消失了！解決方法之一，是透過「業務流程圖」的分析，可以將一項作所牽涉的幾個部門工作，加以整體組合看待，以把握全貌，於是整個公司的營運狀況就會以個人與個人的聯繫、小組與小組的聯繫，以及各部門連系的型態呈現出來。

在我擔任企管公司總顧問師的生涯，針對我公司內的初級顧問師，我都會要求她們將客戶的「業務流程圖」加以畫出，凡是畫不出來整體型態者，一概不合格。

例如，為改善「銷售工作」，運用「業務流程圖」分析，調查每一個人的流程圖，以找出需要改進的地方，把每個人的流程圖，按照小組或部門的編制加以系列化，然後從其流程中尋找需要改善的地方。例如可把產品接受訂單、生產分配，出貨、收款、進賬等銷售系列的手續，以及訂購材料、定貨、驗收、付款等購買系列的程度，用流程圖的方式表示。

第 4 章

如何達成年度經營目標

　　企業經營必須有方向、有目標，經營者要提出「願景」領導員工，訂定出屬於自己公司的經營計劃，不僅指出目標、方針，更要標示「做什麼？做多少？怎麼做？」

　　成功的經營者，提出「願景」來領導員工，善用溝通技巧來形成共識；並有工作計劃相配套。善用經營目標，訂立階段改善的標竿，並找出具體、可行的方法，陸續加以完成。

　　經營計畫有「長期計畫」、「中期計畫」、「短期計畫」，有了「長期計畫」做為指標，才會有「短期計畫」，每年的年度計畫才會方便從事。

　　利益是不會自己產生出來的，利益必須是創造出來的，也就是先設定出目標利益，然後追求目標銷售收入，並在此目標銷售收入之下，計算出所應負擔的費用，每一個企業，依業種、業態、以及規模的不同，更因為經營者的想法、作法，以往的業績，管理水準的高低等不同，很難尋找出一種能夠適合於所有企業的經營計畫。

　　每個企業必須為自己尋找出適合於自己的經營計畫，只有找出適合於自己持有的經營計畫，才能夠計畫出目標利益，計畫出目標銷售收入。

一、年度經營目標的好處

面對工作，必須有目標、有計劃，企業猶如航行中的一艘船，經營者是船長，幹部是船員，當要運送乘客或貨物之前，首先當然要確定此行所該前往之目的地在何處。

在企業診斷，有一個重要關卡的評估，就是「企業是否有願景（vision）」、「企業是否有目標」，「企業是否有計劃」。

一旦，有目標之後，必須發展一套「執行目標的工作計劃」，例如要考慮清楚要走那條路線，需花幾日的時間，以及動用多少人員、費用等等，這些都必須在事先訂立綿密的計劃。如果要沿陸的船線，由可視沿陸的燈塔為目標，過了此燈塔之後，再朝下個燈塔前進。船在航行，斷不可能不訂立計劃就貿然出航。

為了能夠有計劃的永續經營下去，經營者本身必須掌握明確的方針、目標，決定所要走的是何種企業路線。因為只有根據此一方針、目標，才能訂立具體的實施計劃。

經營企業，一定要有目標；目標類似人們的願望、理想，它像是一塊磁石，能導引人們行動的方向；有夢想，並將之落實成為理想，具體化就成為目標，所以要理想成真，並非難事。

在管理上，發現：「有目標的人」會比「沒有目標的人」在工作上的表現會更好，甚至對員工個人具有高效的激勵作用。所以強調目標的設定，甚至實行目標管理，已成為現在企業實務流行的激勵處方之一。

目標可以清楚地指出企業所要的結果，例如今年銷售量要比去年成長 15%，營業額成長 2 倍，開發海外銷售分公司……等。例如工業園區的主管，在設立階段的目標考核，是以「引進多少家企業入駐園

區」：目標有達成，主管可升官，目標未達成，主管降級改調其他單位。

目標就如同是燈塔的燈光，可以協助作為導引航行安全的工具，同仁可以依據目標提供的方向而努力。

有了目標就可以用來作為衡量績效的標準，比較實際成果與目標間的差距，而瞭解自己執行的成效。例如設定目標是今年的銷售量要比去年成長 15%，年底時再衡量實際的績效，有沒有預期中的成長15%，便表示目標達成率多寡。

作者在企管培訓班對學員強調一個心得：「事前有目標，事後才可評估」。你有目標，而且具體化，並且由執行人上臺公告，事後要來評估效果，不僅雙方的爭議就會消失，而且，在執行中，由於有明確數據的「目標」，執行會更順利、有勁！

目標可以激勵組織中的同仁努力去達成最後的理想，而且員工若知道目標所在，同時知道達成目標的好處，如獎金、紅利、升官，就會「激勵自己努力去達成目標」，以獲取好處。

作者深深體會出：企業的前途，與企業經營者的企圖心，二者是息息相關的，經營者的心態會決定一切，經營者若不能向全體員工明白的指出「我們的目標在……」、「我們要作何種計劃……」，這個公司是沒有前途的。經營目標、經營計劃，對企業而言，相當的重要。

如果經營決策者不能向全體部屬恰當地指示：「目前公司最重要的是什麼……」、「公司目前最重要的工作是……」，該經營決策者將無法取得公司人員的信任。

若經營者在指示目標和行動推進方法時，不夠明確，或是經常變更指示、朝令夕改，將使公司部屬無所適從，陷於混亂的局面中。此種狀況無異於打擊士氣，而經營者自然就無法獲得他所期待的成果。

到底設定經營目標有何好處呢？目標設定能區別出自己所追求的，有那些是最重要的，那些是次要的，以激勵自己往最重要的目標

邁進。

一旦執行之後，還要評估達成的效果，進而經由比較、衡量與目標之間的差距，來判斷自己的成就。

總而言之，經營者必須向全體部屬揮出明確的旗幟，使其集中力量向重點目標、方向，毫不遲疑地前進。

二、經營者要以「願景」(VISION)來領導員工

一位學者提出：「我發覺世界上最大的事，並非我現在何處，而是我們要往那裏邁進……」。

經營者要領導企業員工向前走，指出方向與目標，長程的「年度計劃」是五年規劃，短程的「年度計劃」是一年規劃，明確指出目標所在，提出「願景」(vision)，要讓員工知道「我們要往那裏邁進」。

經營者要以「願景」(vision)來領導員工，並有務實的工作計劃相配套，來達成目標。作為一個前瞻的領導者，不僅僅要列出使命宣言(mission statement)，能說什麼是遠景，更是要能去說服人對願景產生信心，而願意全力以赴。

「人因夢想而偉大。」以願景領導可以凝聚成員特質、理想與組織目標相結合，共同成長並承擔風險。因此，「願景」必須是有方法、可實現的理想，絕非空中劃大餅式的空想或謊言。

經營者要以「願景」來領導員工向前行，那企業如何塑造「共同的願景」呢？至少包括：

1. 領導者個人的遠見，轉變成企業共同的願景，必須經過一個共塑的過程，亦就是共識的建立。

2. 塑造願景的過程就是不斷地溝通，而且要常常運用到非正式場合的溝通。

3. 塑造願景的過程必然會遇到阻力或諷刺，因為領導者的遠見勢必遠遠超過一般人的「習慣領域」，按照領導者自己理想有的結果，去尋找可實現的方法。

4. 因此，在塑造願景之前和過程中，領導者要經常為自己和夥伴打預防針，消除負面的思想，這時候就是要進行「集體潛意識」的修煉。

5. 領導者塑造願景可採取的方法，為時勢創造英雄和英雄創造時勢。

三、訂定屬於自己公司的經營計劃

有了「願景」之後，還要有具體「計劃」去實行它。觀察許多企業的經營計劃，其實際情況，多半只是操作數字，或者使數字相互吻合而已。當然，對於銷貨收入或利益，有訂定預估數字的必要，但是僅止訂定出預估數字，並不能表示必然能夠達成數字所代表的目標。經營者應當深刻地瞭解到，數字只能用來定計劃表，而計劃表上的數字，絕不是自動達成的。

作者擔任顧問師，與各行業主管常在磋商銷售績效，在此必須提出一點，許多主管常犯兩個毛病，第一個是「為計劃而計劃」，忘記了「計劃」只是執行的手段而已；另一個是忽略了「數字要如何產生」，銷售數字不是「大筆一揮」就產生，而是要落實去執行。

要擬訂經營計劃，除了「指出目標」，更要明確標示出「做什麼？做多少？怎麼做？」。

以圖而言，「經營目標」是達到 P 點，而現狀是 Q 點，因此工作重點就是「如何將現狀 Q 點往上升，到達 P 點」，因此得想出努力的方法，否則就無法訂定出計劃。計劃的內容應當包括了「做什麼（目

標項目)、做多少(目標水準)、怎麼做(方針、策略)」。

圖 4-1　如何擬訂合適的計劃

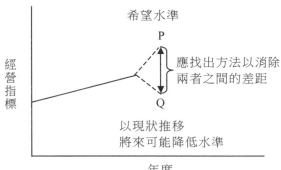

各企業所訂的經營計劃,必須是符合本身所需求的,沒有任何一個計劃,是能夠適合於所有公司的,依企業的不同,其業種、業態,規模也有所不同。此外,每一企業因老闆的方針、經營幹部的想法、以及以往在經營上的作法與實績、管理水準的高低、推行計劃者在公司內的地位等等,都會影響計劃的訂定,使計劃產生不同的效益。所以,很難找出某種最理想的經營計劃,去適應所有的企業。

在思考經營計劃時,首先必須檢討以往的實際效果,一旦「經營計劃」出爐了,也要追蹤是否發生原來所期待的效果。

在實行所訂定的計劃之後,必須同時追蹤是否產生了所期待的效果,如果未能產生所期待的效果時,應找出那一個部分發生了問題,並且掌握問題點,以求研討改善的策略。

由於無法找出某種最佳的計劃,以求適應所有的企業,因此每一公司必須配合自己所特有的條件,訂定適合於自己的經營計劃。訂定出經營計劃之後,又需要配合實際的狀況,在不同的階段,採行不同的改善策略。

在實務上,經營計劃的計劃與執行同等重要,它們的工作步驟如

下：

①全公司的人員都需要對經營計劃有所理解

經營計劃訂定出來之後，需要靠經營者與員工的合作努力，才能夠順利推行，因此不論在公司內的地位如何，部門如何，都必須對經營計劃有共同的理解。

②分析自己公司的現實情況

掌握自己公司的實際狀況，才能以實際狀況為基礎，訂定計劃，是有必要的。

③檢討問題點，同時研討改善的策略

所謂經營計劃，也就是經營改善計劃，或者可以稱之為利益改善計劃。因此，不僅需要找出問題點，同時要對問題點採行適當的改善策略。

④制定利益計劃表

利益計劃表是用來顯示期末所應達到的目標。

⑤訂定主管目標

所謂主管目標，也就是主管所應當處理的重點事項。

⑥各部門預算的編成，以及各種計劃的調整

應當制定費目別預算，以及月別預估損益表。同時經過調整後，制定利益計劃、主管目標、預算等。

⑦實施活動的管理

僅只訂定計劃，若未實施的話，則如同是劃在紙上的餅一般。為了促使計劃能夠實現，對所進行的實施活動，應加以適當的管理。

⑧對實績給予適當的評價

四、經營者的態度決定成敗

經過辛苦的分析與協調之後，經營計劃表終於出爐了，但是，如果只是一份書面計劃，或只是填入數字而已，或者缺乏相關人員的執行意願，或者缺乏「達成計劃的方法」，這一切都會將經營計劃大打折扣的。

計劃表只是能夠幫助經營者管理的一種工具而已，並不是經營者管理的本身。有方便的工具，做起事來就比較容易，經營者如果能夠活用計劃表這種工具，將可提升業績。

在診斷企業的績效，常發覺「企業缺乏年度經營計劃」、「編妥計劃後，束之高閣」、「缺乏對計劃與實績之間的檢討改善」，許多人都會有一種錯覺，以為制定出計劃表之後，表上的計劃就會自動達成，結果總是習慣於將計劃表放在抽屜的深處，分析這一切病因，主要必須歸諸於「企業領導者」。

「年度經營計劃」是表示欲提升某程度的利益，而經營者就是利益計劃的當事人，如果經營者袖手旁觀，不表示充分的關心，認為「年度經營計劃已決定了」、「銷售工作是銷售部門的事」、「生產工作是工廠部門的事」……等等，該「計劃」所欲達到的「成果」，將是十分困難。

經營者有下列三項基本的任務：

①設法努力使企業能夠繼續發展下去。

②制定企業的行進方向與目標。

③找出方法，使企業朝向目標前進，不偏離目標。

經營者如果不對「經營計劃」表示強烈的關心，那麼不論制定了多麼詳細的計劃，有如「造船廠造了一艘船，卻不讓它下水」，永遠顯

不出它的魅力。

　　經營者在計劃的設定期間、實施的階段、反省的過程中，都必須一直表示強烈的關心，才能夠使利益計劃產生良好的成果。

　　要強調的是，要「企業永續經營」，不能缺乏「經營計劃」，而欲使經營計劃順利成功；首先有賴於經營者的關心。

　　作者要提醒你，要想提升公司的經營，重要的是要提升每位員工的「士氣」。那麼，提升員工「士氣」的具體方法又是什麼呢？首先就是將大家的目標「明確化」，否則無論有多麼週全的心理準備也無法推動人心。人的原動力要在目標確定之後，才可能發揮出來。

　　年度經營計劃是否順利達成，要各部門員工要徹底瞭解目標，並且以主動、積極的心態加以進行。而這當中，員工的「參與感」是重要的關鍵。

　　即使在有了完備的經營計劃，如果相關部門的主管或員工，不予以合作的話，就無法產生成果。因為實際上在執行計劃的人，並不是經營者或計劃負責人自己。經營計劃的實施，必須由相關部門的員工通力合作，在制定計劃的期間，卻往往僅只有少數人參與。由少數人所制定出來的計劃，等於由上級壓迫給下級，下級會表示「雖然瞭解你這個計劃，但是我覺得沒有意思」。因此在制定計劃的時候，應當讓員工參與，並且詢問「你的意見如何？對這個問題要怎麼處理？」這是非常重要的。

　　如果擔心員工的能力不足，又希望員工參與計劃的制定，則必須對員工施以廣義的教育。員工的知識如果不足，不僅無法理解利益計劃，也無法通力合作，除此之外，還會產生不滿或不信任感。負責向員工協調的計劃負責人，不應使用專門的用語，應對員工作詳細的說明，應使用簡單的句子，以簡單的方式，把計劃說明清楚。

　　當各部門的負責人將計劃數據或實績數據，向經營者或上級提出

之後，如果沒有採取相對反應的話，那麼各級主管或員工的士氣就會低落。有了好的成績，應給予獎勵或適當的報酬。對於不好的成，應給予適當的叱責或指導。唯有如此，才能提高士氣。員工努力的成果，如果不能獲得上級的認識，則員工必然無法產生高昂的士氣。

每個部門、每個員工的目標，若能順利達成，最終才有公司整體目標的成功。不僅要員工對目標有「參與感」，而且也要將目標逐一往下佈達，分配到每一個員工身上，換句話說，「公司整體目標」變成「各部門目標」，各「部門目標」變成「員工目標」，員工既有「參與感」，又明白本身的「個人目標」，就會朝既定方向努力達成。

公司內的目標，要逐一往下延伸，（具體實施方法，可參考我的另一本著作「如何推動目標管理」，這本書已被臺灣許多企業團體採購，做為部門主管的指定教材。）其順序如下：

①由最高領導階層訂定公司目標，並發表之。

②公司目標決定之後，各部門主管根據公司目標，自行訂定各部門的目標，並向最高領導階層報告。

③最高領導階層檢討各部門所提出的個別目標。

④最高領導階層與各部門主管個別檢討，達成共識後，訂定各部門的目標及評分標準。

⑤各部門主管再與其部屬討論，訂定每一個人的個別目標。

五、達成年度經營計劃的技巧：目標與作法

企業整體的經營計劃一旦擬妥，如何落實完成呢？欲達成年度計劃時，就要運用目標管理的制度與辦法了。

作者在「如何推動目標管理」著作中(註)，有提到目標管理的運作，如何善用「目標」與「作法」來達成企業的目標。

　　目標的體系化必須依序由上而下，即由「公司目標→部門目標→單位目標→小組目標→個人目標」的順序來設定。每一個人的目標，是為了達成上級的目標而存在，如果沒有上級的目標，無從設定個人的目標。

　　目標管理制度的目標承接，就意義而言，所謂由上而下，並不是說，上級向下級強制指定目標：「這就是你的目標」。如果這樣交待時，就不是目標，而變成「配額」了。在這裏所謂由上而下的意思是，主管要親自向部屬發表「單位的目標」，主管並多次與部屬商談，以找出適當設定目標，並且在執行時，多加協助。部屬承受這個目標後，再往下設定各自的目標。

　　第一次引進目標管理制度者，常將「目標管理制度」與「營業配額」，混為一談，其實二者有相當大的差異。

　　在目標管理制度的目標承接，就實務程序而言，部屬在體察上級目標之後，才能設定自己的標，但部屬必須明確把握「目標」和「方針」的關係。也就是說，部屬不是直接承受上級目標，而是要瞭解上級的「目標」與「方針」後，部屬承受上級的「方針」，經思考後，吸收並用以設定自己的「目標」和具體「方針」。

　　臺灣每年均有颱風來襲，若是主管喊要「小心防颱」，而各部門員工也跟著喊「小心防颱」，如此一來，就慘了！

　　（註）作者在「目標管理」的著作，繁體版本書名是《如何推動目標管理》。簡體版本授權廈門大學出版。

　　因此，所謂「由上而下」，是將上級的「方針」化為下級的「目標」，也就是上級「目標的細分化」與「方針的具體化」，由「目標→目標→目標」，照「目標＝方針」→「目標＝方針」迂迴式的設定，才是正統的做法。

　　假定目標是：「提高市場佔有率 3%」，而方針是「設定重點商品甲」，下級就應稟承上級的方針，訂出「提高甲產品佔有率 5%」的目標，和「開發台南地區」的方針，而「開發台南地區」的銷售，主要目的在於「達成市場佔有率」。你的更下一級單位，秉承你的方針（即開發臺地區），而設定「爭取台南地區經銷商共 7 家」目標，並訂出具體的方針是「每週增加拜訪 5 次」。

　　不只是「目標往上承接」，更要區分「目標」與「方針」，這是達成目標管理的重要關鍵。

圖 4-2　梯級目標圖

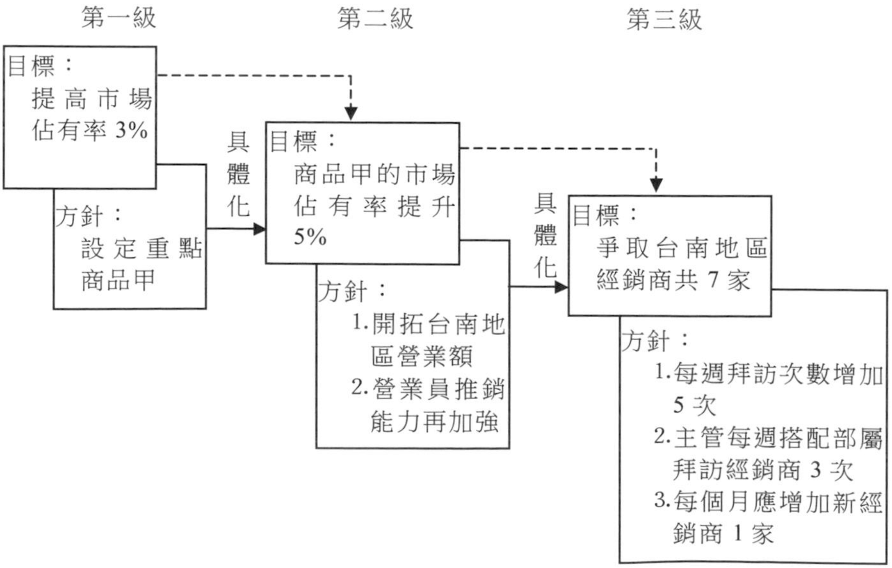

圖 4-3　經理目標圖

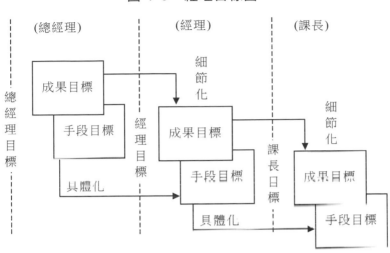

六、企業要創新，否則就倒閉

　　企業若沒有創新，就缺乏競爭力，企業要創新，才有活動，才能有高昂的競爭力，而且，企業的創新，要策略性的考慮，施力於「核心專長」、才能發揮「四兩撥千斤」的良好效果！

　　企業要生存，要成長，就必須創新，我們可從美國著名的雜誌——財星雜誌加以看出，從美國財星雜誌公司每年公佈的五百大企業排名，年年都有相當大的變化，且江山代代有才人出，就可以知道企業要面對的經營挑戰相當大，如果不能符合時代的要求，在企業紅塵中，是很容易消失無影無蹤。

　　細數世界上走過百年歲月的企業，包括西門子、奇異、Burberry與英國航空等企業，它們共有的特色，就是能不斷的引領產業的風

潮，進行企業的創新改造。

要生存、要成長，就必須創新，這個生存原則，對大企業或小企業都是通用的。

大企業者，例如美國奇異公司。美國奇異公司已有百年歷史，現在仍然能夠在產業界屹立不搖，並且在華爾街股市中穩坐傳統產業的龍頭地位，靠的就是不斷以企業的利基，尋求產品的創新。

儘管當年美國奇異公司瞭解本身在雷射與斷層掃描的醫療設備上，已經不具有比較利益，而將該部門出售給歐洲的企業同時，曾被美國的產業界認為是背叛了美國。但，從奇異公司總裁威爾許日後能為奇異公司注入新的生命力，就可以瞭解走過百年歲月的奇異公司，靠的就是不斷的創新與努力。

小企業要創新，只要肯朝目標進行，終會成功的。事實上，只要多一些創業，企業要創新並不困難。

紡織業與雨傘業都被認為是最傳統的工業，以製造風衣及雨傘起家的英國 Burberry 公司，卻能夠隨時迎合時代的需求，運用其品牌所建立的全球行銷網，在衣著相關的產品中，成為名副其實的百年老店。

「迎合時代的創新」，企業要想不被淘汰，就必須從經營方式、生產制程、產品及材料等領域，都能推陳出新，才能在嚴苛的產業競爭中生存。就如同最古老的產業之一的銀行業，花旗、中國信託及美國運通等公司，都能夠有不錯的獲利，靠得就是能在傳統的吸收存款與放款的業務之外，針對客戶的需求，提供更多元化的服務，讓企業的核心競爭利基可以不斷的衍生。

除了在既有的產業上尋求改革創新外，多角化經營也是帶進企業新生命力的方法之一，只不過，企業的多角化通常都是要繳付高學費的，有不少的企業，就是因為多角化經營的腳步沒有踏穩，如今已經

從企業版圖中消失。

「沒有傳統的夕陽工業，只有不肯創新的夕陽工業」，這是一個重要的觀念，請靜下心思，仔細回想貴公司有那些業務、作法可以創新呢？

七、要發展企業核心專長

企業的成功策略，首先是「專注本業，建立核心專長」（core competence），其次是「注重客戶滿足」，並且要「不斷創新」。

企業專注本業，建立核心專長，才能發揮競爭優勢，亞洲金融危機，失敗的集團都是轉投資於不熟悉行業，導致盲目經營，而反觀成功的企業多是專注本業。

有句諺語：「貪多嚼不爛」，在高度分工時代已經來臨的今天，企業必須打破什麼都想要自己做的迷思，充分瞭解自身的「核心專長」，至於其他的部份，盡量利用別人的專長來輔助自己，使整體效率、品質能超過一味要求降低成本的訴求，才能發揮最大戰力，得到真正的勝利。

當一個企業剛站穩並開始茁壯成長時，為了擴張經營版圖，加強作戰效能，必須面對組織日益龐雜，內部溝通效率日漸降低的問題，此時若再加上「企業跨出本身的核心專長」，常會減低競爭力，遭逢意外，（如金融風暴），會有危險。

某知名食品業，產品之深度、廣度，都令人嘖嘖稱奇，幾乎無所不包。公司生產蕃茄汁，原本向農民採購，後來乾脆自己闢地種植，以確保原料來源、品質和價格；又為供應其所需大量的罐頭食品包裝材料，成立關係企業生產馬口鐵，其出發點不外是為了達到一條龍的生產制度，節省成本。必須注意到，如果執行得不好，導致整個工廠

各部門之間，反倒形成各自為政、本位主義的現象，表面上的成本或許下降了，但無形的額外付出，卻不容易被發現或重視。

慎重的呼籲，專注本業，建立核心專長是發揮競爭優勢的要件。少數失敗的大企業，跨越本業投資，忽略本業經營，一旦面臨不景氣，立即陷入財務危機。成功企業多是專注本業，發揮「大而專」之核心專長領域，中小企業則可發揮「小而精」的競爭優勢。

一再強調，企業經營講求「永續經營」、「穩健經營」，企業只要專注核心專長，就會以穩健的基礎，帶來企業的成長；反之，不適當的多角化，短時間雖可風光的獲得成長，但基礎不穩，稍遇變化，就會帶來企業的危險。

企業經營者必須深切瞭解行業特色，並且熟悉掌控企業運作之奧妙；以「發展核心優勢」項目而言，重點在於「核心優勢」的發掘與運用，但表現的方式，或「運用此核心優勢於產品項目」上，可以彈性因應之，二者並不衝突，這當中的巧妙，必須藉「經驗與創意」來達成。

八、企業的成長策略

企業要多角化必須衡量本身能力，尤其是經營階層、董事會的策略管理能力，以避免「撈過界」而摔得鼻青臉腫。

根據 Michael Porter 教授的研究，用多角化程度來衡量「企業的總體策略廣度」，「策略管理」可以用「成本導向」、「集中力量」、「差異化策略」三個類型來加以衡量。如下圖：

圖 4-4　策略管理能力

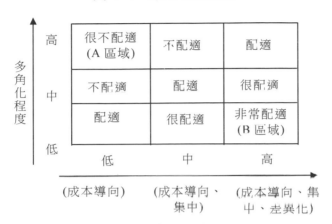

當企業(董事會或經營階層)專長只有一項「成本導向」的策略能力時(指 A 區域)，它的策略能力較低，此時採用「多角化程度較低」，可了以配適。採用「多角化程度」較高時，是「很不配適」的，例如「A 區域」，換句話說，此時任意多角化，是並不恰當。

　　例如在臺灣經營相當成功的台塑企業，經營者王永慶被稱為「臺灣經營之神」，其實台塑的各個關係企業其成功的關鍵因素，大都是「成本導向」績效；借著大筆投資發揮規模經濟，降低製造成本，更藉制程改善，達到經規模經濟所產生的龐大收益，企業可借著「相同品質(或更佳品質)，而較低價位」，來取得市場優勢。

　　相反的，以 B 區域而言，若企業的策略管理具有「成本導向、集中、差異化」時，若進行較高的「多角化經營」，是配適的；若「多角化程度」不高時，以公司的策略管理能力(成本導向、集中、差異化)而言，是極度的「非常配置」；換句話說，此時多角化經營，是恰當的。

　　以公司的策略管理能力，來衡量採行「多角化經營」是否恰當，若本身「策略管理能力」足夠，而在「多角化」當中，又能有技巧的擁有先天「核心優勢」，是再恰當不過了。

　　企業的經營必須審慎，成功的企業一向都以穩健的經營和強人的應變能力，來維繫企業競爭力。即使必須採取大幅前進的購併行動，也是抱持審慎心態，而圍繞在「原有企業的核心競爭優勢」。

　　作者認為「寧可當烏龜，不要當蹦蹦跳跳之的兔子」，企業經營要一步一步往前走比較穩當。讀者諸君不要誤認「心態消極」，作者參與日本企管界朋友之討論會，日本企業界經營者在經歷「成長後之泡沫期」，眾多企業不是倒閉，就是奄奄一息，他們對筆者均抱持贊成之看法。

　　有關企業的成長，有三種不同層次的成長策略：深入成長，聯合成長，多角化成長。第一層次是就當前的產品與市場活動加以考慮的，希望能在此既定的產品與市場範圍內尋求可能存在的機會。我們稱之為深入的成長機會。第二層次則是對中心行銷系統的其他部份進行發掘，我們稱為聯合的成長機會。第三層次則是完全在目前的中心行銷系統之外進行搜尋機會的工作，我們稱為多角化的成長機會。說明如下：

表 4-1　成長機會的類別

A.深入成長	B.聯合成長	C.多角化成長
①市場滲透	①向後整合	①集中式多角化
②市場開發	②向前整合	②水平式多角化
③產品開發	③水平整合	③集團式多角化

1. 深入成長

　　如果一家公司在目前的產品與市場之內，並沒有把所有的潛在機會都發掘殆盡，那麼，深入的成長是有其價值的。根據產品與市場的擴張矩陣，擬出了對於深入成長的分類很有用處的構架。

　　市場滲透(Market penetration)：市場滲透亦即公司運用更積極

主動的行銷努力於其目前的市場及目前的產品之上，希望藉此而增加銷售量。

市場開發(Market development)：市場開發主要系把目前的產品在新市場中推出，以增加原來的銷售量。

產品開發(Product development)：產品開發亦即公司為了增加銷售量，將經改良後的產品在目前的市場上推廣發展。

圖 4-5　市場多角化的表現

	現有產品	新產品
現有市場	1.市場滲透	3.產品開發
新市場	2.市場開發	4.(多角化)

2.聯合成長

如果一家公司所處的基礎產業具有光明的遠景，成長未可限量；或者該公司可借著在該產業內向前、向後或水平的移動而增加公司的營利能力、效率或控制力的話，聯合的成長便是一種很有意義的做法。以製作、發行歌曲之音樂唱片公司而言，對於三種聯合成長的可能性，加以介紹：

圖 4-6　聯合成長

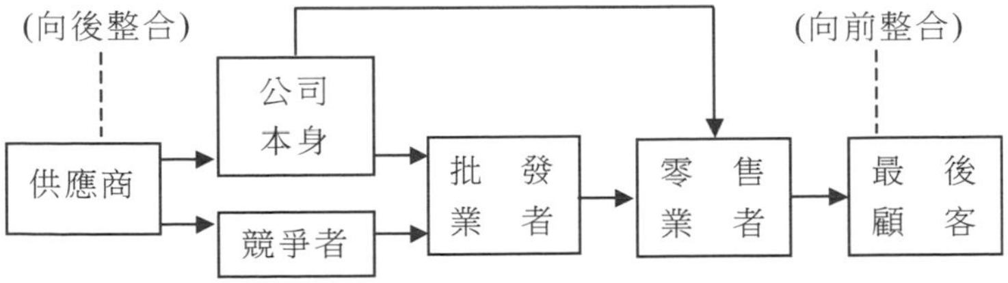

向後整合的意義是「公司尋求增加其供應系統之所有權或控制力的種種企圖及行動」。以唱片公司為例，該公司對於塑膠原料及錄音裝備的製造廠商依賴甚重，如果該公司目前此供應廠商的獲利能力甚

高,或正面臨極佳的成長機會,該公司便可以採取向後整合的行動以便爭取更多的利益,同時此舉也可避免未來可能面臨的原料短缺、成本受供應商控制等危險。

向前整合的其意義是「企圖擁有一公司之分配系統或增加對其之控制力的種種行動」。唱片公司一向是把它的產品賣給唱片批發商或其他的大型唱片零售商,如果目前公司當局的行銷中間機構有很高的獲利率,或具有很好的成長機會,或公司對目前所有的批發商,零售商所提供的條件和服務感覺不滿,都可以實施向前整合的措施以便爭取利益。公司所可採行的方法甚多,可以建立一個直接郵寄唱片的俱樂部,以減少對中間商的依賴,或可以買下既有的銷售網,設立門市部,進行產銷一元化的措施。

水平整合是公司「企圖增加其競爭的所有權或控制力的種種作法」。唱片公司當局看到幾家新的小公司,由於具有拔擢新錄音人力的能力,在短期間就有了極為可觀的成長。如果這些公司能夠以他們的新興管理人才及新演唱明星為公司效忠,它們正是公司伸手接管的良好目標。

3.多角化成長策略

就一公司而言,如果就該公司的中心行銷系統加以分析審度,顯示出缺乏繼續成長或獲利的機會時,或者在目前的中心行銷系統之外,存在有更佳的機會時,多角化的成長方式就會是合理可行、具有意義的經營策略。

多角化的進行,可大分為下列三種型態:

集中式多角化,指公司方面尋求增加新的產品,而此產品對目前的產品線來說,是可以在技術或行銷兩方面產生綜效的;在一般的情況下,此產品所針對的是一個新的目標市場,是一個新階層的消費群眾。

　　水平式多角化，水平式的多角化，意指公司方面企圖加新產品，這新產品所針對的顧客，即為目前產品線的顧客，惟生產此產品所需的技術與日前的產品線之間，沒有關連。

　　集團式多角化，集團式的多角化經營，是公司方面以嶄新的產品向另一群新的顧客進軍。因為此舉可望減少一些無效率的狀況，或者針對某一絕佳的環境機會；但無論如何，集團式多角化所推出的新產品和公司目前的技術、產品及市場間都沒有絲毫的關連。

　　憲業企管顧問公司專門出版各種實務的企業管理圖書，幫助企業解決各種經營難題，各圖書名稱詳細資料，請參考本書末頁。
　　或是直接上網查詢：www.bookstore99.com

第 **5** 章

要設法提升生產力

為了因應業界的競爭，平衡日漸增高的人事費用，獲取所需的利益，就必須提高生產力；生產力如果不能夠提高，那麼收益力以及資金的週轉能力都會惡化，老闆無時無刻在擔心「生產力有多高」、「競爭力足夠否」？

「企業有競爭力，才能不倒閉」。而當中的要素，是企業的生產力高低。

生產力轉弱，對企業壽命必有影響，小者逐漸減少利潤，大者導致經營倒閉。競爭力弱的企業，在「三等企業」可見到：員工早上「等」吃飯、下午「等」下班、平常日子則「等」發薪。

一、訓練很貴，不訓練更貴

在診斷某企業的業務部門運作績效時，我常發現一個共同的特殊現象，企業由於省略或忽視新進員工的職前訓練，導致新員工在工作中摸索，使得他們不是忙得焦頭爛額就是不知如何著手進行，束手無策。這樣，不但增加了不必要的「錯誤嘗試成本」，若再逢內部人員流動率偏高，便常有惡性循環的可怕結果。

省略或忽視新進員工的職前訓練，雖然節省了訓練成本，但未來

所花費的費用(或成本)更數倍於前者，因小失大值得警惕。

　　由於吝惜新進員工的職前教育訓練費用，以「沒有時間」為藉口，雖節省了的訓練成本，但未來所花費的費用(或成本)更數倍於前者，因小失大，值得警惕。

　　由於缺乏有用且有效率的職前訓練，許多事務往往要由新進員工親自去摸索，甚至依賴前輩(或主管)的一一教導，此舉是將「職前訓練」與「在職訓練」二者混為一談，是否有效，還值得懷疑，因為錯誤嘗試太多，會使員工對工作失去興趣，而前輩更感到不耐煩。

　　不管職前訓練需耗去多少時間與金錢，它總比事後的彌補來得划算。(若實在沒時間職前訓練，亦可將以往內部教育訓練加以錄影，做為職前教育訓練輔助教材)。

二、快速提升業務力的標準推銷話術

　　在與企業界老闆閒聊中，常會聽到「人員素質低，令我傷腦筋……」之類的話題，作者亦常思考此類問題，深深覺得答案就在身旁。

　　有效的標準推銷話術，是產生利潤的最佳工具，可以建立與客戶的良好人際關係，培養為客戶和公司具有更純熟銷售技巧的業務員，更能提升整個業務團隊的推銷水準，確保公司的業績。

　　要提升行銷人員素質，第一步是「拉拔」，設法提升他的水準，第二步是「整齊」，要令整個團隊有高水準、整齊劃一地演出。招術成功就要靠「標準推銷話術的運用」。業務部門為加強銷售技巧，有必要對業務員加以教育訓練，而「標準推銷話術」的功能，不只能使業務員銷售技巧更純熟，更能整齊提升整個業務團隊的推銷水準，確保公司的業績。

1.第一步是「拉拔」，設法提升業務員的水準。

對業務人員而言，「說話」是一項武器，業務人員如果不善於表達，說話不順暢，說話抓不到重點，甚至於說錯話，客戶會認為「這個業務員可能對自己所推銷的商品沒有信心」，到最後，銷售效率一定會降下來，影響到業績，因此業務部門為提高銷售業績，有必要對所屬業務部門加以教育訓練，使推銷技巧更純熟，而針對欲推銷之商品更應設計一套推銷技巧，使業務員、店員的推銷話術更容易發揮效果。對主管而言，有效的推銷話術，不只提高業務員(店員)的銷售能務，在人事異動頻繁時，借著一套標準的推銷話術，能使「新兵」(新進業務員)立即派上用途，此功能令經營者、高階主管更加欣喜。

欲提高績效，依照顧問師的心得，最有效的便是「採行標準化的推銷話術，使業務員的推銷話術更標準化，不只是提升業務員能力，更使推銷素質均衡發展，以達到公司的一致化目標。」

業務欲利用標準推銷話術以提升業務員能力，步驟如下：
· 落實內部重視推銷話術之重要性。
· 由企業部門與營業部門合力製作各式標準推銷話術。
· 善加運用各式訓練機會加以推廣，令業務人員熟悉標準推銷話術。

推銷話術有多種，至少包括：商品介紹、拒絕的服務、抱怨的處理、新產品的鋪貨等，推銷技巧是針對不同客戶應有不同的因應之道，但基本上要先備妥「標準推銷話術」，熟能生巧，面對不同客戶時，自然應用自如。

2.標準推銷話術的製作

企業如何靠業務力之優勢來贏過競爭對手，企業界最熟悉之對策是靠「植林計畫」廣招兵馬，以量取勝，其實如何提升並整齊業務員的水準，也是相當重要之課題。根據日本能率協會統計報告，高水準

業務力之團體,與低競爭力業務團體業績相比較,差距可達 6 倍之多。

　　中小企業的業務部門,因新進業務員補充、業務員能力差異等,常形成明顯的業務差距,業務主管耗費大半時間加以調教,顧此失彼,反而疏忽了主管其他應盡之工作。

　　標準推銷話術的製作流程如下:

⑴集合推銷員,把顧客時常提出的問題加以匯總。

⑵將問題匯總後分類,並分析其嚴重性的程度。

⑶以腦力激盪方式尋求理想的回答方式。

⑷由專責企劃員編制標準話術或徵求內部提出。

⑸快速編制推銷標準話術。

⑹以角色扮演法,令全體人員受訓或觀摩,並時常加以修正(補充)標準話術教材內容。亦可在內部實施徵文活動,吸引同仁注意。

3.標準話術的推廣方式

⑴利用角色模擬法,定期演練,使其能熟練應變。

⑵在內部刊物上徵求,並以贈獎方式激發其興趣。

⑶在各營業所或分公司的朝會中辦理,每日一個反對主題,舉行話術推廣比賽。

⑷在朝會中由主管主持簡單的角色扮演,每日一則。

⑸以大海報的方式書寫各則重要話術,利用朝會大聲朗誦,久而久之,便能隨時朗朗上口。

⑹定期教育訓練,並舉行書面的簡易測驗。

⑺時常以社內刊物徵求答案,並予以贈獎。

　　營業部門應提高整體業績,使推銷員素質均衡發展,以達到公司的一致目標!應將業務員的推銷話術加以標準化;根據筆者的輔導經驗,只要事先對推銷話術之重視,配合商品線規劃,擬妥促銷計畫,並落實執行各種推銷話術(訪問話術、應對話術、商品介紹話術、進

貨話術），幾乎都在幾個月內迅速提升中小企業的業務力。

三、員工的生產力

　　未來的經營處境是「高薪資時代」。可以預見的是，薪資將會不斷的上漲，在企業的經營成本中只會成長，不會縮減。

　　觀察企業的競爭力、員工的生產力，員工的「平均營業額」或「平均毛利額」或「平均利益額」是重要的指標項目。企業經營者必須明白員工生產力若干？期許的目標是若干？預備如何達成呢？

　　有關「員工生產力」，它的計算方式是：首先從損益表上計算一下平均每人所得，亦即將銷售額、營業總利益（毛利）、行銷費及一般管理、經常利益等，拿來被員工人數除，而獲得平均每人銷售額、平均每人營業總利益、平均每人行銷費及一般管理費、以及平均每人經常利益等。此時，作為分母的員工人數，以人事數據為基礎，包括現職董監事、正式員工、兼差與臨時員工人數等三者之總和。

　　下表為臺灣各企業的員工生產力，以南亞塑膠企業而言，該年銷貨收入總額為 914 億 9300 萬元，員工人數 16152 人，平均每個員工銷貨收入為 566 萬元（914 億 9300 萬元÷16152 人）。

　　臺灣塑膠公司而言，該年銷貨收入總額為 362 億 3000 萬元，台塑企業低於南亞塑膠，但台塑員工只有 3345 人，平均每個員工銷貨收入為 1083 萬元（362 億 3000 萬元÷3345 人），反而高於南亞塑膠企業。

四、人效與坪效

假設龍馬商店平均員工人數是 6.3 人，該商店的經營績效如下：營業額為 2000 萬元，營業成本是 1600 元，銷售毛利是 400 萬元，管理費、行銷費共 320 萬元，得出利益額是 80 萬元。

究竟該商店的生產力是好或壞呢？營業額 2000 萬元除以「平均員工 6.3 人」，可得知「員工平均營業額 317 萬 5000 元」，假若一般的超級市場經營效是「員工平均營業額 300 萬元」，則龍馬商店的經營績效顯然超過此數字，企業要評估本身的績效，可以分析歷年來的績效數字，再參考同業平均值，或是競爭對手的營業值，加以佐證後，才能得到較明確的肯定。

在診斷實務上，有「人效」、「坪效」說法，「人效」是指員工的貢獻能力，例如「平均銷售額」，而「坪效」則是每一坪營業土地的貢獻能力。「坪效」、「人效」是商店、賣場最常使用的評估指標。

有關營業額的多寡，固然是一家商店表現營運能力的最直接數據。但若是更深入地探討生產性的問題，則單靠業績的高低，在績效衡量上尚無法很具體的顯示出來。因此人員的生產力，則較能反應出營運上較詳盡的數據資料。

對於商店的經營，如何透過人員與營業額的關係，而加以顯示出營業績效，一家商店若欲衡量營業員工的營業效率，則應由「營業人員的營業效率」及「直接人員率」著手。亦即加強商店營業人員效率，加強直接人員的營業效率，及降低間接人員數（即後勤行政人員要儘量予以精簡），以求人員生產力的發揮。

五、評估商場績效的坪效指標

表 5-1　近三年商店經營績效比率

年度 項目	2016 年			2017 年			2018 年		
	單獨店	連鎖店	總計	單獨店	連鎖店	總計	單獨店	連鎖店	總計
店數	2299	4186	6485	2216	4975	7191	3274	5260	7534
營業額 （日/元）	25000	51000	41783	26000	52000	43988	23200	50989	42601
來客數 （人/日）	362	970	754	388	963	786	352	1000	804
客單價 （元/人）	52.0	53.0	52.6	50.6	53.5	82.6	47.8	51.0	50.0
毛利率 （%）	16.7	24.5	21.7	17.5	25.6	23.1	17.8	25.8	23.4
回轉率 （次/年）	13.0	23.8	20.0	13.5	23.7	20.6	11.0	25.8	21.4
人數（萬 元/人/ 年）	273.2	332.2	316.0	273.9	345.8	328.7	239.5	330.8	309.9
坪效（元/ 坪/日）	887	1903	1531	900	2023	1648	803	1976	1593

　　「營業額」除以「員工數」，得到「每位員工平均營業額」，另一個較常用到的生產力指標，是「坪效」，即每坪所能產生的營業績效，此法較常用在商店、賣場、專櫃等。例如臺灣的便利商店，由於商店普及度和同質性相當高，競爭激烈，各業者都在產品與管理上下極大

的功夫,「連鎖店」與「單獨店」最大不同點,「連鎖店」的回轉率高,「毛利率」也高,「週轉率」與「毛利率」相乘結果,造成便利店連鎖業者產生高績效,而「連鎖店」業者採用有計劃的促銷,來客數更遠高於「單獨店」業者,以便利店的整合績效而言,單獨店的生產力根本不是連鎖店的競爭對手。

由公式可以瞭解,坪效率的表現方式為「商品週轉率」乘以「每坪商品庫存額」。若某家商店的商品週轉率為 9 次,而每坪商品庫存額為 4 萬,則坪效率為 4 萬×9=36 萬元。

因此商店在營運上,如果增加了商品庫存額,而未能對商品存量管理做有效的控制,則反而會導致坪效率的下降,甚而積壓了商品週轉資金。所以坪效率的運用,在商店經營上十分重要,為針對商品品目做更有效的控制,則坪效率的計算更可以分解成第二個公式。即坪效率是商品週轉率,商品品目別平均單價,每坪平均商品數的三者乘積。這是在坪效率的評估上,更深入對於商品單價與商品數量的檢討。

六、生意興旺的商店,為何會倒閉

除「人效」(營業員平均營業額、員工平均營業額)、「坪效」(每個店鋪、攤位的平均單位績效),尚有「客席週轉率」、「客單價」、「毛利率」都是服務業、零售業的管理指標,對營業額高低都有直接的關連性。

例如「坪效」以及「客席週轉率」,對服務業、零售極為重要。為什麼有些生意好的商店還會出現赤字呢?答案很簡單,就是「被人吃掉了」。換句話說,客席週轉率太低,人事費超過銷售額和銷貨毛利,也是生產力低落的緣故。這種情形,只要我們比較該類業別的幾家店鋪,便不難發現個中原委。

譬如在生意興旺的飯店，客人繁集、桌桌客滿，而且單價又高，銷售額應該很高，可是依照計算，銷售額並非如預期中那麼高。

$$銷售額＝客席數（店坪數）\times客席週轉率（每坪銷售客數）\times客單價$$

由上式可知，銷售額若受限於客席數（或店坪數），客席週轉率也不一定如預期中那麼高；至於客單價因功能表內容和客人層次不同，多少會受到影響。因此，銷售額亦受到不少限制。

由例子可知，任憑商店的生意多麼興隆，商店的銷售額（或毛利）亦難免受到客席數（或店鋪面積）的限制。至於服務生人數和人事費又是怎樣的情況呢？

一般而言，零售業和餐飲業的銷售額中，店鋪費用（店租、償還費）佔 6.5%～10%左右，而店鋪費用亦佔銷貨毛利的 15%～30%。當然，這些比率皆針對生意熱絡的商店而言，可是，人事費卻佔銷貨毛利的50%～60%。

商店常被「商店鋪費用與高人事費用」所拖累，即使店鋪費用實際上並不多，即使加上店租、償還費、坪租和保證金、利息等等，還是比人事費少。因此，表面上生意興隆的商店，假如店鋪面積和客席數沒有達到一定水準，其收入多半是被人事費所吃掉。於是，企業為了經營零售業和餐飲業，使成為現代化的企業，必須因應該種行業的經營型態，改變投資策略和方式。一般企業誤以為在「加強促銷」著手，多半忽略了所開設的店面要維持一定水準的質和面積，店面並非愈大愈好，重要的是，要使人力資源發揮最大效率的規模，才是最適當的店鋪面積。

七、業務員的生產力

一個企業的業務員生產力，是以「銷售額」、「利潤額」為指標，

業務員生產力強，就可替企業帶來龐大利潤。

　　以日本的豐田汽車公司而言，日本的新車登記台數來看，居第一名的豐田，遙遙領先日產，登上王國寶座，這表示他們在汽車市場上佔有 40%的壓倒性勝利。雖然這只是日本國內顯示出的數字，但以世界而言，1983 年豐田汽車生產台數 327 萬台僅次於美國 GM 汽車公司而居於第二位，到 2000 年「豐田」二字已成為汽車王國日本的代名詞了。

　　豐田以全國販賣網為基礎採經銷商制，目前豐田的經銷商有 318 家，主要車種分五系列，分散在全國 4084 個地方，35500 名的銷售人員絕對是居第一位的，第二名的日產有 27300 人，第三名的三菱有 11500 人，豐田不只「汽車銷售員」數目多，不只數字驚人，豐田銷售人員的素質更是其他業者所望塵莫及的。因為豐田非常重視銷售，他們不但增加銷售人員的數目，同時不忘時常整飭其獨特的教育體系以加強質方面的要求。

　　在美國銷售排行第一、二名，分別為賓仕、豐田的 LEXUS，LEXUS 品牌雖為豐田所生產，為加深高級品形象，汽車上皆無豐田公司的任何記號，豐田汽車大力支持 LEXUS 汽車的銷售。「業務員的人數」與「業務員的素質」，是汽車銷售績效的重要指標。在臺灣的和泰汽車公司，是專門代理銷售豐田汽車，不斷的在提升銷售戰力，在 140 個銷售據點中，起每位業務員每月平均賣車 5.2 部，至西元 2000 年更提升到「平均銷售 6.1 部」。

八、善用直間比率，提升競爭力

　　在評估改善「生產力」高低時，作者常向經營者強調，有一個重要關鍵因素，企業要善用「直間比率」來改善公司經營績效。所謂「直

間比率」就是「直接人員」與「間接人員」的比率，直接乃可直接獲得利益的單位，間接就指其他的單位。如銷售業推銷員及營業人員為直接人員，財務會計、採購或其他事務人員都算間接人員。某企業有100個員工，直接人員80人，間接人員20人，其直間比率為8：2。如果直接人員70人，間接人員30人，其直間比率就是7：3。

　　8：2 對 7：3，要不是後者的人們能力特別強的話，每人平均銷售額應無法對抗前者 8：2 的企業，這麼一來「間接人員或間接工作應該考慮提升績效、裁減簡化」。

　　直接與間接的區別，用營業與事務來分開，則送貨員、倉庫管理員都可以算在直接部門，但中小企業只將有關直接推銷的人員才列入直接部門。

　　某批發商第一部門有銷貨員4人，送貨員及倉庫管理員4人，第二部門銷貨員3人，送貨員及倉庫管理5人，計16人。總經理、經理、會計事務人員4人，合計20人。該20人之中直接推銷工作人員有7人，即35%：65%。看起來這7人如不相當努力推銷，則無法維持營業。

　　企業若有過多的間接人員，如果能透過簡化程序而合理的裁減人員，就可以提高每人銷售額及營業成績。

　　作者在 1996 年應顧問公司同業之邀請，共同診斷輔導臺灣某企業，該公司主要生產家用廚具產品，開業9年，但銷售業績始終不理想。

　　診斷結果，雖有甚多原因，其中之一在於「營業員推銷能力低」、「企業也欠缺生產力」，該公司商品毛利平均為 6%，營業員每月營業額不到 80 萬元，低於同業水準，此為第一個警告訊號；公司全體員工54人，營業員(含基層與幹部)卻僅有16人，直間比率偏低，在「營業員績效不高」，加上「間接人員包袱大」的影響之下，故年關一到，

結算之下，企業整體經營績效，自然不好看。

　　剛才所提到業務部門的「銷售能力」，若「銷售能力強」，即使「產品力弱」，暫時還可以支撐一段時間，當然，解決之道之一，在於有賴產品診斷，加強「產品力」。

　　而「銷售能力弱」來自於：

①業務員素質(能力)低。

②業務員人數不足。

③整個銷售網不嚴密，有空洞地帶。

④產品的市場佔有率低。

　　第①項是欠缺銷售訓練所造成的結果；第②項是欠缺人力資源計劃，沒有計劃性的採用業務員；第③項是整個銷售通路策略的不健全所導致，加上各銷售路線控管不嚴密；第④項是缺乏整體的行銷策略所導致市場佔有率偏低。

　　善用「直間比率」，亦可找出公司經營上的盲點。例如「平均每位營業員生產力」相當高，但如將生產力擴及到全公司，計算「平均每位員工生產力」，則生產力大幅下降時，明顯的，企業要檢討公司內人員的數量與品質了。

　　　　　平均每位營業員生產力＝營業員數目÷營業總額

　　　　　平均每位員工生產力＝員工全體數目÷營業總額

　　　　　直間比率＝直接人員數目÷間接人員數目

　　顧問師在檢討企業的生產力，「營業額」、「毛利額」、「利益額」是很重要的財務數據。

　　企業擁有相當的「毛利額」，是確保企業能繼續生存運作的基本條件，而「營業額」更是產生「毛利額」的先決條件。若診斷「營業額」，有二個重點方向，一個是「營業額成長趨勢」，判斷未來可能之狀況，另一個是「營業額不足」，瞭解原因並下對策改善。為解決「營

業額不足」，首先要分析「形成營業額」之原因：

企業營業額＝客戶每人營業額×客戶數目

企業營業額＝營業員每人營業額×營業員數目

企業營業額＝員工總數×平均每位員工營業額

透過第一個公式，瞭解「客戶數目多寡」，會影響到企業營業額，另一個因素，企業的營業員如何影響到「每一個客戶」的出貨額。因此，客戶的需求、營業員的能力均會造成企業營業額高低。例如「持續增加的客戶數目」、「有不斷進貨的老客戶」、「客戶的進貨數量不斷增加」。

透過第二個公式，瞭解到「營業員能力高低」，會影響到企業營業額，另一個因素是「營業員數目多寡」，也會影響到營業額。因此，如何培育訓練出精銳的營業員，而且增加營業員數目，就會造成企業內的營業額高低。

所謂「直間比率」的妙用就在此，公司一旦歷史久遠，多年來就會增加許多的「間接人員」，並非貶低「間接人員」，而是要叮嚀企業主應隨時有「生產力」觀念，人可以增加，但生產力不要降低。

換句話說，若嚴格控制「間接人員」數目，或是將「間接人員」訓練後轉為「直接人員」，則營業額可能有立即性的提升。例如波麗公司在大甲的分公司，有 7 名職員，2 名內勤職員，5 名外勤的營業員，營業員的每人每月平均業績是 200 萬元，則該分公司總體營業額是 1000 萬元，平均每人平均業績是 143 萬元（1000 萬÷7 人＝143 人）。若企業將內勤工作重新檢討規劃，將二位內勤職員之一加以訓練後調往營業部門，若銷售能力稍弱，每月業績仍有 1500 萬元，則造成分公司營業額由 1000 萬元升為 413 萬元。同時，平均每人業績由原先 143 萬（1000 萬÷7 人＝143 萬），升為（1143 萬÷7 人＝163 萬）。

讀者可輕易明白，公司僱用愈多的「間接人員」，「直間比率」就

會降低，全公司的「平均每人營業額」就會跟著降低。聰明的企業經營者，會留意生產力高低，「用同樣員工人數來增加營業額」，或是「增加營業員人數」，以人海戰術來提升營業額。

九、改善業務部門生產力的方法

企業要提升競爭力，公司內各部門必須密切配合。業務部門如何配合呢？在企管培訓班授課時，常被問到此話題，由於學員來自各種不同行業、不同階級，故我常回答，你要先做到下列數項，業務績效一定馬上提高，屢試不爽！

在每一轄區內的銷售量，是直接和業務員生產力改善有直接的關係，通常銷售人部分都以地區為導向，改善的方法包括①時間和責任的分析；②顧客和潛在顧客的查核和 ABC 分析；③改變業務員的薪資結構。

第一項是時間的分析，首先要將銷售工作按機能分成單元(如面對面的直接推銷、等待、旅行和事務工作)，然後將這些單元的「時間與成本」區分。有一家出版商對其業務員做時間及成本分析，發覺薪水很高的業務員大部分時間是從事送貨的工作。因此，我們得到此種結論之後，可將送貨工作交給薪水較低的人去做，這樣則以改善業務員的生產力。

第二項是開發客戶的分析，其基本管理方法是根據顧客或潛在顧客做 ABC 分析。這種方法是分析一個地區的顧客及潛在顧客，然後依照潛在的可能區分為 ABC 三級。A 級是必須花費最多力量去推銷，B級次之，C 級最少。例如，一位業務員每月最多能執行訪問推銷 100次，他可以這樣區分：A 級每月 70 次，B 級 20 次，C 級 10 次。而 C級可利用電話或寄信推銷。

嚴格要求，令業務員明白自己的工作目標，而且明白如何執行，業績才能有改善。

第三項是加強培訓，企業經營一段時間會疏忽「培訓的好處」，或者是嫌棄「培訓費用太高了」。經營者必須瞭解「培訓貴，不培訓更貴」，不培訓所導致的損失，競爭力低落，它的成本是很高昂的。

新進人員進入工作崗位之前要培訓，工作一段也要「在職訓練」。舉辦促銷活動時，業務部門也要配合而搭配適當的培訓機會。

資深業務員要升官當業務主管前，先要接受「儲備主管培訓」；走馬上任的業務主管，為符合工作需求，也要隨時培訓充電，增強自己的競爭力。

第四項是業務員的薪水結構。目前業務員薪水結構常犯之毛病，第一個是「缺乏獎勵因素」，另一個是「沒有要求責任」。

業務員的薪水結構，對於業務的影響很大，尤其規劃推銷獎金時，應該特別謹慎。如果採用固定薪水方式，則對於業務員沒有鼓勵效果，業績好壞，跟他的薪水沒有直接關係時，則會有不積極態度出現，結果和公務員一樣，只有消磨時間度日子。

如果全部推取推銷獎金的方法，則彈性太大。淡旺季時，業務員收入差距頗大，影響到他的生活，所以一般都採取一部分是固定薪水，一部分是獎金的方式，但其比率一定要有獎勵性才可以。如果採取不同產品的獎金不同，對於利潤較大的產品，獎金較為優厚時，則可收到增加銷售「獲利多產品」銷貨的利益。

有些公司對於業務員要求要「收款達成才有獎金」，如果貨款被倒賬，則由經手業務員負責，公司並且加以扣款，此法不錯，但必須有配套作法，否則不僅無法達成公司想收回貨款之目的，而且會造成員工亂成一團。

第五項工作是「工作的專門化與簡單化」，作者在診斷企業病態

時，發覺「普遍使用於生產管理上的專門化、簡單化」作法也可適用於業務部門。

推銷工作逐漸複雜而費錢的情況之下，不是如同往昔的「只要有努力」就可以，而是要做得好且精。當推銷人員增加時，成本和利益則需要「工作的專門化」和「工作的簡單化」。這種生產力的改善方法，必須經由銷售前線管理和公司目標管理的方式共同改變來達成。

工作的專門化，可以利用市場別或產品別的方法來達成。例如，按照消費財市場或資本財市場來區分，或是將馬達和冰箱的推銷分別由不同專人來負責。當某一地區是如此做，但遇有新產品上市時，可以組一機動小組來幫助開拓市場。

另外一種做法則是按產業別區分而使工作專門化，例如 IBM 公司是按銀行、保險、零售和批發來做區分，這樣可使每人的推銷力量集中，以收到業績的提高。

對於業務人員生產力的改進，還可以改善銷售工作的內容而獲得，這種方法通常是將「耗費比較昂貴的推銷方法用到收效較高的地方去」，而價值比較低或費時的工作，用較便宜的推銷方法。例如，我們分析顧客的訂貨，如果是經常訂而每次訂貨額很低時，則不必派專人去推銷訪問，可以以電話或郵寄方式代為推銷，而推銷人員則可以將全力去爭取金額較大的訂貨。所以業務人員應專心去爭取業績，其他的工作可由專門人員代勞。例如服務和技術的問題，可由服務人員和技術人員的配合，獲得更好的效率。

經營者應該知道，好業務人才難求。所以這些人的推銷潛能要好好加以活用，絕對不可使業務人員身兼數職，最後弄得不能發揮他的特長。

十、改善部門的工作狀況

營業部門的工作五花八門,而且工作量繁重,如何兼顧數量等品質呢?是主管人員應慎重思考的問題。

作者在診斷企業的行銷部門時,常發現他們工作忙,但是又苦於沒有績效;檢討他們的工作性質與工作項目,他們總認為,「每個工作都重要,都不可以缺少」。

作者要再度強調,要改善企業的績效,要提升營業部門的業績,就必須改善公司內部的業務工作。改善業務的方法甚多,例如:

1.找出真正必須的工作

動腦筋想出真正不可缺少的工作,如果因為需要就去做,工作量將會不斷地增加,變成做那個也好,做這個也好,工作便會永無止境。

如果將真正不可缺少的工作,放著不做的話,在經營上就會產生明顯的負面影響,不妨徹底地思考一下,如果停止這項工作的話將會如何?如果要停止,如何處理才最好?

2.平均分配工作量

第二個重點是「平均分配工作量」。要正確把住一天或一個月的工作量,否則會應接不暇。分配工作量時必須確認「時間」、「由誰」、「什麼樣的程度」會產生最少或最多的工作量,慢慢去瞭解現狀,就能找出無法避免工作高峰期的原因,以及怎麼樣做會比較好。一般而言,「到月底就必須忙著重要的請款工作,實在沒有辦法」的想法,固然無可厚非。事實上,月底除了請款的業務之外,平常的業務也佔了一半以上,這部份有些不妨移轉給別人做。請款的業務由於都集中在月底,所以一到月底就特別忙碌或許是事實,因而也容易產生到月底就會花掉所有時間的錯覺。

3.工作量分散化

分散處理除了空間的分散，另外還有時間的分散。意即有時候依情況分次處理工作較好，有時則歸納處理較好。第三個重點是「工作以分散化進行」。例如，親自影印太過於浪費時間，如果將影印工作集中在某一個人身上，就變成只需要用到一個人的工作量。依情況分次去處理的工作量，如果留到月底一起處理的話，不但工作量會增加，有時候還必須增加人手。

4.斷絕冗雜的業務

第四個重點是「廢除冗雜的業務」。例如賒購事務，只要捨棄賒購而支付現金，就可以完全廢除賒購業務，許多企業花費了相當多的時間去發佈這項辭令。若連這個發佈辭令也廢除，連一覽表都廢除，想看公司所頒佈的任何訊息，只要利用電腦即可。就像這樣，只要稍微轉換一下想法，就可以減少許多不必要的支出。

5.不要忘記同期化、配合度

第五個重點是同期化的問題。一個淺顯的例子，如果開會時陸續遲到，為了等齊所有的人，就會延誤開會的時間。像這種情形不但不符合時效，而且不浪費時間，既延長了完成期限，也會造成其他部門的困擾。企業首重分工，所以「配合時效」是很重要的，這就是配合的原則。要進行工作的協調合作，就必須事先訂立行程。即使如此，很多企業甚至連「由誰做」、「什麼時候完成」都無法作決定。

6.考慮機械化、自動化、電子化

企業成功，重點是「機械化、自動化、電子化」，信息系統的發展可說永無止境，就連從前認為不可能實現的事，現在已實現了。不僅如此，電子郵件在現代已被視為理所當然。企業實施「自動化」就會減少工作量。

企業顧問師對企業實施駐廠輔導時，為瞭解現況，並設定改善目

標,除推動內部改革、教育訓練、組織架構變動,一連串的行銷改善手段外,為明白改善之進度,均要設定「生產力」,改善前「企業生產力」若干,改善後「企業生產力」如何,此時,員工的「平均營業額」就是最佳指標。事先明白企業的「平均營業額」,並且設定一個目標,設定一年後要達到這個數字。

不只是企業要設法提升生產力,甚至於政府行政單位也是要設法提升生產力。作者認為公務員的生產力應在兩年內提升 10%,部分公務員的職務必須調整,否則應學習新加坡所宣佈的「所有公務人員一律減薪,或者調整組織、適當裁員」。

十一、推行利潤中心制度

隨著企業競爭的激烈,利潤中心制度已變成管理控制的最有效工具,其目的為了要做到組織中每一作業單位主管都主動積極的以最有效果及最大效率地去獲得和利用有限的經濟資源。

隨著企業競爭之激烈,利潤中心制度已變成管理控制之最有效工具,其目的為了要做到組織每一作業單位主管能主動積極的以最有效果及最有效率的做法去獲得進而利用有限的經濟資源,以圓滿達成組織的目標,通常在一組織龐大複雜的企業,其從業員工容易產生對組織的依賴性,蒙組織之庇護,失去進取心,遇事不決,養成少做少錯等不良習性,利潤中心的做法是為消除這些消極性為目的,就各作業部門主管的職責及權限範圍內定期的、公平的、獨立的衡量其企業總體的財務貢獻。

企業欲有效執行利潤中心制度,必須掌握五大成功關鍵因素:首先確立組織架構,劃分界限,其資助根據實際狀況,協調出內部轉拔價格,以明利益。在招待上要實施授權,分層負責之體系,並且定期

檢討，以明示部門績效之優劣，最後實施責任分明之獎罰辦法。

步驟一：明確劃分界限

由於利潤中心制度是根據企業的特性，以考核各利潤中心績效及成果為目的而設計；故彼此所經營業務及職權必須明確劃分，使能在界限內各自獨立作業而不受其他部門干涉。在最理想狀況下，各部門均能自給自足，自計盈虧，不必依靠其他部門，但在企業中為求全公司設備利用之經濟效益，許多設備各部門必須共同使用，此種理想事實上甚難達到。因此在管理上必須尋求公平合理的分攤標準，一方面可使設備獲得經營有效之運用，一方面也可滿足利潤中心之要求，使利潤計算臻於確實合理。

步驟二：內部轉撥價格之決定

實施利潤中心制度必須對企業各部門間轉撥產品予以計價，稱為內部計價或轉撥價格，轉撥價格可分為「自行生產的內部轉撥價格」與「向外購買的轉撥價格」，其意為企業一部門轉供產品給另一部門或多部門，以便用於製造、加工裝配或者出售，為計算撥出部門的收入及撥入部門的成本，而對產品予以計價。轉撥價格之高低直接影響到供應及接受部門之利潤，因此合理轉撥價格之設定是非常重要的。

步驟三：實施授權負責制度

利潤中心之實施，必須獲得最高階層主管的支持，對利潤中心之意義、精神及其貢獻有所瞭解而樂於授權，實施分層負責，讓其屬下充分放手去做，故制定明確，合理的授權權限是必要的。

利潤中心主管對於最高階層主管負有成敗之責，但頂層主管並不可因授權後就放手不管或完全解除責任，其仍需保有指揮、監督與控制之權利；各級主管的授權亦同。

步驟四：績效標準之建立與評核

各利潤中心形成一個利益部門後，為了激勵各部門主管採取對公

司有利之措施以使其部門利益與公司的長期利益一致，最高當局必須按期評核各利潤中心實際經營之績效以為獎罰依據或決策參考。建立績效標準，必須建立「目標管理控制」，即建立「標準成本」及「經營預算」做為各利潤中心之努力目標。責任會計制度是為了配合利潤中心的管理控制，依權責劃分原則而設計的一套衡量績效的會計處理方法：即對各個利潤中心所有收益與費用，皆以各利潤中心為依據，而其投入產出亦均分別計算評核提出報告，並顯示差異所在，以供決策者參考，各利潤中心主管則須瞭解差異所在並加以改善。

步驟五：獎勵辦法之建立

各利潤中心經正確的績效評核後，繼之而起則須「論功行賞」，方足以激發各利潤中心發揮最大的潛力，追求更大的利潤。獎勵的方式很多，一般企業采用之方式有績效獎金、年終獎金，特別獎勵金或認股等，不論采取何種方式，其獎勵之標準與各利潤中心之實際績效及利益達成狀況連成一體，使成為更完善的獎勵制度。

美國企業界流行一股「內部創業」熱潮，正是針對「人才流失」之對策，所謂「內部創業」就是希望讓幹練人才能留住於企業體內，借著母企業所提供之機會，使他們對企業單位願意負責，甚至覺得在這企業裏也能夠滿足創業感，現今臺灣企業界流行「利潤中心」制度，也是此類適用型態。如何令企業同仁保有高度衝刺力，讓他們彼此競爭而又可以生存成長，如何令企業於不墜之地，而又可以多角化發展，均是臺灣企業界愈來愈采行「利潤中心」制度的原因，統計企業界內部最先施行之部門，往往是營業單位或服務單位，下列是此單位實施利潤中心之辦法，極具參考價值，提供經營者參考研究。

第 *6* 章

提升銷售利潤

　　診斷企業的營運狀況，顧問師首先會去瞭解企業的銷售額，尤其是銷售所產生的獲利狀況，企業要生存或者成長，「獲取利潤」是一件相當重要的事。日本的經營學泰斗佐部都美曾表示，由下列四個徵候可看出企業是否有病：「營業額是否有成長」、「獲利狀況是否持續低落」、「負債比率是否惡化」、「資金流動是否發生貧血」。

一、利潤額的計算分析

　　「商品有多少毛利呢？」是我們常聽到的，也是經營者關心的話題。對企業而言，銷貨毛利的受重視及普遍化，已成為判斷收益性的重要憑據。因此在此要特別提出來檢討，其比率越高表示收益加也越高。

　　銷貨毛利率和銷貨成本率（銷貨成本在銷貨額上所佔的比率）的關係，是一體兩面，不可分離的，而且是測定商品進貨、銷售活動等效果的重要比率。

　　因此若要依商品別、業務部門別各給予區隔化、分析，就必須藉此比率，作各項利益性的測定及成本的降低。

　　當銷貨毛利率低時，在售價和商品進貨上就得下一點工夫了。而

即使銷貨額一定，若銷貨成本降低，此比率就會變高。相反的，即使銷貨成本固定，若銷貨額變高，此比率也會變高。

在分析企業的經營績效時，也要留心使用的工具，例如「絕對數字」與「百分比」，以企業的利益而言，企業經營一定要謀取利潤，才能不斷的成長，假定無法有效提升利潤，那一定會漸漸被淘汰的，因而企業的興盛榮衰與經營利潤有很密切的關係。同時利益也是表示一家公司的綜合對外因應能力和經營技巧優劣的重要指標。

企業的銷售利益，有兩個數字要注意，一個是「百分比」，另一個是「絕對值」。

企業獲利大，代表經營技巧強，可整合全公司的研發、生產、銷售、財務、組織、經營實力，將企業的綜合努力成果呈現為所追求的利益，故「獲利大的企業」優於「獲利小的企業」，例如排行第 219 名的甲企業，「甲企業年獲利益十五億元」，優於排行第 296 名的乙企業，因為「乙企業獲利益九億元」。但若是純粹分析其獲利百分比，則情況會有所變動，如表 8-1：

甲企業的營運整合能力強，故創造出 15 億元利益額，表示甲企業優於乙企業。但若從營業手段看，乙企業額雖只有 40 億元（甲企業是 100 億元），但獲利 9 億，佔 22.5%，獲利百分比遠高於甲企業（15%）。由本例，相信讀者可輕易瞭解，在從事經營分析，不只要注重「絕對數字」大小，也要善用百分比的「比率分析法」，以掌握績效。

表 6-1　利益率分析表

企業 ＼ 利益	年營業額	利益額	利益率
甲企業	100 億	15 億	15%
乙企業	40 億	9 億	22.5%

　　商品毛利率高，並不能保證擁有好的獲利。以作者曾輔導過的某連鎖書店，連鎖書店的毛利率只有 25%上下，店面的租金必須控制在10%，人事費用也在 10%，扣除其他費用後，獲利率只有 3～5%，所以經營書店的利潤和其他產業比較起來較微薄，所以降低成本是十分重要的事。連鎖經營的優勢，在於掌控銷售管道，以「大量銷售」優勢，可以造成規模規濟，以量的方式在採購與進貨上享有付款與折扣的優勢，所以以連鎖經營的方式加速店的擴展，經營重心在連鎖化的大量銷售額，并且控制內部的固定費用項目。

　　銷貨額減掉銷貨成本後，獲得「銷貨毛利」，在買賣業、製造費而言，相當重視「毛利」，甚至於，在營業額龐大的超人型賣場內，每天的交易金額有上億元之多，雖然「毛利率略低些」，但在「高週轉率」之下，仍有可觀的獲利。

　　「銷貨毛利」減掉銷貨成本後，再扣除「推銷費用，管理費用等」，獲得「銷貨利益」。

　　銷貨額營業利益率，為當期營業利益在銷貨額上所佔的比率，是一種掌握該期營業活動成果的營業利益（銷貨毛利減掉推銷費用、一般管理費用的差額）在銷貨額上佔有比率的表示比率。此比率越高表示營業活動已被有效地運作，收益性也越高。要提高此比率的工作重點有：

　　1. 努力控制商品進貨成本、材料成本

　　2. 努力於銷售活動

　　3. 有效地實施促銷政策、控制廣告宣傳費用、推銷費、並努力增加營業利益

　　4. 以內部的統一，來控制推銷費用及一般管理費用

　　5. 檢查採購管理、外包加工管理、工程管理等

　　6. 備有產品的開發計劃

7. 確立檢查基準、作業管理標準化

8. 加強品質管理，將不良品控制到最低

9. 控制人事費用之居高不大

二、總資產報酬率

在訂定利益計劃時，企業投所追求的報酬率，稱為「資產報酬率」，是由「銷貨純益率」與「資產週轉率」所決定。

企業要明白所投資企業的「資產報酬率」高低，就要弄清楚「銷售額純益率」和「資產週轉率」，當「產品」（或服務）相當看好，而且「產品競爭力」非常看好，此時「銷售額純益率」應呈現越高；又當產品需求旺盛，客戶初購、再購頻繁，會呈現資產週轉頻繁，造成「資產週轉率」快。

部份經營者常想「若是魚與熊掌兼得，豈不快哉！」理論上如此，但在實務上，處於自由競爭的社會裏，競爭者虎視耽耽，加上科技進步、競爭白熱化，除非是政府保護，壟斷，很少有「銷售額純益率高，資產週轉率又高」的企業。

「銷售額純益率」是「利益」除以「銷售額」所得之百分比，代表著扣除成本、費用之後的利潤程度多寡，百分比愈高，表示利潤愈好。

$$總資本報酬率＝銷貨額純益率×資產週轉率$$

$$\frac{利益(\quad)元}{資產(\quad)元} = \frac{利益(\quad)元}{營業額(\quad)元} \times \frac{營業額(\quad)元}{資產(\quad)元}$$

圖6-1　總資本報酬率分析圖

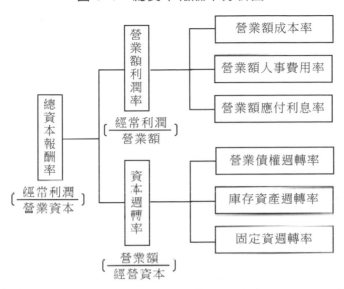

「資產週轉率」是「銷售額」除以「公司資產」所得之週轉次數，代表著在期間內(一年)該資產所造成的銷售額，對「資產」形成若干次的週轉：週轉次數愈高，表示「資本使用方法很好」，效率高。

「銷貨額純益率」與「資產週轉率」，二者若均相當高，誠屬最理想，但現實社會，實難達到。

部份企業在成本、費用有良好的控制，致銷售利潤極高，但執行過多的資本投資，以致降低資產週轉率。

部份企業資產週轉率極高，但是產品售價低廉或費用過多，以致於造成銷售利潤率極低。

總之，「銷售額純益率」與「資產週轉率」之追求，有如中國古諺的「魚與熊掌，不可兼得」。

企業在尋求改善本身的獲利時，首先必須弄清楚一件事，企業本身是屬於「高資本週轉率」之類，或是屬於「高銷售利潤」之類。換

句話說,要確認「企業利潤」是由「資產週轉率」所產生,或是由「銷售純益率」所產生,界定問題,然後才能決定企業改善的重心與方法。

(一)你公司的改善重心要置於何處?

在經濟繁榮、景氣成長時期,即使銷售利益率偏低,也能依賴銷售的增加而提高資本週轉率,藉以彌補銷售利益率偏低的缺點。但處於景氣蕭條時期,要增加銷售金額極為困難,因此,要加強資本週轉率,針對經營環境的變化,釐訂對策。

在診斷輔導企業的資產報酬率,弄錯重點會導致失敗。

常問經營者,你到底要置重心於「產品獲利」,或是置重心於「週轉次數」呢?這是公司的經營策略所考慮的層面。例如李先生在市區開設一家珠寶店,由於新開張商店,為求得銷售成果,採取「薄利多銷」原則,希望在價格大眾化,售價不高的情形下,加強宣傳,新店開張一炮而紅,能獲得良好的設店投資成果。結果連續幾個月沒有成交幾個客戶,所獲微薄利潤不足以承擔商店的高昂租金、人員薪水等開支,第五個就草草歇業了。

李先生的例子,一般來說,是屬於「高獲利、低週轉」的行業,成交機會不多,但「三年不開市,開市吃三年」,一旦成交,所得到的成交利潤是豐富的,故「珠寶店」的重心應放在「利潤」上,而不是「週轉次數」上。

例如張先生開設一家水果行,他認為,只要購進新鮮的蔬菜與水果,顧客們必將樂於光顧,即使價錢貴些也妨,於是「把重點放在利益」上。可是,開始營業後生意並不理想,新鮮的蔬果慢慢地喪失新鮮度,雖然降格以來,但仍然乏人問津,最後不得不關門大吉。

一般來說,張先生所開設的水果行,最重要的是週轉率,他因為缺乏經驗,竟把重點放在利益上,以致嘗到失敗的苦果。

　　這事例可充分說明，重點究竟應放在週轉率上，抑或利益呢？決策時如果有所差誤，那麼，即使是本輕利重的買賣，最後可能無利可圖的。

　　日本的「無座位咖啡店」，是由羅多倫咖啡店創始的，經營者在規劃經營策略時，認為「加速週轉率」才能創造「高利潤」，咖啡店如果沒有座位，客人蒞臨，店員幾秒內馬上端出咖啡，客人喝完馬上走，不要逗留，是最高明而有效的週轉。車站前的立式拉麵店，即是一例，但是咖啡店卻從沒有人想到如此作法。

　　羅多倫咖啡店構思如何才能令客人接受此服務方式？該家咖啡廳自一創立，即打出了「減少無謂的資源浪費，但是該花的絕不吝嗇」的主張，強調一杯咖啡只要 180 元日幣。為了降成本，該公司自行自巴西進口咖啡豆，並確保咖啡豆的原料品質，以壓縮成本，但是對於可以提供顧客高級享受附加設施，如純銀的湯匙與高級的裝潢，該公司並不吝惜，因此即使羅多倫店內並未有座位設立，卻依然日日「高朋滿座」。這是使用「低價格」吸引客戶而創造高「週轉率」的成功案例。

(二)企業營運實例介紹

　　在瞭解企業的經營狀況，分析它的銷售額、收益額以外，也要觀察它的週轉狀況。試以天心工廠為例，加以說明：

　　以土城工業區的天心工廠為例，企業營運數據如下：

表 6-2　固定資產週轉率

	2017	2018	2019
天心公司	4.1 次	5.2 次	4.5 次
同　　業	5.2 次	5.0 次	6.5 次

天心公司的營業額雖成長 120%，但固定資產週轉率卻由 5.2 次降到 4.5 次，反轉現象值得警惕。經營者應檢討是否有固定資產閒置，理由是年初以高價購買的高速射出機台，固定資產的還本期間延長，受不景氣影響，機器開工率也未十足開動。

若再深入分析天心公司的產品利益，產品毛利雖高，但本身的產品獲利程度，卻逐年降低，由 20.3%降到 19.6%，18.4%，值此本身產品毛利下降之時，同業的平均獲利程度卻是逐步提升， 17.1%，17.2%， 18.5%，由毛利逐次下跌，並低於同行，一連三年，顯示公司的產品線規劃與成本結構，應有檢討改善之必要。

再由「毛利」而深入分析天心公司的「純益」，「毛利」扣除「銷售費用」得到「淨利」，「淨利」再扣除「營業外收入」、「營業外支出」得到「純益」。

天心公司的產品毛利，逐年降低，由 20.3%毛利率，降至 19.6%，18.4%。

表 6-3　天心公司營業利潤

	2017	2018	2019
毛利率	20.3%	9.6%	18.4%
銷售費用	(8.0%)	(6.8%)	(7.5%)
利益率	12.3%	12.8%	10.9%
營業外支出	(3.7%)	(4.2%)	(6.3%)
純益率	8.6%	8.6%	4.65

銷售費用比率也增加，2018 年為 6.8%，2019 年增加為 7.5%。由於銷售費用的增加，導致 2019 年利益為 10.9%。

利益再扣除「營業外支出」、「營業外收入」，得到純益率為 4.6%，

比較 8.6%，更是大幅跌落。

　　由天心公司的財務報表，「營業外收支」由 3.7% 逐次上升到 4.2%、6.3%，上升幅度大，而且大於同業程度，深入分析瞭解，是「利息支出」所造成之因素，是「公司借款」、「票據貼現」所導致。

　　為幫助讀者深入瞭解，能舉一反三，特別提供下列各行業資料，下表為日本各行業的「總資本報酬率」、「資產週轉率」、「銷售額純益率」之具體數字，讀者在參考之餘，應先瞭解「地理不同」、「時間不同」、「景氣不同」會有所差異。

表 6-4　各行業不同時間不同營業利益不同

項目 年度 業種	總資本報酬率		資產週轉率		銷售額純益率	
	1974 年 3 月期	1975 年 3 月期	1974 年 3 月期	1975 年 3 月期	1974 年 3 月期	1975 年 3 月期
建設業總平均	5.1%	6.9%	1.8 次	2.0 次	2.9%	3.4%
製造業總平均	11.0%	10.9%	1.6 次	1.8 次	7.1%	6.4%
食品工業平均	9.5%	9.9%	1.9 次	2.0%	5.6%	5.2%
紡織工業平均	10.5%	8.0%	1.6%	1.7%	6.7%	4.8%
化學工業平均	11.0%	11.8%	1.5%	1.9%	7.2%	6.4%
非鐵金屬工業平均	13.3%	13.4%	1.7%	2.1%	7.9%	6.3%
金屬工業製品工業平均	11.3%	11.1%	1.6%	1.7%	7.5%	6.9%
機械器具製造業平均	9.8%	11.0%	1.3%	1.5%	7.6%	7.7%
電氣機械器具製造業平均	11.2%	8.6%	1.9%	2.1%	6.4%	5.5%
運輸機械製造業平均	8.6%	10.5%	1.7%	1.9%	5.5%	5.2%
精密機械器具製造業平均	8.2%	8.6%	1.6%	1.7%	5.6%	6.9%
批發業總平均	7.1%	6.4%	2.3%	2.5%	3.3%	2.8%
零售業部平均	9.9%	9.7%	2.4%	2.6%	4.4%	4.2%

三、「週轉率快」的成功案例

企業在規劃競爭策略時，為求成功，必先掌握「KFS成功因素」。所謂「KFS成功因素」，是指任何事物必定存在著幾種能影響其結果的主要因素，能功妙的管理這些重點，戰略必定成功，在經營策略上稱這些因素為「成功關鍵因素KFS」(Key Factors Success)。

任何行業均有其獨特性與複雜性，但只要掌握最重要的關鍵因素KFS，可發揮事半功倍的成功機會。

例如銀行業而言，外人會覺得其業務非常複雜，但是，其KFS只是：如何聚集廉價的金錢並以高價貨出，亦即，將存款和貨款的資金成本控制在最低的最高！

每家企業的企業體質不相同，彼此行業特性又是南轅北轍，企業欲想經營成功，必須找出自己的「成功關鍵因素」(KFs)，依循此行業特色，加強核心競爭優勢，必能成功。

一般而言，就廠商觀點而言，「產品售價」是愈高則利潤愈高，而大賣場的經營特色，則是標榜「低價」，甚至於每天、每週的低價物品，還出版專刊加以宣傳，業績驚人！這是「大賣場」型企業掌握住關鍵因素，強調「週轉率」來獲取利潤，下文有介紹。各位讀者，貴公司特色在何處？你有努力朝此焦點奮鬥嗎？

以「大賣場、低價格」為訴求重點的量販店，一家又一家的開張，顧客們蜂擁而至，量販店不只是獲得顧客的青睞，而銷售績效更是極佳。

買賣業極重視的「銷貨毛利」，量販店反而是以「低價」訴求，量販店是如何成功呢？

分析量販店的營運模式，有三大特性：大量進貨以降低成本；以

低毛利率來訴求「超低價格」；大量銷貨以創造「客單價」。

　　　大量進貨→低成本

　　　大量銷貨→高客單價→高營業額

　　　低毛利率→超低價格

①大量進貨，以降低成本

　　俗話說「會賣不如會買」，量販店最利害之處，在「一次談妥大批量的進貨」，令供貨廠商訝異的大進貨，才能得到「以量制價」，超低壓下進貨價格，使得量販店的商品進貨成本最低。

②以低毛利率來訴求「超低價格」

　　量販店的商品便宜，再加上採取「低毛利率政策」，對外強宣傳商品低價，甚至有些商品的銷售價格比一般零售商的進貨價格還低，讓顧客受到強烈的「低價震撼」。

③大量銷貨以創造高客單價

　　量販店的成功策略在於使每一個成交的客戶，其成交金額都足「高單價」，利用「大賣場、大量陳列、大的停車場、大的購物推車」等，營造出輕鬆的購物心態，令上門而來的顧客免不了要大量採購的衝動心情。

　　量販店的策略，雖是採「低價、低毛利策略」，其實他的賺錢技巧仍然是有區分「毛利低者」與「毛利高者」，食品類商品毛利較低，百貨類商品毛利較高，以「毛利低者」吸引顧客前來，而由銷售「毛利高者」來獲利。

　　在 8000 多種至 2 萬多種商品中，量販店之商品策略為何？基本上即是：「蔬果帶動生鮮，生鮮帶動食品，食品帶動百貨，百貨創造利潤」，蔬果本為消費者購買頻率較高、商品熟悉度較高且對價格極為敏感之商品，其售價的表現，消費者較易比較，「如蔬菜任選三種 20 元、大白菜一顆 5 元」等，尤其是當期的水果（無論進口或國產），在 DM

上印製出來，不僅色澤鮮豔、引人注意，售價上若策略性的予以降低（如大西瓜一粒 99 元等）自然對消費者產生極大之誘因，進而帶動生鮮、食品及百貨之消費。

其中原始帶動者「蔬果」毛利較低，尤其是 DM 上促銷之蔬果甚至也可能賠錢出售，而百貨則負有創造利潤之巧妙功能。主要是消費者購買百貨商品的頻率較低、對商品熟悉度不高且價格敏感度較差，業者可因此抓取較高之毛利，以彌補食品部門少賺之利潤。

表 6-5　量販店之商品結構、貢獻率、毛利率

商品別	銷貨構成比	毛利率	貢獻率
食品	45%	10%	4.5%
百貨	55%	18%	9.9%
合計	100%		14.4%

A＝客席數；餐桌數
B＝光臨客席數；有使用的餐桌數
客席週轉率＝B÷A＝有使用的餐桌數÷餐桌數＝光臨的客席數÷客席數
本月客席週轉率－上月客席週轉率＝差異程度

項目／年度	客席數	增加率	客數	增加率	客席週轉率	增減	增減理由
第　期	人	%	人	%			
第　期							
第　期							
第　期							
第　期							
第　期							
上　期							
本　期							

　　量販店之商品結構，依銷貨比例而言，食品約佔 45%，百貨約佔 55%，百貨所佔比重較高。至於毛利率，食品約為 10%，百貨約為 18%，百貨之毛利較高。由銷貨構成比及毛利率之乘積，即可得到貢獻率，該率可表現出各該類商品在全店中所佔之貢獻，由表中之結果，可知百貨之貢獻率較食品為高，且高出一倍多。而貢獻率之和即為全店之平均毛利率，為 14.4%，由此可知，現代之零售業中量販店之毛利率最低約 10%～15%左右，至於超市約 22%～25%居次，便利商店則最高約 30%～35%。

　　上述為「大賣場」的經營技巧，再以「旅館、餐廳」為例，加以說明。以旅館業而言，「房間出租」的產值，無法貯存，今日未有客人投宿，致房間空出，即「沒有產值」；以餐廳業而言，營業人廳內的餐桌數日多寡，有受制於坪數大小，若今日未有客人來訂位點菜，致整日餐桌空無一人，也是「沒有產值」。因此，企業為謀利潤提高，就必須講求「客席週轉率」，並設法加以改善。

四、企業利潤的分析案例

　　企業的利潤，是由「產品的獲利程度」與「企業的週轉快慢速度」而構成；欲改善企業的利潤績效，必須先深入分析其內情，爾後對症下藥，才能有效果。

　　欲分析企業的績效，必須瞭解「損益表」（簡稱 P/L）與「資產負債表」（B/S），才能透視其中奧妙，從問題源頭，加以改善。

　　顧問朋友提供的鼎康電子公司為例，透過「損益表」與「資產負債表」加以整理後，獲得如下表格之數據：2017 年資產報酬率分 9.9%，在 2018 年大幅降為 3.15%，到 2019 年回升為 11.4%，當中的玄機，說明如下。

表 6-6　鼎康電子公司的財務分析

年度	項目	2017	2018	2019
綜合成績	總資本對經常利益率(%)	10.0	3.2	11.4
	總資本週轉率(次)	3.3	3.5	3.4
	銷售額對經常利益率(%)	3.0	0.9	3.3
流動性	自有資本比率(%)	33.3	35.5	42.9
	負債比率(%)	200.0	181.8	133.3
	流動比率(%)	117.7	116.7	131.6
	固定長期適合率(%)	76.9	76.9	62.5
百分比 P/L	銷售額(%)	100.0	100.0	100.0
	銷售總利益(%)	20.0	18.2	20.8
	經費(%)	17.0	17.3	17.5
	經常利益(%)	3.0	0.9	3.3
趨勢比率	銷售額(%)	100.0	110.0	120.0
	銷售總利益(%)	100.0	110.0	125.0
	經費(%)	100.0	111.8	123.5
	經常利益(%)	100.0	33.3	133.3

　　鼎康電子公司的資產報酬率，取決於「資產週轉率」和「銷售額利益率」；「資產週轉率」是表示總資本的活動程度，「銷售額利益率」是表示毛利、費用之多寡。

　　由上公式可看出「資產週轉率」，2017 年 3.3 次，2018 年 3.5 次，2019 年 3.4 次。至於「銷售額利益率」，2017 年 3%，2018 年 0.9%，2019 年 3.3%。

　　2017 年公司經營績效是「資產報酬率」9.9%，分析原因，「資產週轉率」為 3.3 次，「銷售額利益率」3%所構成。

$$3.3 \text{ 次} \times 3\% = 9.9\%$$

　　在 2018 年公司經營績效惡化，「資產報酬率」降為 3.15%，分析

原因，「資產週轉率」為 3.5 次，甚至較上年尤其進步呀！主要是「銷售額利益率」由往年的 3%降至 0.9%導致本年度不賺錢，在經營分析上，必須找出原因，針對問題，加以改善，否則明年度會更加惡化。

$$3.5 次 \times 0.9\% = 3.15\%$$

在 2019 年度時，該企業的「資產週轉率」控制在 3.4 次內，而「銷售額利益」在去年(2018 年)大幅度下跌後，已經控制並加以改善，回升到 3.3%，以致 2019 年度的「資產報酬率」有改善，達到 11.22%。

$$3.4 次 \times 3.3\% = 11.22\%$$

經營企業「要令客戶滿意，而且創造企業本身利潤」，但是利潤的獲得並非憑空取得，必須付出努力與心血，以獲得成果，尤其是，企業經營者為取得果，必須明確訂出目標，以標出前進的方向。

為了追求成果，所顯示出的目標，必須明確化，例如「資本週轉率達到 5.6 次」、「銷售純益率 11.5%」等。由於「資產報酬率」的高低，可以分割成「銷售純益率」和「資產週轉率」之相乘效果，透過這公式，可以再分別加以檢討，以改善其利潤效果。

圖6-2　透過公式分析以檢討、改善利潤效果

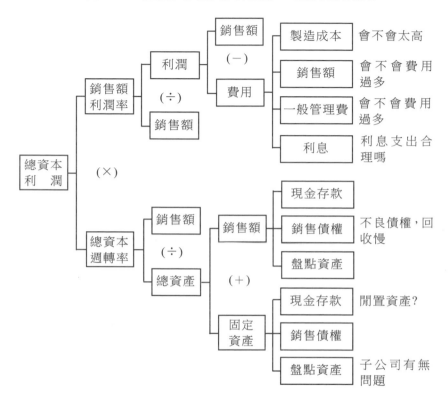

五、企業的獲利目標要邁向穩定經營

生產銷售為主的企業，要設法減少變化，要穩定開工率。作者看到甚多意氣風發的經營者，在風光之餘，卻經不起一連串的考驗，陸續結束企業，臺灣企管專家曾說「新企業一年內倒閉者佔 60%，到第三年剩下無幾」，此皆「欠缺穩定經營」之故，忘掉企業任務之一是要「設法永續經營」。企業穩定經營之方法如下：

① 客戶穩定

設法穩定客戶，可確保業績。新設立的工廠，產品銷售對象可回銷予股東企業，例如半導體、晶片工廠，邀約客戶一同投資，即可確保客戶訂單。

「客戶穩定」可區分為「客戶分散」與「客戶訂貨穩定」兩類型，當在評估客戶訂單的利潤多寡，不知是否接受訂單與否時，必須也注意到，要有穩定的交易對象，以便任何時候都有固定的訂單，可維繫公司業績，最好利潤稍低些，也要擁有相當比例的穩定交易對象。

另一個「客戶穩定」的原則，是「交易對象分散化」，在公司的客戶裏，沒有「佔營業額 10%以上的客戶」，主要目的就於要掌握「主動」，企業不受客戶的任何變化而有所經營風險。筆者曾在企管班提過，「企業要由 OEM 工廠轉為自創品牌工廠」，除了在品質、知名度、行銷都留心，更要在「財力」妥善規劃，否則原來下訂單之母公司，發覺「養虎為患」危險下，怕你坐大，一定會抽掉訂單（尤其是臨時性、關鍵時刻抽掉訂單），臺灣甚多知名生產企業栽在此「臨時抽掉大訂單」上而倒閉。

臺灣股票上市的大高電子公司，1988 年 12 月股票上市時，意氣風發，股價一度飆高到每股 353 元股價，後來 1990 年 10 月大客戶抽走訂單後，公司遭遇大挫折，營業從此步入下坡，業務吃緊，先後轉手 2 次，1999 年 3 月公司再度遭退票危機，股價只餘 13 元，其後更遭到下市危機。

光男公司也是同樣狀況，光男以製作網球拍等運動器材聞名世界，也是在遭受大客戶臨時抽走大訂單後，公司營運立刻發生變故，隨後企業體質大受影響，最後更因內部管理不善，而終告倒閉。

② 產品穩定

再暢銷叫座的產品，終有人老珠黃的一天，因此，必須安排「產

品線規劃」，進行「世代交替」。

經營「單一商品」有突發性劇變的經營風險，第一種情形是產品類別少，每類別有產品若干個，風險更高的是，「產品類別只有一種」，而該類別內又只有產品一個，筆者呼籲你要注意「變天」的危險，若未作好危機規劃，一夜之間，可能「豬羊變色」。齊全的商品線，不只有販賣「規模經濟」之好處，更可分散風險。

已股票下市的瑞泰電子公司，在生產、銷售家用電器產品，卻只經營家用電器的電子產品類，疏忽電器銷售店需要齊全的電子、電化、小家電等系列各種產品，電器產品線不足，造成銷售績效不高，自然利潤低。

企業要調和不同種類的產品，以謀求生產、銷售的平衡，尤其是在客戶需求變化大、季節需求變化大的狀況裏，此舉更形重要。

③多角化經營

企業採行多角化經營，可以達到「穩定經營」之目的，惟多角化必須有經過公司的策略考量，而非任意投資，臺灣電子業老招牌之一的臺灣東菱電子公司，卻該公司曾以 TOBISHI 自有品牌行銷各種語言學習機、音響等，聞名業界，在 1994 年 12 月宣佈經營不善而倒閉，經營者亦承認投資不當，曾涉及機車、抗生素、建築材料、食品等各種差異度甚大的投資。

企業經營在求取「總資產投資報酬率」，而此項率涉到「銷售額純益率」與「資產週轉率」二者之積。讀者可運用到此原理，例如進行「單一產品」的效益交叉分析，該產品對公司的貢獻，可評估產品的銷售利潤，銷售利潤高，代表良好的利潤貢獻；其次評估該產品的週轉速度，在全年度內銷售夠快、夠多，代表產品的週轉速很快，上述二項的相乘，代表該產品的效益交叉分析，可輕易查出產品對企業的貢獻程度。

六、提高銷售利潤率

當公司營運發生問題，要先找出問題的癥結，先從財務報表數據做起，計算各種財務上的比率，並且和同業相比較，以便瞭解是「產品銷售利潤」問題或「資金週轉」問題。若是「產品銷售利潤」問題，首先是檢查「銷售分析」與「銷售費用」；若是「資金週轉」問題，要對存貨、應收賬款、資金結構擴大查。

總之企業要提高利潤，在策略上，就必須從「提高銷售利潤率」和「擴大資產週轉率」兩個層面加以採取對策。

1.提高銷售利潤率

要提高利潤，首先由「提高銷售利潤率」著手，這可區分為「銷售」方面和「生產」方面。

(1)在銷售方面

透過積極行動，增加銷售機率，在創造銷售額時，也謀求增加銷售利潤率。

設計符合客戶所需的產品，提高產品的質量，透過有效的銷售管道，採取刺激客戶採購、消費的手段，增加銷售機會以達到提高銷售利潤。

(2)在生產方面

生產方面有二，首先是提高生產率，經由提高技術、改善生產方式、生產管理合理化，來提高良品生產率，降低成本。

其次是降低生產費用，減少材料費、設計費、人事費，提升採購績效。例如：

①以設計為中心進行技術改造：改變材料種類、改變零件的規格、形狀、尺寸等，主要採用價值分析。

②改善作業方法提高材料利用率：改善下料方法、提高加工精度、充分利用下腳料等，主要採用工業管理。

③改善採購方法、降低購買價格：購買量要合適，要改善合約方法和支付方法，對廠外訂貨對象進行技術指導等。這是以購買管理、庫存管理、廠外訂貨管理等的合理化為主。

④減少費用：提高開工率、增加生產量，擬定長期計劃減少每月生產量的變動，以維持穩定的開工率，此外，減少各種項目的費用，例如電費、燃料費等。

七、擴大資產週轉率

提高企業營運績效，一方面由「提高銷售利潤」著手，加強產品的競爭力，強化銷售團隊力量等。另一方面就要由「擴大資產週轉率」著手，不只是壓縮資產，並加快產品銷售的速度。

在「提高銷售利潤」與「擴大資產週轉率」二者相乘後，企業更應將獲利目標朝向穩定經營。

欲擴大資產週轉率，可由分母項目的「減少總資產」，或是由分子項目的「增加銷售」著手。以第一項而言，在「減少總資產」，具體作法，可分區為：

①減少固定資產

處分掉多餘的資產(如土地、房屋)，減少無效益的投資(如多角化事業)，賣掉不用的資產都可以達到「減少固定資產」之目的，而促成「提高資產週轉率」。

在受託協助輔導危機企業，深知此舉「減少固定資產」，不只可以擴大「資產報酬率」，增加利潤，亦可以在短期內獲取資金，以因應公司週轉不靈的燃眉之急。

②減少成品

首先是減少庫存成品，倉庫內的庫存商品減少，即可降低總資產。曾診斷過經營不善之企業，常充斥許多不合市場所需，沒有市場價值的存貨，但在報表上都以市價估計，影響到企業主的正確判斷，有件案子例如宣稱「本公司資產 3 億，扣除負債 2.5 億後，仍有相當價值」，其實「當中包括著價值 2 億元的 286 型電腦零件與成品」，市場上連 386 型電腦都沒人用，何況 286 型電腦！

③減少材料

欲減少商品庫存，首先要有良好的「產銷計劃」來減少產品庫存量，而庫存量之減少，又可區分為「成品」、「半成品」、「材料」加以著手，要「減少材料」，最好是在設計階段即已思考如何減少材料，基本條件是擁有庫存管理合理化，（如果倉庫零亂、數量無法汰掌、品質參差不齊，是不具備資格相談「如何減少材料」的），其次要對材料來源予以掌控，針對材料的種類和進貨對象的性質，透過以長期合約為前提的立即交貨方式，和計劃性的分期交貨方式來減少進貨量。如果企業居於「強勢談判」地位，可採用委託保管方式，（由對方企業來保管仍為歸業者所有的材料）。

④減少半成品

欲減少「半成品」數量，企業要加強生產管制，尤其是「生產技術、生產計劃能力」，將產品的生產線佈置流水線化，流程平衡化，衛星工廠零件供應組織化，並加快過度縮短生產時間。

⑤減少「所需的週轉金」

企業營運必須有足夠的週轉金，一方面是「應收的週轉金」要減少，例如將「應收票據」改為「收回現金」，一旦回收期間縮短，就是壓縮總資產、增加營運資金；另一方面是「應付的週轉金」要設法延長，例如「延長應付票據的票期長度」，可以減緩資金需求量。

　　觀察「資產週轉率」，可判定公司經營體質好壞。「資產週轉率」代表每年公司資產的週轉狀況，週轉一次，需要多少時間，若一年銷貨收入為 1000 萬元，該期平均資產為 500 萬元，則此企業的「資產週轉率」為 2，也就是每年週轉 2 次。

　　顧問師在診斷企業經營，猶如醫師在檢查治療病人，如果將企業比喻為人，那麼「週轉率」可以看做是「企業的體質」。

　　企業體質可以區分為「肥胖型體質」與「肌肉型體質」兩種；資產週轉率高的企業，可稱為「肌肉型體質」。體質健碩，生龍活虎。資產週轉率低的企業，稱為「肥胖型體質」，體態擁腫、健康不佳、行動不靈活，由於擁有太多脂肪，容易動脈硬化，稍不慎，可能產生「腦中風」之疾病。

　　由於「資產週轉率」高低，是指對銷貨收入而言，公司資產的週轉活用狀況，顧問師在檢討「資產週轉率」高低，可由「銷售額」程度與「資產」程度加以著手。

　　臺灣、韓國在 1998 年東南亞金融風暴中，許多大企業發生週轉不靈而宣告倒閉之事件，其中原因之一，是不務守本業的大企業，常有好大喜功、任意投資的心態，將資金運用在與所經營企業無關之地方，例如炒作股票，購買閒置土地、貸放資產、任意投資不擅長之事業等，更令人吃驚的是，以財務損撤原理，擴大財務信用，以股票質押借錢方式，大量舉貸資金，難怪，一旦遭逢經濟不景氣、股市空頭等意外狀況，母企業與相關企業都接連倒閉，造成社會危機。

　　這些與企業經營無關的購買、投資（例如挪用資金炒作股票），均包含在總資本內，但卻沒有使用在實際的企業經營資本內，結果造成賬面上「資產週轉率」低，無法真實顯示績效。

　　部份經營者欠缺正確心態，常將已上市公司當做自己本身所獨有的資產，在「公器私用」的自私心態下，當然不會公佈此類缺失。惟

經營者欲正確明白「週轉率」程度時，明白本身經營績效若干時，應設法將「無關的經營外資本」予以扣除，以「扣除後，真正的資本」，來計算資產週轉率，才是正確手段。

　　經營者應明白本身的週轉率數值，並設法取得「同業數值」加以比較，如果本身週轉率數值過低，屬於「體質肥胖」，應找出肥胖原因，設法改善。

　　　憲業企管顧問公司專門出版各種實務的企業管理圖書，幫助企業解決各種經營難題，各圖書名稱詳細資料，請參考本書末頁。
　　　或是直接上網查詢：www.bookstore99.com

第 **7** 章

注意營業額的增減

一、營業額的變化

　　每月有千家以上的公司倒閉，而且持續數十年，而經營者一再說「唯有我們的公司沒有問題……」這種感覺已經不能通行無阻了。經營者是企業的頭腦，主宰整個企業的存亡，企業經營必須有遠見，事先預測未來的變化，以便及早擬訂對策；觀察到颱風警報時，就要加強住所的防颱準備，等到颱風來臨，大雨交加，刮走屋頂時，再來釘緊門窗，為時太晚了。

　　到底，企業在面臨危機之時，有什麼徵候會出現，以提醒及早改善呢？

　　下列四個徵候能夠使人明確瞭解公司是不是有病：

　　1. 營業額是否形成平行線？

　　2. 獲利率是否長期低落？

　　3. 負債比率是否惡化？

　　4. 流動性的情形如何？

　　以第一點「營業額是否成為平行線？」營業額成為平行線，表示營業額沒有成長，公司是一個很奇妙的，只要營業額在兩三季中保持平行線狀態時，一定會出現紅字，有些公司日後會因此陷入幾乎破產

的狀態。

當營業額形成平行線或稍許減少時，利益不僅是零，而且還會出現赤字，為什麼會這樣呢？按常理來說，如果營業額減少 10%，經費也會相對減少，利益最多也減少 10%而已，不應該出現赤字。

有經驗的顧問師會明白，只要公司的銷售業績不成長，一段時間後，它的獲利就會大幅度滑落；因此，一旦發覺營業額沒有成長，或是持續下跌，要警覺到公司未來的危險處境。

二、營業額的交叉分析

銷售分析的方法很多，必須經過仔細的斟酌，而且各種分析方法必須綜合運用，來找出問題的癥結所在，進而來提高企業的績效。

例如，牙醫師在治療牙病時，並不拔掉患者所有的壞牙齒，而是利用醫學診斷方法，來尋找究竟那顆牙齒帶來疼痛，然後針對症狀加以治療。當企業有銷售問題時，也應如此做。

作者在臺灣、大陸針對各階層的行銷主管授課，常強調「主管必須懂得銷售分析。」實際中，大部份的行銷人員，將「銷售額達成」視為重要成果，訂單達成則喜，訂單流失則悲。當然，「銷售額」是重要指標，但未與銷售成本、銷售費用、銷售利潤做評估比較，將會導致利潤流失。

銷售分析的方法很多，如何發現和運用適合自己公司的方法，必須加以斟酌，而且各種分析方法必須綜合運用，來找出問題的癥結所在。

又如電子公司開發的一款水療機，專門適合配合「使用者泡溫泉浴使用，」銷售總量結果顯然達到了目標值，但其中最大的「礁溪市場」，卻慘遭失敗，企業經營者若不使用交叉分析，將無法看出此內

幕！

假設公司總業績(如下表)雖超出目標值 200，甲、乙、丙均達成目標，但丁卻低於目標值 780，仍應注意。分析丁產品，問題地區在於東區，且分析各月份東區營業額，發覺造成業績不佳之原因在於「東區礁溪的丁產品銷售不順」，故只要針對此地區而調整行銷組合攻擊即可。

表 7-1　公司業績交叉分析（一）

產品別	超出目標值	低於目標值	小計
甲產品	＋500		＋500
乙產品	＋460		＋460
丙產品	＋20		＋20
丁產品		−780	−780
小計	＋980	−780	＋200

表 7-2　公司業績交叉分析（二）

		超出目標值	低於目標值	小計
丁產品	東區		−810	
	西區	＋5		＋5
	南區	＋20		＋20
	北區	＋5		＋5
	小計	＋30	−810	−780

表 7-3　公司業績交叉分析（三）

		超出目標值	低於目標值	小計
東區	宜蘭	＋20		＋20
	蘇澳	＋180		＋180
	羅東	＋5		＋5
	礁溪		-950	＋950
	小計	＋205	-950	-745

　　主管在執行「銷售交易分析」時，根據觀察到的數據，加以整理分析，但必須依據下列兩個重要原則：

　　重點管理原則，通常佔較大比率的客戶數、訂單筆數、地區範圍、產品數，卻只佔有較少的銷售量和利潤。即 20%的客戶數卻產生高達80%的利潤，或者80%的產品數目總共才產生20%銷售量等，這種特性稱為「80 與 20」原則。

　　事情真相原則，損益表上的銷售盈虧數字，往往過分粗略，不能指出明確的意義，有如一座冰山，表面上只看到一小部份，其他隱藏在水面下的大部份，才是最重要的，此種「冰山原理」亦稱為「事情真相」原則。常見的銷售分析，通常有以下幾種：

(一)銷售總量分析

　　銷售量分析項目，可區分為：銷售總數量的分析、地區別銷量的分析、產品別銷量的分析、客戶別銷量的分析。以「銷售總量分析」而言，行銷人員在計算「銷售數總額」時必須實地瞭解，扣除「退貨」，「寄銷」、「各分公司的庫存量」等各種待調整數字後，才得知真正的「銷售收入總額」。

　　銷售總數量的分析，可提供一個全盤興衰得失的簡明印象。

1. 將銷售總數與前一年度、前一季度、前一月度相比較。

2. 將銷售總數與目標值相比較。

3. 將銷售總數與業界相比較。

4. 將銷售總數與公司內各相關資料相比較。

例如，某運動器材公司各年度銷售業績如下：

若只單純比較各年度的銷售總數量，則每年均有成長，粗看是不錯，但若與產業成長率相比較，則可顯示市場佔有率由 10%降到 6%，已在逐漸走下坡了。

從整個業界的銷售總量分析，不只可以看出企業本身的發展狀況，更可以找出其中的商機。

表 7-4　銷售總量分析

項目＼年度	1991	1992	1993	1994	1995	1996	1997
本公司鈉售總量	40	42	43	49	57	59	61
業界銷縫量	400	400	422	544	712	842	11017
市場佔有率	10%	10.5%	10%	9%	8%	7%	6%

再以日本的文具用品市場而言，每年的文具用品市場規模，雖然都在逐步擴大，但是「傳統文具店」的銷售市場佔有率卻逐步縮小，例如在 1968 年，傳統文具店在日本市場佔有率約 76%，到 1994 年，則不進反退為 52%，出現一種明顯趨勢，文具用品客戶逐漸從「傳統文具店」流失到「量販店、百貨公司」等賣場，顯示出傳統文具店已無法滿足消費群，必須以新的行銷包裝策略，才能重新吸引消費群，創造出「產品多樣化的量販店」時代！

(二)地區別銷售分析

過濾後的銷售總量，要根據各個特性再逐步深入分析，例如「地區別」的分析。

1. 利用「市場指標」，如經銷商數目、人口、所得、工廠數目等，確認每個地區別的潛在消費量。

2. 正確估出每一地區銷售量應佔該企業總數量的百分比。

3. 評估應完成的業績預算目標。

4. 核算實際的地區銷售量。

表 7-5　地區別銷售分析

地區\項目	市場指標	目標銷售配額	實際銷售	本月達成率	考核
臺北	52%	234 台	317	135%	臺北地區連續 4 個月超出業績，表現良好；而高雄地區達成率有逐年下降趨勢。兩地區為何有明顯的差異狀況？是分配指標有問題，或人員努力程度不夠？
台中	30%	195%	142	105%	
高雄	18%	81 台	61	75%	
合計	100%	450	520		

5. 地區別的實際銷量與目標比較。

6. 比較各地區銷售量績效優劣程度。銷售成績好壞，根據「地區別」加以分析，例如「台中地區目標達成率 75%」、「高雄分公司銷售額 1450 萬元」等，以地區別作為劃分績效的標準。

製造廠商販賣有形產品的業務單位要「銷售分析」，服務業、金融單位也不例外，政府的金融機構每年都會針對各營業單位經營績效進行評比，總庫機構則是依支庫的營業規模，將營業單位區分為五個組，依組別做評分，每組評比結果，居倒數三名的支庫，都必須接受

總庫的特別輔導。

(三)產品別銷售分析

由於銷售數量與利潤不一定有直接關係，尤其是大多數產品只佔銷售總利潤的極少比率，反而少數機種產品卻佔銷售量的大部份。

例如，跨國性大企業推出各種洗潔精劑產品，在做「產品別」的銷售分析時，發現「傳統洗衣粉」又迅速被「濃縮洗衣粉」取代的明顯跡象。

衣服洗潔劑市場在過去兩年市場成長率為 3%及 4%，1991 年市場可成長 5%，使整體銷售金額達到 30 億元。而其中，濃縮洗衣粉在主要日用百貨大廠積極促銷競爭下，迅速吞食傳統洗衣粉的市場，到第一季濃縮洗衣粉的市場佔有率已達 49%，預計年底前會突破 50%，成為衣物洗劑市場中的真正盟主。

衣物洗潔劑市場規模在 1991 年可突破 30 億元，其中濃縮洗衣粉可望首度超過 50%的市場佔有率，領先傳統洗衣物、肥皂(絲)、液態洗衣劑的總和。

濃縮洗衣粉的單獨成長率則可達 27%，相較之下，傳統洗衣粉則會萎縮 20%左右，尤其是大包裝(5 公斤)傳統洗衣粉會迅速被淘汰，行銷人員在做「產品別」的銷售分析工作，可明顯的看出趨勢變化。

(四)客戶別銷售分析

少數客戶的營業交易額(例如 20%的客戶數目)，卻往往佔銷售總額數量的大部份(例如佔 80%業績)，這是所謂「20%‧80%原理」故如何掌握這類「大客戶」是行銷規劃重點之一。

分析客戶別銷售量，可根據下列基礎：

⑴依行業基礎劃分。

⑵依配銷通路基礎劃分。

⑶再依個別客戶、大客戶、中級客戶、零星客戶劃分。

⑷混合上述三種基礎，用交叉法加以分析。

各種銷售分析的區別方法，各有利弊，讀者可自行參考，轉化為本身企業所運用。

1.來客數

來店客戶的人數及成交人數，應每日統計分析，以充分掌握來客人數的動態與變化；所做的統計，最好能依日期、星期及時段，對來客數的資料加以分析，以得到下列商情：

⑴從人數變化中及早發現經營的問題，以早謀對策。

⑵掌握各時段的來客數，可彈性安排人手，以充分發揮人力資源邊際效益。

⑶可與其他店比較，對比瞭解自己的經營績效。

2.平均客單價

用每日成交金額除以每日成交人數，便可得到當日的平均單價，也可以直接由發票分類統計，以發揮下述功用：

⑴平均客單價可做為開發新商品與服務，及調整商品組合的參考。

⑵做為企劃促銷活動時的參考。

3.客戶構成

對來店的客戶，按年齡、性別、身分(例如：上班、學生、主婦等)來統計：

⑴可用做店面設計、開發新商品與服務，及調整商品組合的參考。

⑵做為訂定經營策略，及促銷活動的參考。

(五)其他各種銷售分析方法

除上面所介紹的銷售分析方法以外，其他較常見的市場銷售分析，尚有下列幾種：

1. 單位面積的銷售額。

2. 業務員別的利潤額及利益率。

3. 業務員別的銷售費額及銷售費率。

4. 商品別銷售額對毛利益率、銷售費率、銷售額。

5. 商品別商品週轉率及銷售額、庫存額。

6. 商品別退貨率。

7. 商品別銷售額成長率。

8. 商品構成比率，及銷售額與邊際利益等。

9. 部門別銷售額毛利益率、銷售費率、邊際利益等。

10. 銷售額對折扣比率(商品別、顧客別、部門別)。

11. 銷售額對償還呆賬率(商品別、顧客別、部門別)。

12. 銷售額對銷售促進費率(商品別、顧客別、部門別)。

13. 銷售額對新商品比率(商品別、顧客別、部門別)。

14. 銷售部門人員的學歷別、經驗別、性別、年齡別、人員構成比率、工資基準、出勤率、就職率、辭職率等。

15. 品種別庫存、保管狀態、庫存年齡。

16. 應收賬款之年齡(商品別、顧客別、部門別等)。

17. 促進銷售的實際。

18. 銷售計畫之達成實際及其原因。

19. 損失賠償、訴怨之傾向。

20. 與生產之間的狀況協調。

三、營業額增減的變化程度

掌握數字數據，擁有公司的營業狀況，才能分析、診斷。

除了「營業額絕對數字」高低以外，顧問師的另一個觀察重點，是企業內「總體營業額的增減變化程度」，根據營業額實際發展歷史，藉由增減變化而研判未來的發展趨勢，瞭解現況的「營業數據」，分析它的變化程度高低，再研判它的發展趨勢是衰退或成長，再構思對策加以執行。

欲分析企業營業額是否有成長，必須有基準數據可加以佐證、判斷，行銷診斷常用的三個數據是「與目標額相比較」、「與前期實績額相比較」、「與同業狀況相比較」。

1.與目標值相比較

事先設定「既定的目標值」，就可以將此與實際值加以比較，以判斷實際執行之好壞，並據此以作改善。例如「目標為達成年銷售額54000 萬元」，結果是「銷售 60000 萬元，退貨 8000 萬元，實際銷售52000 萬元」，「達成率為 96.3%」。

2.與前期實績額相比較

企業單一時段內的業績，雖可計算成果，但證據仍嫌不足，無法看出是「進步或退步」，例如「毛利 5%」、「營業額 7000 萬元」，營業額 7000 萬元究竟是進步或退步呢？「營業額 7000 萬而目標額 8000萬，達成率 87.5%，究竟是退步或進步」，因應之道，即是將實際業績與（去年、上個月）前期業績相比較，瞭解業績是改善趨勢或惡化趨勢，經營者才更容易做出正確的銷售分析與經營決策。

3.與同業狀況相比較

企業致力於本身之經營，也要瞭解同行業廠商的近況。以2.項而

言,在瞭解本身業績是「改善或惡化」時,若能同時掌握到同業的數值變化,在知己知彼的原則下,更容易比較與改善。

　　企業可透過「股票上市報告書」、「有價證券總覽」、「公會統計資料」、「經濟部統計數據資料」等途徑加以取得同業狀況。

四、注意營業額衰退的警訊

　　判斷企業經營績效高低,除了「利潤」以外,另一個重要指標是「營業額」,營業額絕對數字的高低,或是營業額成長率多寡,均與企業的利潤有關連。

　　公司的收支狀況,牽涉「收入」與「費用」,「費用」項目可區分為固定費用與變動費用。所謂「固定費用」,就是不論營業額的增減與否,金額數字都是固定的費用,所謂「變動費用」,就是隨著營業額的增減,會呈現出某一個比例的變動。

圖 7-1　損益分岐圖

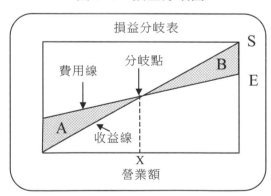

　　S 直線是可能的銷售狀況,由左下角開始,往右上方延伸;E 直線是可能的費用狀況,包括「固定費用」與「變動費用」當 E 直線與 S 直線相交叉,即是該企業的「損益平衡點」。

　　A 地帶是「虧損區」，主因是營業額太低，扣除各項「費用」後，呈現虧損。B 地帶是「獲利區」，主因是營業額提高，超過「損益平衡點」，營業額扣除各項「費用」後，有盈餘。

　　當企業所創造的「營業額」（銷售數量×銷售單價），超過「損益平衡點」時，就會產生利潤，反之，若是營業額低於「損益平衡點」時，就會產生虧損。

　　筆者受聘為企業顧問，常發現有些企業常年虧損，原因之一在於「營業額始終在損益平衡點之下」，在此地帶打轉，任憑你有三頭六臂，年底的財務報表一定是紅字。

　　掌舵的經營者必須費盡心思，各部門要設定本身相關業務目標，努力提高產值，以跳脫泥沼區，。

　　顧問師觀察營業額，主要著眼點是總體的「營業額絕對數字」「在於營業額是否超過損益平衡點而創造利潤」。當公司營業額未達損益平衡點而呈現虧損益時，全公司內部必是到處充滿許多不滿意而可改善之處，工作量之大，千頭萬緒，反而無從下手。「捉蛇要捉七寸，擒賊先擒王」，改善工作要提出重心，顧問師會為你撥開雲霧，找出工作的基本原則與工作重點，那就是營業額既然處於「虧損區」，未達理想營業額，首要之急，就有兩點：對內，如何壓抑費用，有效降低成本，以達到降低損益平衡點（例如單純的設法降低成本，或擴大產量以降低成本）；對外，如何設定具體方針，有效的提升營業額。

　　盈利可以確保企業的生存與成長，而盈利之取得，乃是企業的銷貨收入扣除成本（與費用），銷貨收入愈多，成本（與費用）愈低，則盈利愈大；相反的，若收入減少，減本（與費用）增加，則盈利必然減少。

　　企業發生困難而宣告倒閉者，原因甚多。例如銷貨收入減少，成本過高，投資過大，資金回收不良，利息負擔龐大，經營者沒有專心經營等，其中尤以「銷貨收入過少」為最常見之原因。

　　銷貨業績原本就過少，損益表結算後，產生紅字，常久經營仍未見改善，必會導致經營困難！另一種類似情形是「銷貨業績持續下跌」，終是會產生經營危機。

　　企業為何需要防止衰退呢？企業的經營不是「成長」就是「衰退」，企業內部逐年調薪增加的員工薪資，員工退休所需的退休金，維修老化、落伍的設備等，逼得企業業績不得不往上成長；反之，若無法達成此業績成長目標，表示企業有衰退的跡象，企業未注意到本身有衰退情形，或未找出原因加以防止惡化，對企業的「永續經營」將會形成了很大的致命傷。

圖 7-2　歷年企業業績比較圖

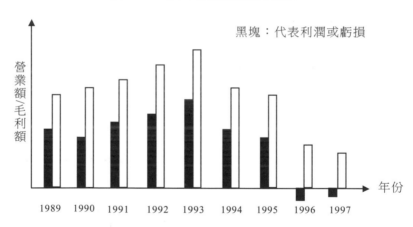

　　顧問師診斷企業的績效時，當每年的「營業額」不成長或略為降低，此時「營業利益」會呈現出迅速下降現象，甚至於出現虧損情形。例如位在台中的三富汽車公司，其營業額在 1990 年為 69 億元，1991 年營業額下跌 45%為 38 億元，下跌幅度驚人，遭逢劇變後，在 1992 年並無改善，營業額又再下跌 44.7%為 26 億元。1993 年營業額雖然略增加 4.8%為 33 億元，但扣除銷貨成本，銷售費用後，仍為虧損 5

億元，分析 1990 年到 1993 年營業，除 1990 年、1991 年銷售收入扣
除成本，但再扣除銷售費用後，卻是一連四年均呈現虧損情形，公司
的虧損倒閉，早已潛伏在內。

表 7-6　三富汽車公司近五年的財務資料

年度　　項目	最近五年度財務資料				
	1994 年	1993 年	1992 年	1991 年	1990 年
營業收入	$1960430	$3331330	$2611514	$3803460	$6964954
營業毛利(損)	6410	(75349)	(158429)	110567	591788
營業損益	(625621)	(518423)	(710714)	(504948)	(117294)
利息收入	27236	57237	133952	213087	200100
利息費用	(243003)	(218007)	(240285)	213717	156092
稅前損益	(571745)	(1248426)	(1096232)	(791446)	17673
稅後損益	(572298)	(1248473)	(1007509)	(791952)	18987
追溯調整前每股盈(虧)	(2.60)	(3.90)	(3.43)	(2.47)	0.06
追溯調整前每股盈(虧)	(2.60)	(5.67)	(4.99)	(3.60)	0.09

　　顧問師在診斷企業的行銷運作，可將病症區分為「銷售收入過小
症」與「銷售收入過大症」。

　　「銷售收入過小症」指在既定成本下，銷售實績太少，在扣除成
本與費用後，無法獲取利潤，而造成虧損：「銷售收入過大」也應提高
警覺，是否「虛胖」？有資金週轉不露危險否？

　　顧問師如何判斷企業具有「銷售收入過小」的營養不良症呢？可
由兩方面著手，第一個是透過「損益平衡點」（BREAK EVEN POINT）

的判斷，如果合理估算出各種成本、費用，目標利潤也是合理估算，但銷售額卻達不到「損益平衡點」，就屬「銷售收入過小症」。第二個是參考同業的「銷售收入增長率」、「資產週轉率」，若本身的「銷售收入增長率」、「週轉率」明顯低於同業水準，均有可能是屬於「銷貨收入過小症」。「銷貨收入過小症」的對策如何做？經營者必須思考是往「增加業績」方向，或是往「降低費用」方向呢！

首先，企業應確實掌握產品的競爭力，透過市場調查，瞭解產品在自由市場上的競爭能力，從而做全盤產品線的規劃，至少包括舊產品的強化，新產品的推出上市。

其次，企業應檢討市場，找出目標市場，並分析客戶群，客戶群是否確實為目標群。在不正確的市場中加以行銷，有如「在空魚池內釣魚」，任憑你的釣魚技術再高，也是枉然。

產品競爭力強，目標市場也正確，若銷售未成功，必須檢討你的行銷力量與訴求方法。

五、到底是膨脹或成長？

在「營業額成長」、企業成員上下歡欣之時，顧問師也要替經營者診斷出「企業究竟是成還是膨脹」呢？以人體而言，雖沒有「骨瘦如材」，身體健壯與臃腫卻是兩回事，「健壯」代表健康，體質佳，「臃腫」則是代表著症狀，內部穩藏著某種潛伏病因。

企業的經營要均衡、要穩定，無論營業額成長多少，如果沒有取得成長的平衡，就不是「適當的成長」，例如公司的營業雖然增加，但是各項費用大幅增加，借款無限制增加，銷售債權（如應收票據、欠債）、倉庫物品也大幅增加，這種情形就要注意「是膨脹而不是成長」了！營業額增加，要留心其他互助的要素，是否也有異狀，要取得各

要素的平衡，以便獲取「經營的穩定性」。

　　美國的經濟學者金曼教授，就曾提出驚人的預測：「『平衡遭致崩潰』的成長，絕非成長，而是膨脹，此膨脹若持續為之，如同人類患有癌症，必為公司帶來死亡。」

　　企業「營業額」的趨勢就是要「成長」。企業的永續經營就在於不斷的使「營業額大於成本、費用」，由於各種人事費用、設備維持、增加據點等，都會使銷售成本、銷售費用、管理費用增加，因此，企業的營業額也必須逐年增加，公司才有成長，茁狀的機會。

　　計算整體銷售額的成長，是「本期銷售額」除「前期銷售額」，成長率超過 10%，表示「木期銷售」超過「前期銷售」，原則上，「銷售額成長率」愈高，表示銷售績效看好。

　　當企業有「銷售收入過多症」，以營業額的成長而言，要慎防「膨脹」而不是「成長」！顧問師如何評估「銷售收入過多症」呢？所謂「銷售收入過多症」，是銷售額超過公司應有的規模，造成營運資金週轉率有壓力。

　　營運資金是企業平日運轉不可或缺之項目，重要性有如人體的血液，它的計算是「流動資產減去流動負債」，營運資金的週轉狀況就是指「營業額與營運資金之間的比率」，計算公式如下：

　　　　營運運週轉率＝銷售額÷營運資金

　　　　　　　　　　＝銷售額÷（流動資產－流動負債）

　　「營業額與營運資金」之間，必須保持適的比率。銷售額驟然變大，而營運資金不變，則造成比率過高，反應出「資金週轉不足」，因此，企業的經營必須均衡發展，若未在「營運資金」加以規劃，業務部門一味猛踩油門往前衝，雖立下大功，造成輝煌的業績成果，公司在資金運轉，生產能力，採購搭配等，都會因應不足，而導致存貨、賒銷貨款、應收賬款、應付票據增多，千百萬最常見而最易被疏忽的

是「資金週轉不靈」而倒閉。

表 7-7　計算資金週轉的例子

流動資產	流動負債	營運資金	銷售額	營運資金週轉率
200 萬	150 萬	50 萬	300 萬	300÷50＝6 次

不合適的驟然增加營業額，超過營運資金負擔能力，營運資金週轉率明顯提高，存貨、應收賬款、應付賬款等，均大幅增加，各種設備，經費也相對增加，會替企業帶來危險；況且，一旦經濟不景氣或市場需求減緩，銷售額急劇下跌，現金收入大幅減少，而各項經費，成本卻根本無法急劇減少，必然導致資金短，造成無力支付之危險。

若「銷售額過大症」是由於經營者好大喜功而引起，顧問師會勸告經營者應規劃公司的營運規模，以達到「穩定經營、永續經營」，公司應依年度經營計劃、年度銷售計劃，預測銷售額之變化程度，控制銷售成本與銷售經費，營運資金是否足夠？萬一不足，如何因應處理。

企業要抱持有「賺錢之時，即是檢討縮編之時」的觀念，因為市場銷售高峰一過，就會開始走下坡，呼籲「賺錢時要減肥，而非大吃大喝」的道理。

為了防止「膨脹」，顧問師第一個要觀察的項目，是「資產的膨脹」。公司的營業大幅膨脹，首先立即受到的影響，就是「資金的週轉」，筆者曾對所授企管班學員提出一個笑話：

企業營運不佳時，也許尚可殘存、苟活，一旦營運轉好，反而會加速死亡。

笑話所隱藏的意義，就是要企業主重視「資金週轉」問題，在採行「信用交易」的時代，收取各種應收票據，十分常見，一旦營業額大量膨脹，資金週轉需求，立刻倍數增大，稍有不慎，會形成營業額成長、資金週轉不靈的「黑字倒閉」！

　　對單一企業而言，正確的「成長」，應是「營業額成長率」大於「資產成長率」，這是最理想狀況。若是公司有成長，但是「營業額成長率」低於「資產成長率」，資產週轉會下降，資產變現速度會減慢，導致資金週轉變得很困難，公司對短期資金的需求，會呈現出「調頭寸頻繁」，改善對策，首先你要先瞭解資產的內容，才能對症下藥。

　　公司的總資產項目可區分為「流動資產」與「固定資產」，而流動資產可分為現金、存款、銷售債權(欠款、應收票據)、庫存資產、其他雜項資產等，由於公司成長的「部位」，若集中在一處，會形成問題，以「銷售債權」而言，企業若採用「信用交易」方式，一旦營業額大幅成長，會創造出龐大的「應收賬款」、「應收票據」，此舉導致於公司資產成長驚人，但資金回收效率低，全集中在「應收票據」、「應收賬款」上，若掌管公司財務運作主管操控不對，會使資金不足，若進一步發展，更形惡化，會採取不智手段，更依賴借款，而產生財務風險，因資金週轉困難而結束營業。

六、注意營業額成長的三個要點

　　歐洲的財務管理會報曾提出一篇報告，認為「一家企業成長太快速，是一個危險訊號」。

　　根據他們的認定標準，如果公司資產總值年成長率持續都達到30%以上，是一個危險訊號，要提防有危機隱藏在公司內部。

　　30%百分比的認定標準，雖是見人見智，提出此種看法者，主要就是認為「企業要均衡發展」。

　　企業營業額的成長，要留心三個重點，要留心「資產成長率」，第二個要觀察的項目，是「毛利率的成長」，第三個觀察重點是「人員生產力」。

以百分比計算，若企業營業額有成長，但毛利率卻下降，則營業額成長的意義，就失色了！

對產品銷售加以行銷診斷，必須明白「所銷售出之商品項目為何」，對客戶別加以行銷診斷，以瞭解是「何客戶增加銷售」。從所規劃的「目標銷售額」，到執行後的實際狀況，必須加以確認、檢討。如果是「增加銷售者為無利潤產品」，或是「無利潤貢獻的客戶，其營業額增加了」，則營業額的成長，缺乏真正、實質的效益。

在利潤項目，應留心「扣除銷售成本後的毛利」、「毛利扣除管理費、銷售費後的利益」。例如整體營業額有成長，利益卻減少，必須檢討銷售單價是否過度降任，例如「殺價競爭」，或是遭受銷售成本高漲，銷售費用擴張，利息壓力等因素。

在診斷分析案例中，最常見是以減價促銷來提升業績，以減價方式，會使毛利率下降。一旦發覺整體營業額有成長，整體毛利額也有成長，但毛利率卻下跌，就有必要更深入檢討。

毛利率之檢討，必須對銷售數據、成本數據加以分析。例如針對產品別分析，將「毛利率高的商品」加強銷售；針對客戶別分析，透過「有力銷售管道加以銷售」。

要領悟所謂「產品別分析」，只是一種外在形式，如果你是從事「服務業」，應認清你的「產品」就是某種服務，例如美容美髮院，你的產品就是「美化、清潔客戶的頭髮」，你的產品型式有「剪髮、造型」、「洗髮」、「燙髮」等，你的客戶有「新客戶」、「老客戶」，如何留住客戶就是，創造利潤的重要課題。

檢討營業額成長後的毛利率變化，企業就可知道應置重點於「推出毛利高的產品(或服務)，透過暢通的銷售管道，擴大銷售」。

第三個要觀察的項目，是「人員生產力」，換句話說，要注意人員的生產力高低。

人員增多，營業額應當會成長，正確作法，應是「營業額成長率」大於「人員成長率」、「人事費用增加率」。以「營業總額」除以「平均員工人數」，即可得到平均每一員工的生產力。因此人員增多，營業額應當會成長，若「人員成長率」大於「營業成長率」，會造成生產力下降，也就是「平均每人營業額」下降，生產性能降低。

平均每人營業額＝銷售額÷平均員工人數

＝人事費用÷銷售額×100

因此，在診斷「營業額成長」時，必須也注意人員的增加，尤其是「人事費用的增加」，每年隨著年資提高，人事費用也會逐年增加，以「人事費用佔營業額」百分比作為評估原則，分析近幾年的人事費用趨勢圖，可輕易發現到，在設立年限久的企業，或是用人數量龐大、勞力密集型企業，所受「人事費用壓力」特別吃力。

七、如何提升營業額

要提升營業額，我們可從「擴大市場」或「擴大客戶」、「擴充產品線」來考慮其可行性。

要交叉分析，找出關鍵因素，設法改善從「市場與產品的交叉分析」，市場可區分為「現有市場」、「新市場」，產品可區分「現有產品」、「新產品」。

從「產品售價與利潤的交叉分析」，可概區分為「產品售價可否提高」、「產品成本可否降低」、「銷售量可否提高」。

從「銷售通路的分析」，可將提升業績的成功公式，拆開為「經銷店數目」與「經銷店的進貨額」。若從單一的經銷商店加以分析，如何提升業績，其實為「通行客戶數目」、「客戶入店數目」、「客戶交易比率」、「平均購買商品數目」、「購買商品的平均單價」有關，可針對

任一項或多項加以施力。

　　顧問師在檢討公司的營業狀況後，構思如何增加營業額，可參考下列表格，橫坐標代表客戶項目，究竟是「現有各戶群，繼續耕耘」，或是「加強開拓新客戶群」呢？縱坐標代表產品項目，究竟是「持續用原有產品行銷市場」，或是「擴大產品項目」，新人新氣象的行銷方式呢？以「市場」、「產品」交叉分析，可得到四個象限，演化出行銷作戰方式，並依照優先順序加以執行：

表 7-8　行銷作戰方式

	優先順序	行銷作戰方式
1	第 1 目標	增量作戰
2	第 2 目標	深度作戰－擴大產品項目
3	第 3 目標	面的作戰－重新開拓
4	第 4 目標	創造市場作戰－開發新的銷售管道

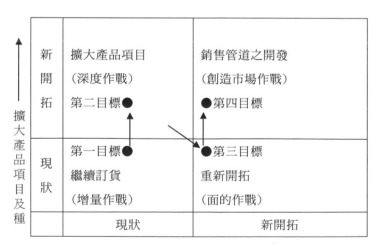

1.第一目標→增量作戰

如果現有市場尚未完全開發，其中就潛伏著發展的機會，即存在著未被充分滿足的需求，企業可以在現有市場上增加現有產品的銷售額，稱為市場滲透。例如：

(1)可以增加現有顧客的使用速率，使他們買得更多。

(2)可以吸引還未使用過本產品的顧客，購買本產品。

(3)吸引競爭者的顧客，使他們轉換購買品牌。例如：提出產品的新用途；增加銷售據點，為顧客提供更多的服務或方便；增加廣告宣傳等等。

2.第二目標→深度作戰

以擴充產品之方式，來增加營業額，例如引進不同的產品，提供給原有經營之市場內。

所引進之產品，只要企業本身不曾販賣過均可；例如向廠商採購OEM訂單之產品。

另一種是新產品開發，這裏是指為現有市場提供新產品或改良產品，來增加企業的銷售額。現有產品的改進，包括改進產品的性能，增加產品的功能，增加產品的花色、品種、規格、型號等。

3.第三目標→面的作戰

企業可將「原有產品」推向「新市場」加以營銷，進行市場開發。

有關市場開發，其方式包括從「甲地區市場」轉向「乙地區市場」，從「都市市場」轉向「鄉村市場」，從「內銷市場」轉「國際市場」。

市場開發是現在產品推入新的市場，以便利用新市場上尚未滿足的需求，來增加現有產品的銷售額。

4.第四目標→創造市場作戰

透過多角化的經營，可以創造全新的市場，「多角化經營」牽涉到完全不熟悉的產品，或是完全不熟悉的市場，所面對的經營風險甚

高。

多角化經營的優點是能增大企業規模，加深經營戰略的深度，充分利用企業資源，並且分散風險等。

但是，多角化經營也有缺點，例如企業體過大，管理不善；產品線太長，容易分散力量；對外界的變化，反應遲頓等等。

八、產品的售價與利潤的交叉分析

我們可以從針對產品的「價格」、「成本」加以檢討，研究是否有增加營業額的可行性。

所推出產品的行銷策略上，欲提升產品的營業額，由於產品利潤的取得，是「售價扣除成本」乘以銷售量。

利潤＝（產品價格－產品成本）×銷售量

因此，構思的角度可以分三個層面：產品價格、產品成本、銷售量，如何更有效的追求經營成果。例如下圖：①檢討產品之成本，如何有效採購使用，以便降低成本，增加利潤。②檢討產品是否有降低售價之可能性？在何種情形下（如共用模具、大量生產），具備何種條件有降價之空間在。③檢討產品是否有可能增加銷售的機會，應採用何種方法，以何種產品進行促銷呢？例如擴大市場，奪取別廠商的市場，開拓本身市場等。

以這三個層面「價格」、「成本」、「銷售量」繼續深入探討，分析增加營業額的可能性與方法，例如執行下列的分析，以探討市場上各產品的競爭力，客戶最能接受的產品特性、產品價格等，進而要求公司研發具有競爭力之產品，以贏取市場，確保利潤：

圖 7-3 產品的售與利潤的交叉分析

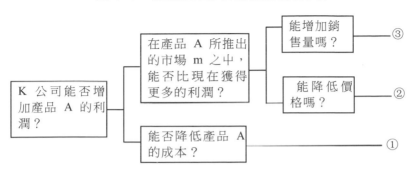

(A)產品是否有增加售價之可能性

1. 分析不同型式、地域、銷售網提高價格的可行性。並事先研究競爭者隨其漲價的可行性多大。

2. 瞭解每一個分割市場的消費需求，並評估成本、價格、利潤之間的關係。

3. 評估銷售管道的經濟規模、有效控制度，以及本牌在市場上的銷售據點狀況。

4. 分析經銷點的銷售意願與銷售流量。

5. 就短期而言，分析成本、利潤可行性。就長期而言，對本牌銷售戰略的影響。

圖 7-4　產品增加售價可能性之分析

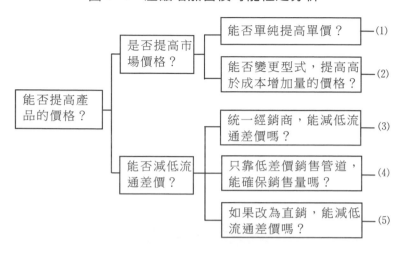

(B)產品是否有降低成本之可能性

6. 由 VA/VE 分析法來設計出高價值的商品。

7. 展開更有效的市場行銷戰略。

8. 執行公司策略，如「裁減間接人員」、「改善應收賬款」等。

9. 改善購買方法。

10. 運用 PERT 方法管理工程推行方法。

11. 加強教育訓練。

12. 強化生產機械的維修。

13. 檢討人才的運用。

圖 7-5　產品降低成本可能之分析

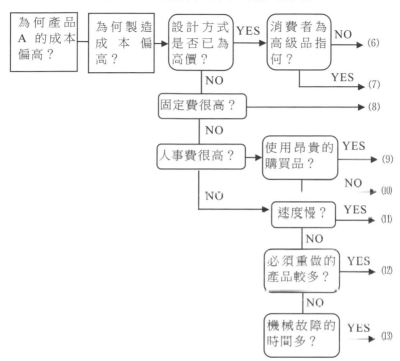

(C)銷售量是否有增加的可能性

14.對市場幅度之需要性加以預測。

15.以市場區隔手法，來分析市場佔有率的關鍵因素是什麼，並預測未來變化。

16.檢討地理性擴大的可能性，比較擴大後的成本與利潤。

17.要瞭解消費者基本需要，並對競爭品加以分析。

18.針對各種銷售方式加以分析，並比較各種競爭力。

19.分析決定購買的各種因素。

20.分析各種彈性價格對購買可能造成之影響。

圖 7-6　銷售量增加的可能性的分析

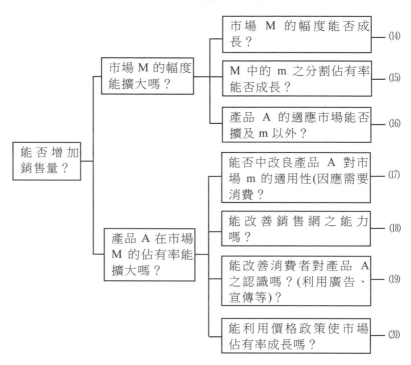

九、銷售通路的分析

從「銷售通路」層面來分析，如何增加營業額。以傢俱行業為例，立頓公司是製造商，建國店是它的傢俱商店，加以說明。立頓公司專門設計、生產各種組合式傢俱，透過各地傢俱行加以販賣，其營業公式為：

　　故可容易察覺「經銷店數目」與「經銷店進貨額」兩個項目，是影響銷售業績的重要因素。以第一項的「經銷店數目」項目而言，如何增加經銷店數目呢？其工作項目又可區分為「增加經銷店的總店數」與「增加營業範圍內的客戶數」。

　　以第二項的「經銷店進貨額」項目而言，由於此類商店非「獨佔性商品」，各廠牌傢俱均有鋪貨販賣，因此欲提升「經銷店進貨額」的工作，可區分為「增加本牌商品在經銷店內的產品佔有率」、「增加每個經銷店的平均進貨額」。

　　例如立頓公司所出貨至建國傢俱店，建國傢俱店的營業方式是誘導客戶上門，並加以推銷各式傢俱，因此建國傢俱店的營業額，主要仍是由「成交客戶」與「成交單價」所構成。為了理解「成交單價」，建國店老闆應有統計數據，瞭解營業額、交易客數、交易商品項目、交易時間、平均成交單價、每次成交的數量等數據，列表分析其變化趨勢。

營業範圍內經銷店總數＝營業範圍內本公司客戶數＋經銷店內其他公司產品店數

經銷店獲得率＝營業範圍內本公司經銷店數÷營業範圍內經銷店總數

　　為了理解「成交客戶」，建國店老闆應瞭解有關客戶的各項相關數據，例如從門前通過的人數、上門參觀的人數、有購買而成交的人數等，甚至於區分成交者是新客戶或老客戶，對客戶特性做分析，並將每月分析，與去年同月份分析，做進一步統計與檢討。

　　由於建國傢俱店的業績構成是「成交客戶數目」與「每個成交客戶的平均單價」，為了提升業績，追求更高的營業額，可將上述兩項目再加以區分為：

　　　　　　A　　　　　　　　　　　B

營業額＝成交客戶數目×每個成交客戶的平均單價

A.成交客戶數目＝來店客數×成交率

　來店客數＝通過此商店的通行客戶數×客戶入店數

B.平均交易客單價＝平均購買件數×購買商品的平均單價

故營業額 A×B＝(①通行客戶數×②客戶入店數×③客戶交易比率)

　　　　　　　　×(④平均購買商品數×⑤購買商品的平均單價)

　　　因此，延伸出建國家店欲提升業績，應針對此只述五項因素，加
以突破。試以魚骨圖分析法，加以分析並舉出方法，如表 7-9。

表 7-9　欲提升業績的突破點

項目＼時間					
本日通行的客戶數目					
客戶入店數目					
客戶成交比率					
成交總件數					
購買商品平均單價					
本日營業額					

圖 7-7 魚骨分析圖

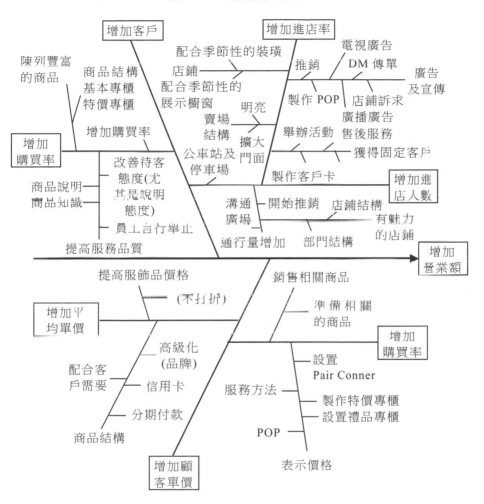

十、掌握成功關鍵因素(KFS)

顧問師在瞭解營業額狀況後，針對「營業額」項目，應設定具體的改善對策。

欲提升業績，必須先瞭解在該行業中，形成營業額的因素為何，才能對症下藥。常強調各行業必定存在著能影響其結果的主要因素，能巧妙地管理這些重點，戰略必定成功，這些就是「成功關鍵因素」(KFS)，各經營者應技巧的掌握此類關鍵因素。有關「成功關鍵因素」(KFS)，在此略為舉例說明：

企業在規劃競爭策略時，為求成功，必先掌握「KFS 成功因素」。所謂「KFS 成功因素」，是指任何事物必定存在著幾種能影響其結果的主要因素，能巧妙的管理這些重點，戰略必定成功，在經營策略上稱這些因素為「成功關鍵因素 KFS」(key Factor Success)。

任何行業均有其獨特性與複雜性，但只要掌握最重要的關鍵因素 KFS，可發揮事半功倍的成功機會。

例如，以銀行業而言，外人會覺得其業務非常複雜，但是，其 KFS 只是：如何聚集廉價的金錢並以高價貸出，亦即，將存款和貸款的資金成本控制在最低和最高！

例如以啤酒製造業而言，能獲得流通的「規模性經濟」是其關鍵，所以，在現階段中，市場佔有率較小者，在強制的價格下，要提高利潤極端困難。因此，除非根本改變現有的啤酒製造，使工廠成為變動費因素，或者讓零售體制崩潰，只在少數的超級市場或專賣店中出售，否則，大公司獨佔的經濟性本質不會改變。

例如以霜淇淋業者而言，KFS 為「控制季節性變動」，以及「在流通過程中確保經濟性的冷凍能力」。又例如，造船業或鋼鐵業的 KFS

是以「製造規模」來決勝負！

　　所謂的戰略性思考家，乃是在自己負責的職務（官職、業種、業務）之中，經常不忘認識 KFS 是什麼之人，而且，並非是對於全面戰爭，而是針對 KFS 的有限戰爭，「徹底的」挑戰！

　　徹底追求 KFS，才能帶來利益。亦即思考作業上給予大方向，要思考：「在此業界，成功的秘訣是什麼？」

　　日本資深顧問師大前研一曾提到個人親身經驗，他在旅美之時，正好有位某木材公司的經理坐在身旁。這家公司是美國屈指可數的幾家大木材公司之一，在長達五小時旅途中，當他問：「貴公司所經營的木材業之 KFS 是什麼？」

　　令人驚異的，他立刻不猶豫的回答：「擁有廣闊的森林，以及從所擁有的森林中得到最高度的收穫！」

　　前者當然是只要購買森林就行了，但是對於後者，覺得有請他具體證明的必要，於是，大前研一接著問：「從所擁有的面積之森林得到最高收穫，應該控制什麼樣的變數呢？」他也回答了：「加速樹木的成長。樹木的成長通常有兩項主要因素，亦即是陽光和水量，敝公司所擁有的森林之中，此兩要素適中者極少，例如，在猶他州或亞裏桑納州，陽光太多了，但是水量卻不足，於是樹木成長遲緩。在此，若能充分供給水量，則平常要三十年才能成長的樹木，只要一半以下的年限就能成長了。因此，我們目前的企劃就是使它成為可能！」

　　大前研一馬上明白這位經理必能以工作的 KFS 為中心而展開戰略，因而對他很有好感，就說：「若是條件相反，也就是水量充足，但陽光較少的哥倫比亞河下游一帶，利用化學藥品來幫助樹木成長，或選擇需要陽光量較少的樹種，就是重要關鍵了？」

　　就這樣，雖然只是在極短的時間內，大前研一從他所談的內容中學習到了很多東西，自己常借著經驗來整理自己的思考，於是仿佛突

然之間對於全體都能完整的預測了！

有關 KFS 的成功因素，再以業種的流程來區分，做一個簡易的分類，如下圖，經營企業要思考本行業的 KFS 在何點？如何才能掌握 KFS？試說明如下：

圖 7-8　KFS 的成功因素分析圖

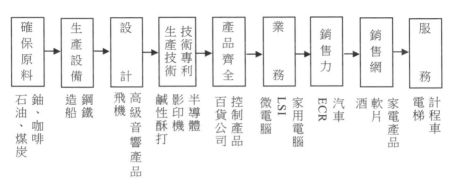

<表內文字>

確保原料	生產設備	設計	生產技術	技術專利	產品齊全	業務	銷售力	銷售網	服務

石油、煤炭｜鈾、咖啡｜造船｜鋼鐵｜飛機｜高級音響產品｜鹼性酥打｜影印機｜半導體｜百貨公司｜控制產品｜微電腦｜LSI｜家用電腦｜ECR｜汽車｜酒｜軟片｜家電產品｜電梯｜計程車

<原料‧材料>

若能確保原料或材料，在該業界的收益性就可加以固定，例如像咖啡豆就是。在全世界，適合良質咖啡成長的土地只限於巴西等少數地域，而且，咖啡豆成熟的效率依土壤和日射量等來決定，所以，在那些地域擁有多少咖啡，就會在此業種的收益性方面造成很大差距；在特殊地域控制了咖啡豆，就已經先天擁有勝算了。

<設計>

KFS 在設計階段的例子為飛機的製造，飛機的工程師群，在培養時當麻煩，但是一旦培養出來，就是極端有力的武器。波音公司最近於民航機的範疇一直廣受歡迎，民航機的市場佔有率也顯著成長，其原因完全在於擁有完整而最佳工程師。

<生產技術>

KFS 對生產技術之影響，例如「鹼性蘇打」，「隔膜法」或「離子

交換法」生產，或舊式的水銀法，其製造成本有著絕對的差異，但是市場價格並無太大的差別，所以利用何種制法的不同，會使收益性產生很大改變。在此業界中，選擇能得到的技術中之最廉價者，乃是主要關鍵，若僅局限於水銀法的範疇內，即使努力提高收益，也無法獲得解答。

<業務>

電子業界甚多。譬如，小型電腦目前是任何人都能製造，有如晶體管收音機般的產品。結果，幾乎所有具備 LSI 技術的公司、大中型電腦廠商、ECR 廠商、電了計算器廠商、通信器材廠商等都加入此一市場，產品價格也低，卻並未能有太大利潤。而且，這將近二十家的公司中，能夠增加收益者只有少數幾家。此一業界的 KFS 並非在於產品，而是在業務之數量和素質，能控制此兩者，才能增加獲得收益所需的市場佔有率。因此，獲增 1%的市場佔有率，可能必須有數百名業務工程師。所以，為求在微電腦業界獲得成功，若只擁有好產品，不過是付清入場券的階段。

如果市場佔有率高，就能夠維持培養專門性業務工程師的固定費。因此，自消費者的立場觀之，就等於得到對自己業務非常詳細的顧問一般，而不會去理睬其他廠商「想出售產品」之銷售工程師。

IBM 甚至標榜「出售服務、不賣產品」來表現，IBM 公司的產品和控制數據(Contrl Data)或漢尼威的產品相比，並沒有特別優異，但是其週邊機器和軟體設備或服務，卻是別人所比不上，這就全靠業務力量了。所以，該公司的市場佔有率和收益性也就在於業務！

<服務>

KFS 的服務因素，最廣為人知的是電梯業，電梯的「故障」，與價格高低有很大關連，像電梯經營者無法藉口「因為市場佔有率低，當停在樓層之間不能動彈時，就可拖延修理的時間」。因此，在決斷加入

全國性銷售網的電梯業時，就要有所覺悟的確立細密服務網上所花費的固定投資。

營業車輛(計程車、推土機、卡車、吊車、農業用耕耘機等等)或多或少也有相同傾向，亦即，掌握服務網者能制天下。相反的，若小廠商先行投資於完全的服務網，在收益上也會受到大幅影響。因為，大廠商是出售服務，小廠商所地域所限，最好別擴充全國性的服務網！在有限地域內集中銷售，其中會出現類似大廠商的高市場佔有率。

總之，每個行業都有「成功關鍵因素」，掌握此 KFS 因素，在競爭策略上擁有優異的競爭地位。各位經營者，你公司的 KFS 是什麼呢？你如何取得呢？

十一、跨過損益平衡點

損益平衡點(Break Even Point)代表企業盈虧的分界點，是評估企業營運績效的一個明顯指標。

顧問師受託做企業診斷時，「損益平衡點」是一個最常被提到、被用到的方法之一，作者在執行顧問工作時，與企業界老闆初次見面，常用幾個重點，企圖立刻就能切入它的經營核心，「損益平衡點」就是一個極佳例子。

當問到「平均一個月營業額多少」，未來一年內的「產品線規劃圖」，「年度營業預算表是多少」，「營業額成長趨勢」，「損益變化」等，再問到企業老闆「你的損益平衡點是多少」，其實已逐漸切入公司的問題核心了。

在分析企業績效，要找出問題點，並加以改善，必須掌握「收入」與「支出」的實際狀況，而最迅速，一目了然的管理技巧，就是採用

「損益平衡點」管理技巧。

日本通產省官方單位，曾針時企業界是否編制「損益平衡點」進行調查，並將所調查對象的 326 家企業，他們的銷售利益率一併列入考慮，一個令人驚訝的結果：「有編制，使用損益平衡表的企業，銷售利益率明顯有偏高」，作者相當認同此結論。

損益平衡點的利用，非常的廣泛、五花八門，可當做企業決策的輔助分析工具。

不只是企業可運用「損益平衡點」來掌控、改善績效，就連各種商店，老闆也可以使用「損益平衡點」方法來提升營業狀況。

以服飾店為例，總覺得平日生意不錯！客人川流不息，每天都有現金進賬，為何老闆從早到晚辛苦經營之後，扣除給房的租金、服飾成本、各種雜項費用之後，每個月總是所剩不多，不知道問題出在何處？

以服飾店而言，若每個月的固定費用是 8 萬元，每個月若賣服飾的銷貨收入是 24 萬元，此時變動費用是 12 萬元，則可計算出損益平衡點是 16 萬元：

$$\frac{固定費用}{1-\dfrac{變動費用}{銷售額}} = \frac{8}{1-\dfrac{12}{24}} = 16 萬元$$

表示若「販賣服飾收入為 16 萬元時，剛好不賺不賠」，利用這個數字，店老闆可作為經營上的一個重要指標。

店經營至少要達到 16 萬元，同理，若店主希望能創造 6 萬元的利益，則計算數字為：

$$\frac{固定費用+計畫利益(6 萬元)}{1-\dfrac{變動費用}{銷售額}} = \frac{8+6}{1-\dfrac{12}{24}} = 28 萬元$$

表示若「若收入為 16 萬元，則剛好不賺不賠」、「若希望能獲取 6 萬元的利益，銷售收入應達到 28 萬元」。

十二、要警覺「損益平衡點每年都會往上提高的」

故當企業經營不斷的追求成長，公司規模日益擴大，過去只有一個營業所，現在變成兩個，原來只有一條生產線，現也增加到兩條生產線，由初期的二、三人，逐漸增加到二十人以上，員工人、銀行貸款額、利息也會急劇增加。

企業得擔負起社會和公共利益的責任，例如員工保險、公害防治、提拔退休金、住房補助、醫療補助金、謀求員工福利，以及提供價廉物美的產品。如果不適時提高合理利潤是無法達成上述應負的責任。企業為擔負起社會責任，則必須支付高額的固定費用。如此的話，若不提高每年損益平衡點的銷售額，是無法彌補增加的固定費用，因此經營者必須牢記，每年的損益平衡點都是不同的數字，每年應該重新計算損益平衡點的銷售額。

例如，卡通雜誌公司去年損益平衡點銷售額是 2000 萬元，如果每月營業額是 2400 萬元，則每月可以獲利 160 萬元。然而今年再維持 2400 萬元的營業額，可能就會發生虧損了，這是什麼緣故呢？

其實理由很簡單，因為公司的固定費用是逐年會增加。設邊際利益率仍維持不變是 40%，但去年每月 800 萬元的固定費用增加為 1000 萬元的話，則損益平衡點銷售額需由 2000 萬元調升至 2430 萬元，如再以去年每月 2400 萬元的營業額計算，就會產生 40 萬元的虧損。因而如想獲得去年等額的利潤，那麼每月營業額必須由「原來的 2400 萬元提高 2900 萬元的水準」。

促使公司損益平衡點上銷售額逐年上升的原因，系公司之固定費

用是會逐漸增加而不會下降的。例如員工薪資，只要服滿一年必須考慮調高薪資，因而既使員工人數沒有增加，但每年調整薪資就會使固定費用產生變化。同時一旦調整薪資，則年終獎金、員工保險費和退休金也將成比例的增加。當企業發展順利必須增加員工人數時，那麼應給付的總額就會逐年增加。

用人費會上升，其實因物價上漲而使交通費、電費、水費、郵費等支付的固定費用也會增加，其他如交際費、會議費用和廣告費等消耗品費用也會增加。

企業內的損益平衡點，每年都會逐漸往上提高的，並非一成不變的。精明的企業經營主，在內心裏都有一個損益平衡點的數字，而且每年都重新計算出新的數據。

由於「損益平衡點」是逐年提高的，因此，企業要思考如何跨過這一個平衡點，要充分瞭解自己公司現在銷售額是多少？有多少餘力是很重要的。即當經濟不景氣需要削價求售或者附近有競爭商家時，利用損益平衡點計算，很容易的即可求得在獲得合理利潤的降低價額度。

譬如看柔道比賽，腰部的高低，是決定勝負的關鍵因素。相同的道理，確切認識自己公司損益平衡點的位置，才是企業經營致勝的關鍵所在，通常損益平衡點的比率愈低，對不景氣環境的適應力會愈強。

損益平衡點（BEP)有如柔道的重心，重心愈高，愈容易被摔倒；就企業而言，如何評估損益平衡點，並設法降低，是考驗經營者的智慧與決心。

十三、降低損益平衡點的基本方法

由於費用、成本的增加，使得「損益平衡點」是逐年往上漲的，而且是無法避免的。損益平衡點逐漸上升之後，必須要設想出使損益平衡點降低的方法，該怎麼辦呢？方法是「降低費用」與「提高收益」。

從損益平衡點的公式可以看出來，如果要想降低損益平衡點，可以採兩種方法，一種是「縮小分子」的固定費，另一種是「擴大分母」的邊際利益率。

關於邊際利益率的提升，其改善也是很有限度的。因此，一般的企業，損益平衡點的增高，是無可避免的。所以，與其注意平衡點所顯示的金額，倒不如注意平衡點在銷貨收入中所佔的比率，也就是損益平衡點比率。

換句話說，要降低損益平衡點，必須注重「如何降低固定費用」與「降低損益平衡點的比率」。

欲降低損益平衡點的要訣有：

1.減少固定費用。裁減人員、經費，從事「減量經營」。如此可減低固定費用的支出。

2.降低損益平衡點比率。一個是「擴大營業額」，營業額一旦增高，相對的「平衡點」就會降低，另一個是「減少變動費用」，若能將材料費、外包費等，予以降低，收益自然提升。

要想增加利益，就必須提高銷貨收入，縮減費用，要想提高銷貨收入，可分為「銷貨數量的增加」，以及「售價的增加」兩大類；要想縮減費用，又可分為「降低固定費用」、「降低變動費用」兩大類。

因此，增加利益的方法，可分為下列四種：①提高售價，②增加銷貨數量，③降低變動費，④降低固定費。

　　每種行業內的個別公司，其性質、體質均不相同，要想改善績效，也要分別實施不同的方法。

　　研究損益平衡點時，隨著類型不同，其對策也各有不同。例如化學工廠或旅館業等的裝潢設備產業，折舊費用佔成本一大半，是屬於「高固定費用型企業」；至於銷售公司等，80%為銷貨成本，10%～20%為固定成本，是屬於「低固定費用型企業」。

　　因此，在瞭解「損益平衡點」特性後，為了設法降低平衡點，有必要先將企業區分為下列四種，再分別實施改善對策：

　　①高固定費用‧高損益平衡點類型——危險型企業。

　　②低固定費用‧高損益平衡點類型——慢性赤字型企業。

　　③高固定費用‧低損益平衡點類型——高收益型企業。

　　④低固定費用‧低損益平衡點類型——安定收益型企業。

十四、企業的行銷診斷

　　銷售部門的一切活動，目的是使生產與消費聯繫在一起，故行銷部門診斷就應檢討是否合乎此目的，是否具有經濟性，作業流程、運作方式是否仍應繼續或加以變更，並特別留意是否經常做適時、明確的決定。

　　總資本純益率是評估企業經營能力的成績單，由「總資本週轉數」和「銷售額純益率」來決定，起碼應在5%以上，否則「收益力偏低」，企業若想具有發展性，此值應該在10%以上。

　　企業行銷診斷，首重銷售與利潤。由於產品競爭激烈，產品生命週期相對減少。公司如果只經營一種商品，就要預防曇花一現的危機，如果產品只局限於一個行業範圍內，一旦該行業不景氣（如目前的臺灣信息業），企業只有跟著倒楣。換言之，企業如果只經營一個

商品，或只與一個行業發生聯繫，將是十分危機的。

　　就企業而言，要追求利潤的經營，其次追求利潤的穩定。有些企業帳面上明明有盈餘，卻常在為資金週轉而煩惱，造就是「盈餘資金受限於固定資產、庫存品、應收賬款或營業外投資的積壓」，使得週轉率急速下跌，偶遇衝擊，立刻發生「盈餘倒閉」的悲劇。若是銷售不順，紅字經營，必然導致資金週轉困難，在實務經營上再缺乏有效對策，每月紅字虧損會逐漸增加，貸款也會增加，同時利息負擔率節節上升，導致企業陷入紅字越滾越多的惡性循環內，銷售額必須進行交叉銷售分析、成長率分析，以檢討改進公司績效。銷售額有增長，固然是企業的福氣，但也應評估與「人員成長率」、「行銷費用成長率」的高低，若「銷售額成長率」比前五項低，可認定為「沒有成長」，只是「資產膨脹的經營」而已，公司銷售額扣除退貨，減價後的銷售額稱為「淨銷售金額」，淨銷售金額扣除銷售成本後的部份，稱為「毛利」。以「退貨、減價」而言，假設某年度是6%(上一年度是5%)，若經濟景氣逐漸好轉，但退貨率卻增加，就是一個警訊。再者，商品的退貨，減價率超過5%，毛利低於20%，可斷定此商品隱藏著經營危機，要嚴肅研究該商品行業是發展行業或停滯行業，商品是否要淘汰或修改上市。臺灣中小企業界常缺乏時時檢討經營方向的工作，以致於「在五年內倒閉的企業」比率高達65%以上，企業倒閉率高於幼兒的死亡率，這一點說明企業以人體更難以保持均衡。

　　如果毛利有20%，而營業利潤卻只有5%，意味著行銷費用吃掉15%，要檢討行銷績效，是否犯了管理過大，組織臃腫、人員氾濫、工作無效的缺失，或是各項宣傳費、運輸費、交際費擴大濫用，引起銷售費用肥大症的煩惱，要檢討公司的損益平衡點，企業常在無形中提高了損益平衡點，作為變動成本的費用(如宣傳廣告費、差旅費、交際費)，在不知不覺中變成固定成本。在你的企業裏，固定成本所

佔的比率是多少呢？確認產生銷售紅字的原因在於「銷售額低於平衡點」，多數人常陷於「只要提高銷售額就可以解決問題」，於是拼命提高銷售額，但如果不先界定問題是「銷售額過低」或「平衡點過高」，你的努力將大打折扣。

如果營業利潤有 5%，純利潤卻是虧損，診斷結果常出在「利息、票據貼現費用、營業外支出過多」相對於銷售額內的利息支出過重（廠商大於 9%、批發商大於 6%），造成企業經營活動因失血過多，經營不善而倒閉，此時倘無改善（如增資變現），卻轉而追求「地下錢莊」的資金來源，無異於自掘墳墓，只會使倒閉時間提前而至。

當今的銷售活動，並非只將商品移至最終消費者手中就算完畢，必須以消費者（使用者）為中心來設計生產與銷售活動，換言之，銷售部門的一切活動，目的是使生產與消費聯繫在一起，故行銷部門診斷就應檢討是否合乎此目的，是否具有經濟性，作業流程、運作方式是否仍應繼續或加以變更，並特別留意是否經常作適時、明確的決定。

企管顧問師診斷企業內部的行銷部門時，必須顧及企業整體，避免顧此失彼，要留意下列五個準則：

1. 用自己的眼睛證實。
2. 實際動手證據。
3. 拿出確實證據。
4. 不斷追查當中的變化。
5. 從另一個局面（或角度）來判斷：
⑴上層的事要從下層來看。
⑵下層的事要從上層來看。
⑶右側的事要從左側來看。
⑷左側的事要從右側來看。

第 *8* 章

確實掌控管銷費用

就製造業、買賣業而言,「銷貨成本」是一個重要的控制點。

企業當經營過程順利且日漸成長之時,只要留意銷貨額之增加並有不斷成長,就有可能獲致利益。但企業經營常陷入不景氣或銷貨額無法增加,而人事費用、進貨費用方面卻不斷上漲。此外,近年來由於因應企業成長導致設備投資增加,亦會使與設備有關之費用增加。因此,企業為要實現經營利益,重視成本已是刻不容緩之事了。

一、計算銷貨成本的重要性

對買賣業而言,「一分錢一分貨」,要在良好的交貨條件下,盡可能的便宜購入商品;對製造業而言,是如何掌握「銷貨成本」,或者可深入一層,更進一步的,如何掌握生產成本,對公司的營運有非常密切的關係。

企業經營必須知己知彼,瞭解本身的銷貨成本,再進而設法打開銷售瓶頸,擴大業績。

企業經營如果沒有掌控詳細數據,不瞭解本身的成本,有時會發生「賣愈多,賠愈多」的慘事。

一個輔導案例,是製造電子錶的工廠,該經營者曉得要「控制銷

貨成本」，認為銷售價格扣除銷貨成本後，若有餘額即是利潤，因此，只要產品原料一漲價，或是產品進貨一漲價，經營者立刻會想辦法加以克服或轉嫁，這家電子工廠有次召開股東會，「要求股東現金增資」，理由是「市場需求旺盛，產品有獲利」，結果增資後的現金，四個月後馬上用光，又再「緊急要求增資，否則公司有週轉不靈之危機」。董事曾覺得奇怪，委託顧問師診斷，才發覺問題真相是：產品的確是有銷貨獲利，因為產品售價的確有高於原料成本，但「產品價格卻低於原料成本與管銷費用之和」，公司經營者只著重原料成本，卻忘了還有其他各項應攤銷的管銷費用，因此，產品價格根本不對，產品賣愈多，分攤愈多，虧損愈大。

這是沒有掌握成本的警惕例子，這案例在於警惕經營者要瞭解你的「實際成本」，否則一定產生很大的危機！

二、掌握銷貨成本的好處

企業必須瞭解，並且確實掌控各種銷售成本，此舉不只有利於合理化生產，由於可以妥善因應，計算出產品售價，才能掌握利潤。說明如下：

1. 有助於合理化生產

透過正確地計算成本，可以詳細瞭解構成成本的要素。

材料的選擇、進貨量、進貨時間、進貨價格、庫存量等等是否都沒有問題？在工作人員的人數、水準、組成、工作意願上有沒有應該改善的地方？對於人事費用比率、人事費用金額、進度管理等問題有無達到合理化的地步？經費的使用方法是否完善？對於在製品的庫存管理有無鬆懈現象？透過以上的檢討、反省制度，大幅地縮減成本是絕對可能的。

2.可以計算適當產品售價的基礎

售價受到市場價格和需求關係很大的影響，雖然如此，但是也絕不能以赤字來銷售。正確地計算出每種產品的生產成本，在考慮市場價格時，才能訂出適當的售價。

甚多企業主沒有計算出產品的成本，只是約略的「感覺應是成本若干元」，而且是以前的老印象，企業經營者缺乏數據觀念，實為重大失誤。

3.可以掌握利潤

如果不計算出生產成本就判斷不出實績利潤。實績毛利會影響營業利潤、經常利潤和淨利是否適當。除此之外，計算成本對於制定將來的利潤計劃，也是不可缺少的。也就是說，成本計算可以獲得適當利潤，並且正確地決定生產成本、生產量。

三、掌握生產成本

「銷貨價格」扣除該產品的成本，即為銷貨毛利，若是「向外採購」，即為「進貨成本」，若是自行生產，即是「生產成本」。銷貨毛利再扣除銷售推廣費用，再扣除各種管理費，例如人事費用等，即為「產品利益」。

由於生產成本與銷售價格、營業總利潤有非常密切的關係，因為這個緣故，對製造業而言，要掌握銷貨成本，不如正確掌握生產成本，是獲得利潤的不可欠缺的要素。因此，應該製作「生產成本報表」。

成本計算分為個別成本計算和綜合成本計算兩種。前者大多使用在接受訂貨的生產業，後者大多使用在預測生產業。

「生產成本報表」必須區分為材料費、勞務費、經費。

①材料費：指生產所需要的原料、資材、零件等費用。計算方法

是把本期進貨金額加上期初的庫存金額，再扣除期末的庫存金額。

②勞務費：指支付給直接從事生產的工作人員的薪資、津貼、獎金和福利保健、退休準備的總額。

③經費：除去上述內容之外的生產費用。主要有電費、水費、瓦斯費、租賃費、折舊費用、外購加工費、修繕費、固定資產稅等等。

以上三項費用的合計總額便叫做生產費用。生產費用加上期初的在製品庫存金額，減去期末在製品的庫存金額之後的結果就是「生產成本」。

如果生產兩種以上的產品時，要按以下方法計算每一種產品的成本。把兩種產品的費用、按每一種產品分為直接費用和間接費用。材料費、勞務費、外購加工費，可以很容易依產品種類計算出直接費用。但是，行政人員薪資、租賃費、水電費、消耗品費用、折舊費用等等，要根據預先制定的分配基準合計，再分配給每種產品。把這樣計算出來的直接、間接費用合計起來，就成為每種產品的成本。

注意銷貨成本的工作，只是協助企業管理的一種手段，其本身並非目的。依照經驗，要控制銷貨成本，或者控制銷貨成本內的各種深入分析項目，它的工作順序如下：

1. 決定產品單位成本，正確計算存貨價值和經營盈虧。

2. 藉成本會計的實施，經常控制企業的各方面業務。

3. 透過成本預算或成本標準，以控制成本並提高工作效率。

4. 根據成本記錄和數據，考核各部門各個人的工作績效。

5. 瞭解變化趨勢：藉前後期間成本的比較和與同業間成本的比較，以觀察成本趨勢和同業競爭中所處的地位。

6. 提供決策參加：利用成本數據，必要時再加以調整或分析，以作管理上決策的參考。

四、控制進貨成本

在企業的經營模式，可分為數種，第一種是「承包代工生產型」，其生產的種類與數量，都受對方企業所指示，作業重點在於生產作業如何降低成本，把握生產技術與生產管理，提高產品品質。

第二種是「獨立營業型」，這種企業本身自行規劃並設計產品，收益來自於產品競爭力與販賣能力，因此，產品要如何規劃以降低成本。

第三種是「買賣業」，純粹採購商品，將商品進行再販賣的銷售行為，這種企業主要在於掌握客戶的購買傾向，懂得採購「價低」、「週轉快」的進貨技巧，是降低銷貨成本的重點。

企業上班族中某些能力突出者經過一段時間的歷練後，可能升上主管了，要想成為成功的企業主管，第一步就得要學面會企業規模快速成長與快速收縮，一般來說，企業面對規模快速成長，都不成問題，但是一碰到要緊縮，就窘態畢現了。

一般的主管，常埋頭於「向前衝刺業務」或「處理業務」，無法正確面對「企業的減縮業務或精簡人員」，原因就來自於企業主管的觀念錯誤，很多企業主管以為企業減肥就是精減人事，於是無端地裁減人員，短期來看確實可以達到降低成本的效果，但是長期卻未必有利。

比較正確的企業減肥應該是確實「掌握銷貨成本」與「掌握各項費用」，然後才建築在「減去肥肉不減去精肉」的概念上，換言之，不應該採行齊頭式的裁員法，而應該針對業務流程進行研討，刪減不必要的流程或是人事，如此的企業才能真正減得恰到好處。

五、逐步降低銷貨成本比率

　　企業經營為求績效，擁有高度競爭力，就要掌握銷貨成本率，進行成本高低之分析，並區分項目別、各時段別、各產品別的交叉分析，以供作改善之用途。

　　活力公司專門製造家用電動洗碗機，由於產品銷售持續減退，公司進行企業改造，試圖改善目前困境。

　　首先分析成本，瞭解製造成本對銷售額的成本比率，分析逐年的增減變動情形，接著分析各項管銷費用的增減變動情形，再接著分析各項管銷費用的增減變動情形，對於特別增加的部份，或構成比率較大的部份，均要查明其原因。

　　在降低各項費用，並增加生產數量的目標下，將產品的單位制造成本予以降低，企業在獲得內部的降低成本後，在產品售價降低並配合促銷之情況下，打開銷售瓶頸。

六、管銷費用的重要性

　　企業藉由推銷、販賣，提供服務等活動，來創造收入，而在活動過程中，必然會產生管銷費用，故檢討管銷費用的最大原則是：「管銷費用必須對創造銷售收入有幫助」。

　　企業在販賣、推銷產品時，所支付之成本，除了產品成本外，最大宗者是管銷費用，管銷費用包括「銷售費用」與「管理費用」，如何有效運用，是企業的重要管理工作之一。

　　1950 年代是「只要能生產就能賣得出去」的生產導向時代，到1960 年代後，「會生產不一定能賣得出去」的銷售導向時代，產品的

銷售競爭愈來愈激烈，消費者對產品的成本及品質的要求也愈來愈嚴格，銷售員無不使出混身解數，週旋於顧客之間，拼命地推銷產品，否則就無法在業界立足。故「無銷售就無企業」已成為企業唯一生存的條件，因此企業為求生存，必須展開各種促銷競爭活動，因而觸發了促銷費用的增加，此即所謂的管銷費用。

企業經營的獲利主要由營業額多寡來決定，而毛利益率又決定實際獲利率。營業額低，毛利益自然相對偏低，然而毛利益低，究竟是「管銷費用偏高」，或是「營業額偏低」呢？

主管在檢討銷售業績時，要確定針對問題，找出對策，加以改善。

當經濟不景氣，或是銷售業績不佳，企業最容易採取的對策之一是「刪除費用、降低成本」，尤其是認為行銷費用偏高時，最容易刪除各項管理費、銷售費等，其實，此舉有待深入分析。

行銷費用比率的計算，是「行銷費用」除以「營業額」，行銷費用比率不宜偏高，必須設法掌控在某種程度之內。

行銷費用比率＝管理銷售費用/營業額×100%

眾所皆知，企業經營之獲利主要由營業額多寡來決定，而毛利益率又決定實際獲利率高低。營業額低，毛利益率自然相對偏低，然而就算營業額非常高，若是毛利額不足，容易導致毫無利潤的經營破綻，辛苦萬分，卻是毫無收穫。

我們來檢討公司的行銷費用問題。以企業損益表為基礎，將營業額、銷售成本、人事費用等的經營數字加以整理，將營業額為基準加以計算，則「營業額對行銷費用率」是「行銷費用/營業額」，如果各項行銷費用的分配狀況，大於表中數字，顯示企業體內可能有「營業行銷費用是否偏高」、「人事費用是否偏高」、「人事費用以外的經費(如贈禮)是否偏高」。然而企業經營在部門分工的缺陷下，常會忽視了「營業額是否有偏低」的前導。

　　這是根據對流通業的瞭解，所推斷出的收益結構圖。當深入分析日本流通界的行銷費用狀況，發現除了最低限度的人事費用，無可避免的管理費用外，對於促銷費用普遍有低支付的習性，這問題也發生於其他的業界，我認為造成「管理費用率偏高」的原因，在於「營業額偏低」。

　　假設某企業經過分析後的毛利益率是 15%，那麼根據上圖的「營業額對行銷費用」率，就應該在 11.25%以下，而「人的行銷費用，和位於「分母」的營業額，均負有責任，不可偏袒其一，必須以平靜的心情去加以深入瞭解問題原因，才能找到癥結所在，以提出顧問診斷處方。

　　不妨以「員工薪資成本」為標準加以運算，若僱用員工必須付出 2 萬元薪資，而毛利益率為 15%的原則下，則為了吸引員工前來服務而投注的成本是 13.3 萬元（2 萬元/15%），那麼營業額至少應達到 13.3 萬元，然而僱用員工除支付薪水外，尚有福利費、保險費……等的開支，因此，以這觀點分析，若診斷出企業內有「行銷費用太高」的現象，對公司經營而言，節省支出固屬重要，然而偏低的支出也不是一個好現象。

　　有的企業，受限於銷售力太差，使得費用比率（如管理費、人事費等）似乎偏高，於是斷然在「緊縮費用」改策下，抑制各項支出，這種作法不是從根本上解決問題，在長期策略立場上，會導致企業負面的影響，值得深思！

　　在作者所接觸各種行業中，可發現企業若是「只會生產卻不會行銷」，對本身將造成「自主權不保」、「經營遲早會出現問題」。

　　例如臺灣股票上市公司的 H 機械公司，生產販賣各種工作母機，早年尚未與其他企業購併，當時經營不善，美國最大的輕機械製造公司總裁任曾到臺灣來，原本有意買下當時正當臨經營問題的 H 機械公

司，及至參觀工廠後，又打消念頭了。

原因倒是頗出乎意料之下：H 公司的設備太好，甚至部分裝備比起美國廠家有過之而無不及；易言之，以 H 公司在市場上的地位而言，投下如此巨大的資金，顯然已經超乎同業的水準。

然則，H 機械公司的行銷力量，卻不成比例，該公司經營者是技術黑手出身，醉心於技術的提升與開發，卻疏忽行銷運作，公司的費用嚴重偏向研發，因此銷售通路不只狹窄，而且掌控在通路商手中。作者一再提及「只會生產，不會行銷」，長久之下，公司經營權就會因「不掌握銷售通路」而出現毛病。

企業在銷售運作上，所花費的「銷售費用」、「管理費用」，二者合稱為「管銷費用」。

銷售費用主要包括銷售人員的薪資、促銷及廣告宣傳費、旅費交通費、包裝費、運費、郵電費、保管費、保險費、交際費、營業所的租賃費、折舊費用等。

其他如總務、財務等部門，必須對企業各部門做整體性的管理、其所需的費用稱為管理費用。管理費用主要包括董監事酬勞、總務、財務，技術、研究開發人員的薪資、教育訓練費、實驗研究費、保險費，文具用品等消耗性費用、郵電費、旅費交通費、水電費、稅捐（含印花稅、營所稅、房屋稅、地價稅等）、租賃費、折舊費用等等。

銷售及管理費大部份並尋非依銷貨額之增減比例支出，而幾乎是每月固定會發生，其中以薪資所佔的比例最大，故「精簡人事，提高工作效率」已成為控制管銷費用最重要的手段。此外，尚有為了推銷產品而發生的交際費，亦非毫無限制的花費，必須視銷貨額之大小，訂定交際費支出最高限額，否則勢難加以控制。

主管在檢討銷售業績時，要確定針對問題，找出對策，加以改善。

當經濟不景氣，或是銷售業績不佳，企業最容易採取的對策之一

是「刪除費用、降低成本」，尤其是認為行銷費用偏高時，最容易刪除各項管理費、銷售費等，其實，此舉有待深入分析。

行銷費用比率的計算，是「行銷費用」除以「營業額」，行銷費用比率不宜偏高，必須設法掌控在某種程度之內。

行銷費用比率＝管理銷售費用/營業額×100%

眾所皆知，企業經營之獲利主要由營業額多寡來決定，而毛利益率又決定實際獲利率高低。營業額低，毛利益率自然相對偏低，然而就算營業額非常高，若是毛利額不足，容易導致毫無利潤的經營破綻，辛苦萬分，卻是毫無收穫。

我們來檢討公司的行銷費用問題，以企業損益表為基礎，將營業額、銷售成本、人事費用等的經營數字加以整理，將營業額為基準加以計算，則「營業額對行銷費用率」是「行銷費用/營業額」，如果各項行銷費用的分配狀況，大於表中數字，顯示企業體內可能有「營業行銷費用是否偏高」、「人事費用是否偏高」、「人事費用以外的經費（如贈禮）是否偏高」。然而企業經營在部門分工的缺陷下，常會忽視了「營業額是否有偏低」的前導。

當深入分析日本流通界的行銷費用狀況，發現除了最低限度的人事費用，無可避免的管理費用外，對於促銷費用普遍有低支付的習性，這問題也發生於其他的業界，我認為造成「管理費用率偏高」的原因，在於「營業額偏低」。

假設某企業經過分析後的毛利益率是 15%，那麼根據上圖的「營業額對行銷費用」率，就應該在 11.25%以下，而「人的行銷費用，和位於「分母」的營業額，均負有責任，不可偏袒其一，必須以平靜的心情去加以深入瞭解問題原因，才能找到癥結所在，以提出顧問診斷處方。

不妨以「員工薪資成本」為標準加以運算，若僱用員工必須付出

4 萬元薪資，僱用員工除支付薪水外，尚有福利費、保險費⋯⋯等的開支，因此，以這觀點分析，若診斷出企業內有「行銷費用太高」的現象，對公司經營而言，節省支出固屬重要，然而偏低的支出也不是一個好現象。

有的企業，受限於銷售力太差，使得費用比率(如管理費、人事費等)似乎偏高，於是斷然在「緊縮費用」改策下，抑制各項支出，這種作法並不能從根本上解決問題，在長期策略立場上，會導致企業負面的影響，值得企業業主深思！

七、檢討管銷費用比率

企業在經營過程中，為達到推銷產品或提供服務，在過程中必然會產生若干支出的花費，要瞭解花費情形，就必須觀察「推銷費用比率」、「一般管理費用比率」的支出狀況，才能研判績效。

管理費用、推銷費用的比率是該期所消耗的推銷費、管理費用等支出，對銷貨額所佔的一種比率，二者合稱「管銷費用」。費用項目至少包括：

有關「管銷費用比率」，其計算方式是「推銷費用、管理費用」除以「銷售額」，從這比率可以看出銷貨額上所佔的推銷費用和管理費用的百分比。診斷經驗指出，當比率越低，表示各項支出越節儉，同時也可判斷經營的效率狀況是否良好。相反地，比率很高的話，表示營業支出的花費也很可觀，必會降低銷貨額的營業利益率。

至於「比率高」的原因，除了立即的數證據外，必須深入分析原因，尤其在規模龐大、部門眾多的企業裏，此比率高，究竟管銷費用龐大，「分子」偏高所導致；或者銷售額太少，是「分母」偏低所導致呢？這個關鍵是企業扭虧為盈的步驟。

由於「產品銷售毛利」扣除「管銷費用」之，可得「銷售利潤」，故「銷售利潤」會隨「管銷費用」之高低而變化，若能有效控制「管銷費用」，則「銷售利潤」自然可趨於穩定。

以惠泰公司而言，「管銷費用」佔營業額居高不下，必須深入檢討銷售費用、一般管理費用。企業的營業活動重要性甚大，藉由推銷、營業、提供服務，來創造收入，提升企業利潤；故推銷費用首必須對於「提升業績」有幫助，這是檢討推銷費用的最大原則。

企業進行市場調查，瞭解客戶反應與市場趨勢，投入各式行銷費用，提供具有競爭力的產品或服務，改善銷售管道的服務績效，使產品(或服務)符合顧客需求，滿足顧客的慾望，並控制各種銷售活動的費用，使產出績效與投入成本呈現有利結果。

管銷費用項目繁多，包括廣告費、銷售傭金、運費……等，要想有效控制「管銷費用」，必須針對各個費用項目分別加以管制。首先是計算出各種項目的管銷費用比率，例如將各種「費用項目」除以「營業額」，即可得「廣告費」比率、「傭金」比率、「運費」比率……等，因此，分析「管銷費用」比率，第一步是計算此管銷費用比率高低，其次要分析造成比率高低的幕後真正因素。

顧問師在診斷「管銷費用比率」時，觀察「絕對值」數字太小，並與相關數據作比較，例如同行的「管銷費比率」，本公司以往的「管銷費比率」等，還要深入瞭解，找出問題癥結，究竟是「分子」或「分母」出問題，才能提準方向，提出有效的改善對策。

管銷費用比率偏低，就公司立場而言，減少不必要的「管銷費用」，節省開支，是好現象，然而，過低的管銷費用，妨礙公司的成長，未必是好現象。

「管銷費用比率」的計算，其計算值有「分母」與「分子」兩項，管理者在初看財務報表數字時，常誤以為「管銷費用比率」偏高，就

是費用過多,誤認第一個手段當然就從「節制費用」做起,此舉有商榷餘地。

　　若管銷費用比率偏高,數值太大,乃是以分子、分母為相關係,分子的「管銷費用」,與分母的「營業額」,二者均要負責任。

　　在赴企業進行診斷的經驗中,有時見到企業體由於行銷能力不足,銷售業績不振,在計算「管銷費用比率」時,當然是比率偏高,其實真正問題在於「營業額無法有效提升」。

　　讀者如何發掘此問題呢?建議你採用「員工生產力」評估方法,由於「管銷費用」項目主要為「人事項目」、「推銷費用」、「一般管理費用」三大項目,推銷費、管理費可逐項檢討,加以抑制,所餘為「人事費用」,故針對「人員多寡」而檢討「公司營業額」多寡,即可知道公司生產力高低。

　　將「公司營業額」除以「公司全體員工」數目,可得到「平均每人銷售額」多寡,以此數據作為比較,立刻可得知公司經營績效。

　　若「平均每人銷售額」太低,可檢討人員配置是否過多,組織架構是否重迭等。

　　其次,將「公司營業額」除以「公司全體營業人員」數目,可得到「平均每位營業員銷售額」,以此數據,可佐證該公司的生產力高低,若生產力明顯不足,可由「檢討公司組織架構,員工數量」著手,並可「檢討整體銷售額」,分析銷售額無法提升之癥結所在,並提出改善方向與因應對策。

　　管銷費用之檢討,不可只狹義的分析管銷費用多寡,必須具備廣義的角度,從公司整體行銷方向與績效,加以切入分析。

八、分析管銷費用背後的實情

在管理企業內的「管銷費用」，必須區別該費用項目的「固定支出」與「變動支出」，其次是探討費用比率高低，找出真正實情，才能對症下藥。

以業務員的人事費用而言，當業務量甚低，仍必須負擔業務員的費用，故企業在規劃業務員薪資結構時，必須多方考量區別「基本固定薪資」與「變動薪資」部份，二者之比率。再以交際費用而言，如何節制費用，並能發揮效果呢。在臺北市著名的六條通交際酒店裏，流傳這們一個故事：

有企業經營者，認為交際費老是去別人開的酒店去，很可惜，於是自己買了一家酒店來接待公司主顧。可是，公司的營業人員認為酒店是公司自己經營的酒家，於是很大方的消費，一點也不節省；去的次數增多，而且都用賒賬，終於使得這家酒店經營不善而倒閉。

先掌握確實數據，才能有機會對症下藥。在診斷經驗裏，常發覺企業內缺乏各種資料，我開口向企業主要「各種銷售數據，各種費用，各種規劃資料」，企業主常答「沒有，但電腦裏都有數據」，實情是它都沒有整理資料，或者根本就缺乏資料。

要想確實的掌握管銷費用的動態，必須擁有企業內過去至少三年間的詳細數據，如果只是一年的數據加以分析，無法正確的瞭解管理費用的動態，因為會有臨時性支出的費用。

表 8-1 銷管費用之變化情形

單位：仟元、%

項目＼年度	2005 年	2006 年	2007 年	2008 年	2009 年	2010 年（預估）
銷管費用	152376	165515	161604	173508	172342	191030
佔營業收入比例	6.63	7.07	6.63	7.39	7.03	6.27

　　以鼎立電子公司案件而言，其五年間的管銷費用如下：

　　該公司最近五年度銷管費用佔營業收入比重約在 6～7%左右，其中 2005 年度為持續擴展市場，增設歐洲及日本行銷據點，致差旅費用增加，另為提高自有品牌產品比重，須加強售後服務，致售後服務費增加較多，故 2006 年度銷管費用較 2005 年度成長 8.62%。而 2008 年度銷管費用較 2007 年度成長 6.23%，其主要原因建業務銷售費用增加 15012 仟元。

　　該公司預估 2010 年度銷管費用約 191030 仟元，較 2009 年度增加的原因為工具機部銷售額成長約 25%，運費及出口費用將相對增加，傭金支出因停車設備部增加委託代理商而增加，及薪資支出因調薪而增加。其餘費用在管理當局嚴格控制下，與 2009 年度差異不大，另因營業收入大幅成長，故銷管理費用佔營業收入比例均較往年為低，約為 6.27%。

表 8-2　各科目的增加率

（本期對上一期比）

銷售額	114%
製造成本	104%
營業費用	132%
營業外收支	115%
純利潤	77%

表 8-3　成本結構比率

	本期	上一期
材料費	64%	61%
勞務費	5%	6%
製造經費	6%	8%
營業費用	25%	25%

　　再以立頓機械工廠的診斷案例而言，首先是掌握本期與上期的各項費用數據，加以比對，根據表 10-2，本期銷售額為 114%，比上期增加 14%，但是本期利潤卻只佔上期 77%，奇怪！銷售額增加而利潤卻下跌。再分析本期製造成本 104%，也是只有比上期增加 4%，結果查到主因是營業項目暴增，本期比率佔上期 132%，增加達 32%；而營業外收支，因為增加「利息貼現費用」，故比上期增加 15%，綜合而言，到最後利潤反而比上期減少 23%。

　　可看出在製造成本中，儘管材料費的比率增加 3%，但可通過減少勞務費和製造費用來加以彌補。這代表已進行了合理化生產。在製造經費中，燃料費明顯減少（儘管生產增加了，但燃料費卻為 62%，這是由於改善了熱能利用），此即代表材料費和營業費用率的增加。

　　根據上述結果可知，與生產比較，還是營業有問題。該公司本期推行積極的銷售政策求得了銷售額的增加，但同時營業費用也增加，因此收益率反而下降。關於此點，今後要提高警惕，繼續觀察業務發展的情形。

第 *9* 章

重要的商品企劃工作

一、產品定位要成功

由於沒有一個產品可以滿足所有市場上的客戶，故產品定位的意義，就是將本產品品牌定位在具有先天競爭優勢的地帶內，借著此「產品定位」可輕易告知客戶本產品與競爭品牌的差異性，從而獲得市場認知和樹立企業形象。

作者發覺「定位」觀念，相當重要，不僅「產品要定位」，使其在目標市場中為取得理想的市場，具有明確的定位，而且企業也要有定位，才能夠生產出適銷對路的產品，使企業不斷發展。

企業經過妥當的規劃，接著是尋求適當的「產品定位」，繼而找到該產品的「市場定位」，使其不僅符合廠商的期許，而且可使消費者接受，否則所謂「市場定位」，將只是廠商一廂情願的想法。

在實務動作上，「定位」過程應由產品本身開始，要先產生出「產品定位」，其次，才創造出這個產品在市場上的「市場定位」，市場定位成功後，經過若干時間，社會上便會對擁有此「產品」的企業，形成「企業認知」。

由於沒有一個產品可以滿足所有市場上的客戶，故產品定位的意義，就是將本產品品牌定位在具有先天競爭優勢的地帶內，借著此「產

品定位」，可輕易的告知客戶與競爭品牌之差異性。

產品要定位，商店也要定位。例如「屈臣氏商店」是定位在專為18歲～30歲左右年輕女性服務的專用商店；而各國產品給予一般人上的聯想，德國產品會聯想到「工程水準」（engineering），義大利產品則會聯想到「流行」（fashion），日本產品則是「品質」（quality）。

產品的關鍵是「定位」，然而，一旦「定位」之後，是否高枕無憂了呢？企業將「產品定位」之後，由於種種因素，仍然有必要考慮產品的重新定位。

當競爭層面變化、原先定位錯誤、消費偏好轉移、公司經營策略改變等種種異動時，企業為求生存，必須儘快進行「產品重新定位」策略。

例如，「蘋果」以往為探望病人必備帶之水果，如今隨著所得提高，水果種類過多的影響下，要將「蘋果」重新定位為「健康水果」，每日吃一粒蘋果，常保身體健康。

又例如「腳踏車」，以往為交通工具，如今機車、汽車滿街跑，甚少人會因為「交通」理由而購買腳踏車，因此，廠商有必要重新定位，將其重新定位為「休閒器材」之產品。產品的重新定位，其策略有：

1. 將產品重新定位在新的用途上。

2. 針對新的客戶群進行重新定位。

3. 針對原有的客戶群，但改變「產品定位」，以新的定位加以出現。

例如「仙桃牌通乳丸」原本是產後婦女的哺育通乳的藥品，但是在婦女不喜歡用「母乳育兒的情況下，而改用牛奶育兒」後，該產品的銷路就大跌。對該公司的產品診斷後重新轉化定位為「健美的胸

部，令人傾羨」是個成功的案例。

產品定位的方法，要適當的區隔產品特性，其方法有下列幾種：

1. 以產品屬性類別來區分，以產品的屬性、特色或顧客追求的效益來定位。例如冷氣機可定位在「靜音」或「省電」上。

2. 以價格與品質的高低來定位。

3. 以產品的用途來定位。例如腳踏車可定位為「交通工具」或「休閒器材」。

4. 以產品使用者的身分區別來定位。例如汽車可定位為「上班族」用。洗髮精可定位為「嬰兒」使用。

5. 以產品群的相對性來定位，例如將品牌定位為「通訊」產品，而非僅「電話」產品。如「長榮」定位為「交通運輸」產品，而非僅「航運」或「空運」。

6. 以競爭廠商的相對性來定位。例如，美國漢堡業之「漢堡王」將自己定位為與「麥當勞」、「溫娣」同級，租車業「艾維思」定位為與「赫茲」同級。

產品欲尋求商品利益，必須嚴謹的調查分析，設法將商品概念，藉著產品定位、對象設定，在目標市場區隔與消費者心目中，建立良好產品形象，以從事市場活動。

二、產品差別化與市場區隔化

作者最近一連處理了幾個輔導案件，都是商品價格競爭的惡例，內心頗有感觸。企業要想獲利，必須要有全盤的商品戰略規劃，使自身產品與競爭者有所差別，強化本身的特色；另一方面，所進攻市場的是經過篩選後市場，是區隔化的市場。只有這樣，才能使你的產品取得最大優勢。

行銷理論甚多，吸收後仍需加以徹底融會貫通，才能轉化為各行各業所使用，在開始即抱待排斥態度或是全盤皆引用，均非上策，筆者經營的企業顧問公司，志在輔導中小企業，積多年經驗，深感這個「兩化策略」(產品差別化與市場區隔化)功效大，對公司影響很大，希望能對讀者有所啟發。不管是有形的「產品」，或是服務業所提供的「服務」，經營者都要設法差別化，與競爭者有所差別，強化本身的特色，突出本身產品或品牌；另一方面，所進攻的市場是經過篩選的利基市場，此區隔化的市場，使得你的產品(或企業)，在此贏得最大的優勢。

筆者所提出的「兩化作戰」(產品差別化與市場區隔化)，說明如下：

(一)產品差別化

為加強產品(服務)競爭力，配合客戶的需求。刻意塑造本身產品的特性，使產品獨創一格，以便吸引客戶的興趣或采購慾望。

為與競爭者有所區別，設法塑造商品特性。根據 USP 理論基礎，商品可分為如下三種：

⑴具有獨特優點：在行銷上不會有太大的問題。

⑵雖具有特長，但與競爭品相似(或讓消費者視為同一類商品)，要設法將特點明顯化，令消費者容易辯認。

⑶毫無特點的商品，設法考慮改良商品。商品根本無法改良時，設法用人為力量，造成與眾不同。

(二)市場區隔化

由於「沒有一個產品可以滿足所有的客戶」，再加上市場競爭的激烈，企業必有針對某個目標市場而集中火力加以攻擊。

　　所謂「市場區隔化」將整個市場細分化,然後針對此細分後的目標市場的特殊需求情形,設計合適商品,采用適當而又有效的推廣方法,使產品能夠順利流到消費者手中,發揮滿足其欲求的效果。它的好處是:

⑴易於發掘和比較行銷機會。

⑵更有效的分配行銷資源。

⑶更正確的應付市場需求的變化。

　　例如女性的內衣產品,三個廠商均鎖定不同的市場區隔,1869 年黛安芬胸罩來臺灣公司銷售,分析市場競爭形勢後,產品訴求與廣告對象為「都市內嚮往西方的女性」。1971 年的高價品牌華歌爾相繼來臺灣推銷,為避免競爭,實行市場區劃隔,將目標市場對準「都市裏嚮往東方美的女性」,彼此井水不犯河水,銷售業績均不錯。1977 年的天人胸罩加入角逐,在戰略上強調「無線胸罩,天人第一」,此時風氣尚未十分開放,有縫與否,對消費者的使用心理缺乏利益感,不如「穿上黛安芬,可以感受的西方美」,由於市場時機未成熟與目標市場未足穩,在銷售上與各廠牌均產生衝突,花甚多廣告費仍使銷售成績平平。另外有媚登峰品牌,產品銷售對象特殊,產品花俏,產品定價更高,目標市場雖狹小,但因為沒有競爭,利益卻頗高。此三品牌均在各自的市場區隔中,均有所獲。

　　又例如臺灣的牙膏市場,「黑人牙膏」數年來在市場已佔領強大而且忠誠度高的市場佔有率,各新推出品牌均無法動搖此地位。

　　一家代理日本特殊功能的牙膏代理商,即從另一個「區隔市場」著手,分別鎖定七種不同功能的特殊牙膏:防口臭專用,抽煙、吃檳榔專用,牙床易出血專用,牙週病專用,防牙齦出血專用,飲用冷食物牙齒酸痛者專用,去除牙垢專用。並借牙醫師的直接推廣,向消費者直接推銷。

三、有效地進行商品企劃工作

　　商品企劃佔重要地位，它幾乎影響到企業的獲利高低，如何應付競爭態勢，採取有效策略推出更有利的新商品，將決定公司走向繁榮或衰敗。

　　在消費性產品的產業裏，商品企劃佔重要地位，它幾乎影響到企業的獲利高低。商品企劃部門對商品企劃的重要性。

　　在生產導向時代，市場呈現需求強烈，「如何擴大產能，提升生產量」均為經營者所關心的話題，如今市場競爭激烈，商品壽命週期短，同樣性高，每天均有為數眾多商品投入角逐，不適應時代的舊商品(或新商品)將遲早會退出，市場早已進入錯綜複雜的行銷時代，濫於新商品對企業的重要性，我曾在對公司高階主管的研討會提出預言若有下列失誤，會將公司引入衰敗甚至退出市場的難堪地步。

　　1. 不積極從事新產品的開發；

　　2. 不肯為新產品開拓市場；

　　3. 不想新方法推廣產品；

　　4. 不能配合顧客的新需求。

　　在競爭激烈的市場裏，廠商早已體會出新商品對企業發展的重要性，甚至零售商也感受到若店內無陳列配合顧客新需求的商品(或服務)，遲早也會被消費者所遺棄。在動盪的環境中，推出「強而有力的新商品」是企業克敵致勝的關鍵武器，因此「企管業者要推出更有號召力的訓練課程」、「商店要陳列更具魅力、商品要掌握到客戶的需求」、「家電進口業要引進新商品，造成系列化全商品線銷售」、「通信業掌握電信局開放行動，要推出更方便的行動電話」、「量販店要以齊全貨色吸引客戶駕車前往購買，擴大商圈影響力」等等，隨處均可看

到成功企業的特質「主動積極的推動新商品上市,強而有力的商品,若搭配具號召力的大型展覽會,效果會一炮而紅。」

總之,市場競爭激烈,外界環境無時無刻在變化,你如何應付競爭態勢,採取有效策略,推出更有利的新商品,將決定公司走向繁榮或衰敗。

商品企劃部門所從事的工作,就是以商品企劃為核心,而商品企劃工作是指處理產品之相關事務,包括從誕生至報廢的各種企劃工作,包括有:「改良舊產品」、「開拓舊產品的新用途」、「剔除舊產品」、「開發新產品」。

1.改良舊產品

由於消費者之需要是否獲得充分滿足,必須依賴多種產品或服務之配合,故從事產品改良工作,必須先透過「產品消費過程分析之觀念」。例如:只有洗衣機並不能解決洗衣問題;首先家庭主婦對於洗淨衣服須先加以分類,以便根據不同衣物質料選擇水流之強度、溫度加入適當洗潔劑、漂白劑,於適當時間啟動洗衣開關,然後還要經過烘乾、燙平、折疊等步驟,才算完成任務。一完整過程,稱為「產品消費過程」。若產品在「產品消費過程」中能擔負起較多的功能,必會受消費者之喜愛。

針對消費狀況與實際使用分析,對舊產品加以改良,如「淡一點的茶」、「淡一點的酒」、「低熱量的食物」等。

2.開拓舊產品的新用途

隨著市場消費或社會文化的改變,舊產品必須以新面貌出現或賦以新意義,以持續銷售局面。

⑴開拓舊產品的新用途:腳踏車在運輸功能遭到機車之取代後,以「運動健身器材」角色重新出現市場。

⑵增加使用者:例如由家庭共用一瓶洗髮精,轉而推出目標訴求

對象強烈的少女專用「開心洗髮精」。

(3)激勵消費者多用(或常用)：奶粉業者聯盟廣告，推出「每天早晚一杯牛奶，永保身體健康」，擴大消費量。

(4)開發消費者的產品暗示意義：將傳統式肥皂的外觀造型，由長方形改為圓形或彎曲形狀，其在性意識的象徵意義，可能立即超過產品的經濟功能性。

3.開發新產品

以企業立場而言，只要為該公司首次生產或銷售的產品，即稱為新產品。

新產品必須評估因產品、市場、技術之差異性，以及不同的競爭對手，而分別採取有效的行銷策略。

4.剔除舊產品

根據市場反應、企業戰略，剔除舊產品的方式有「計劃性的陳舊」與「被動的剔除舊產品」兩種。

(1)被動的剔除舊產品：銷售不順的舊產品，不僅破壞公司形象，且常花費過高的促銷成本，削弱盈利力，且佔用企業資源的有效運用，故應將其剔除。經過評估後，面臨產品廢棄之局面時，企業本身應有完善的剔除舊產品的時程安排計畫。

(2)計劃性的陳舊：產品技術創新(INNOVATION)的真正改善，因而帶來產品陳舊化或是在產品的款式、造型、色彩或設計上加些花招，以訴諸「炫耀跨富」、「喜新厭舊」的慾望，計劃性的將產品推陳出新，以刺激銷售。可分四類：

①功能性的陳舊：由於生產技術的創新發明，新產品比以往更佳。如無霜冰箱取代有霜冰箱。

②遲延性的陳舊：顧慮現有產品的存貨數量，與市場需求仍然存在，故將新產品推出加以遲延，視反應再適時推出以刺激市場潛量。

③實體性的陳舊：產品在設計之初，即已算妥，使用壽命沒有到期自然損耗報廢，而產生再購買行動。

④流行的陳舊：利用心理因素，製造流行趨勢，產生追求時髦心理而購買，流行一過，此產品雖完好如新，仍具效用，卻因「不流行」而廢棄。

四、為什麼商品會暢銷

企業的競爭力取決於商品力的強弱，提升商品力的關鍵在於瞭解商品暢銷源由。「意見法」和「著眼法」是經商高手成功的最大原因和秘決。

企業必須確保企業具有競爭力，才能在競爭激烈的環境中得以生存。我擔任企業顧問 20 多年，常一再對企業經營者強調：「經營企業是一件很殘酷、很現實的事情，稍微不努力，企業就會倒閉，員工也會離你遠去……」

企業的競爭力，絕大部份是依賴「商品力」，商品力的強弱，決定著企業競爭力的強弱，甚至決定著企業的存亡。

經營者(或部門主管)必須視「商品力」為經營重點，而提高商品力的關鍵在於「你是否瞭解為什麼商品會暢銷呢？」

日本販賣專家伊吹卓曾對數百企業的暢銷品、滯銷品加以深入研究，企圖找出滯銷品的商品病源，在累積二十年的經驗之後，發現一個現象「商品病是人造成的」，他認為商品之滯銷時，往往會將注意力集中在商品上，然而事實上造成商品病的卻應該是「人」；經過不斷思考，他獲得一項重要結論，「在治療商品病人之前，應該先治療開發該商品的人」，他發現賣不出去的並不只是商品、店鋪、經營者，即使廣告都有同樣的現象發生，一旦發生滯銷表示必定有問題存在，而這問

題一定是人造成的，如果繞開人為因素不談，則問題永遠無法解決。

　　究竟要如何才能預知商品是否能賣得出去呢？如何去掌握「這樣就能賣出去」的訣竅呢？在研究精明商人的成功之道後，他無意中發現「意見法」和「著眼法」這兩種觀念是經商高手成功的最大原因，因此他在各種演講機會都強調上述二種方法。

　　意見法：詳細地聽取對方的意見，並坦然地加以檢討、改善。

　　著眼法：養成觀察並學習他人優點的習慣，如此定能廣受歡迎。

　　⑴就商品而言，如果經常注意「暢銷品」的特色、優點，並加以學習，注意客產的抱怨，並加以改進，就一定能推出「暢銷商品」。

　　⑵就經營者而言，平常多觀察銷售良好的經營者或店員，並學習他們的優點；注意經營不佳的企業的問題，謹慎地加以避免，如此定能成為優秀的經營者。

　　⑶就店鋪而言，經常觀摩制人經營店鋪的方法，不論是生意鼎盛或生意欠佳之店鋪，均分析瞭解二者的經營特色，則生意必然興隆。

1. 意見法

　　擅長經商的人都能非常有耐性地聽取顧客的意見。松下幸之助常對員工說：「如果挨了顧客的罵，一定要報告」，有一次松下聽到經銷商批評之後，他立即親自去拜訪該名批發商，而後不僅使對方重拾對松下產品的信心，彼此還能成為交情深厚的好友。

　　大阪市某連鎖餐廳總經理每次一到分店就立刻動手洗餐盤，但他的主要目的不在洗盤子，因為每洗一個盤子，他就可以看到客人吃剩那些東西，瞭解到客人無聲的抱怨，「如何改善」的靈感。「請教客戶」的真正含意為「聽取客戶的意見並加以反省，仔細觀察客戶所購買的東西並加以學習」，而這種做法就等於是請教了客戶。

　　掌握顧客的不滿之處，是改善經營最有效的方法。上級領導者必須率先聽取顧客的不滿之情，並以身作則。即使業績已成長，領導者

對顧客的不滿仍然要付出高度的關心。采用意見法，並且多研究、改善、則業績必能提升。

2.著眼法

常聽到有些總經理說：「能不能暢銷，要賣了以後才知道」。這是非常錯誤的觀念，這種觀念會導致公司無法成功地開發出暢銷商品。

即使真的須賣了以後才能知道能否暢銷，那麼就不妨采用「試銷法」。另一種更巧妙的方法就是借取其他公司的銷售資料，這也就是著眼法。

當然，這類數據並沒有那麼容易獲取，因此若採用「著眼法」這套原始方法，就必須四處走動、親眼觀察，掌握市場的詳盡資料。

全國各企業所銷售的新產品多得不可勝數，這些商品中有許多已經失敗，也有少數商品推出後大為成功。如果能掌握這方面的市場情報，便可做為試銷的戰略情報。

銷售力強的企業有一項非常重要的共同點，那就是都曾經認真地思考過怎樣才能將商品賣出去的問題。最好的例子是一家時裝公司WORLD。在一般人的想法中，時裝可以說是一種完全無法預知何種款式，顏色……是否能賣得出去的商品。尤其是時裝公司愈大、產品愈多，就愈容易遭到退貨甚至倒閉，WORLD 就曾經遭遇過這種種難關。

然而，WORLD 一直不斷思考，最後他分析市場所有暢銷品之原因，瞭解消費者為何會購賣，給於掌握到只製造暢銷商品的秘決。

要瞭解顧客，並且掌握顧客的心並不難，你只要認真傾聽顧客的埋怨，就可以瞭解他們的需求(意見法)，而認真地觀察暢銷的店、商品、公司、業務員，就能知道顧客需要什麼(著眼法)。

只要實施「意見法」和「著眼法」，就可以穩穩地掌握住顧客的心理。

五、鞏固老客戶

從事產品買賣或是提供服務的各行各業，只要你沒辦法持續性的鞏固老客戶，誘使客戶一再前來消費，在公司的經營上，其實已埋下了未來失敗的種子了。鞏固老客戶，不只可以確保你的業績，也可利用「老客戶的口碑」，來帶動更多的業績。

企業行銷的目標之一，在於開拓客戶，為達到此目的，企業花盡心思，盡用資源，為求推銷順利，早日開發客戶成功。

然而，企業常忽略「客戶會流失」，流失的代價，若妥當計算，會令企業經營者嚇一跳，因為努力開發這些客戶，企業花費了相當的代價，僅僅因為不小心維護而流失。

我在「如何鞏固老客戶」的 12 小時企管培訓班上，對各行業的老總加以強調，努力開發新客戶時，不要疏忽了對老客戶的維護。

1. 鞏固老客戶的重要性

從事產品買賣或提供服務的各行各業，若無法持續性的鞏固老客戶，誘使客戶一再前來消費，其實，在公司的經營上，早已經埋下未來失敗的伏筆了。

買賣業的「新購」之外，另有老客戶「續購」；服務業的「第一次成交」，另有「持續性的交易」；都是在強調後續的不斷往來交易。

以「有形產品」的買賣業為例，以往經銷店銷售純靠「守株待兔」的「店面銷售」法，由於「訪問推銷」已逐漸增加，此種靜候客戶上門挑的「守株待兔」法，已不合潮流。

分析客戶的購買型態，可分為第一次「初購、新購」，以後的「續購」，而「續購」又可根據消費狀況而區分為「換購」（淘汰換舊品的續購）與「增購」（增加一台的續購）：

圖 9-1　客戶購買形態

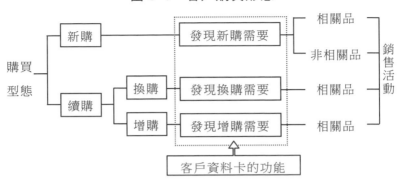

因此，鼓勵「客戶」頻至經銷店「購買」產品，以增加業績，應計劃性的主動發掘客戶需求，加強客戶滿意度，提高客戶忠實度著手，才能使其一再想光臨商店，持續性的購買產品。客戶卡的建立，是掌握客戶的最佳工具，在實際上，各企業可從本身行業、產品特性加以考慮，客戶卡的「客戶」定義為何？是已成交客戶或老客戶或潛在客戶，甚至某些行業，還將「潛在客戶」的素質區分為 A 級、B 級、C 級客戶，以顏色卡加以明顯區分。

將客戶(老客產、準客戶)之各項數據科學化地加以記錄、保存，並分析、整理、應用，藉以鞏固與客戶間之關係，促使訪問機會增加，製造適合推銷之時機，以開創業績。

2.加強客戶服務

平時的各種交易活動與服務機會，都要加強服務績效；為了鞏固老客戶起見，更執行有計劃的耕耘活動。

(1)計劃性活動

①每個月設定重點商品，由客戶數據卡中挑出可能之成交客戶。

②設定重點商圈，以地毯式方式徹底設法使商圈內的住戶都成為顧客。

③設定嚴密的訪問計畫，並檢討訪問次序、訪問日期、訪問時間，作有效而徹底的拜訪。

④淡季或較閒時應多加分析客戶卡，創造需要。

⑤每月應檢核卡片的增加張數。

(2)親切的訪問活動

①突然地進行推銷工作，會讓對方有抗拒心理，故先不進行推銷工作，只要進行日常客戶進行訪問活動，就有可能達到訪問推銷的目的。

②針對準客戶進行訪問工作，目的為：

· 針對顧客新購買之商品給與服務。

· 指導產品的正確使用方法。

· 商品的詳細檢查，保養狀況。

3.善用推銷機會

平時與客戶維持好關係，就會創造出許多的銷售機會，例如：

(1)日常訪問或是送貨、收款、服務，都是進行訪問客戶的最佳機會。

(2)新產品的介紹、展示會、大拍賣的招待。

(3)曾經來買過商品的顧客，即可以服務檢查的名義前往拜訪。

(4)利用詢問對於店裏的修理服務狀況的評價的機會。

(5)以對商品保有狀況的問卷調查為名義拜訪。

(6)藉其家人的慶生、入學或結婚等的祝賀時機前往訪問。

(7)對於承購商品的客戶寄出謝函：

例如商店的經營，對承購商品顧客區分為「剛賣出後」、「一個月後」、「一年後」，共三次寄送書面感謝函，並指導如何使用與簡易保養方法。

又例如汽車廠商汽車推銷為加強與客戶之聯絡，在交車後1個月

內、第 3、6、10、18、30、42 個月，各給予客戶不同的 DM 卡，提醒應注意的汽車保養服務事項。

在每年 8 月各級學校入學考試放榜後，即針對顧客子女上榜者，寄上一封祝金榜提名的賀卡，並趁機推介最適合學生賀禮的各型收答錄機。

配合客戶雙親慶祝 60 或 70 大壽時，寄上賀卡，順便推銷電動按摩椅、電子血壓器等保健用品。

更具有強大威力的鞏固客戶方法，是作者所獲獨創的「會員制行銷手法」。此手法可分為「公開授課班」與「企業內部輔導班」兩種，此法在大陸演講多年，並實際協助企業架設此行銷機制獲得良好的反響！

鞏固你的客戶群，不只可以確保你的業績，更可以利用「老客戶的口碑」來帶動更多的業績。

將你的客戶群加以組織，或是將同質性的客戶加以組織在一起，形成「會員式」組織，是鞏固客戶最好的方法。

推銷上所謂 AIKBA 原則「A」是注意，「I」是興趣，「D」是慾望，「B」是信心，「A」是決定購買。通常靠電視、報紙等傳播工具時，可引起消費者注意，惟進一步使消費者發生興趣，激起購買慾望，所以消費者的口頭宣傳最為有效，尤其在比較階段，老顧客從旁贊從，收效更大。

消費者常基於共同興趣，而對某一品牌或商店有認同感，藉以表示自己的社會地位、身分與經驗，故應尋求此類型的客戶，並加以有計劃的組織，接受企業的掌握和管理，以便連鎖反應，產生更多的客戶。采用「會員式」組織，將客戶有組織，有系統的聚合在一起，並提供種種服務，以提升客戶的忠誠度，來鞏固客戶。鞏固客戶的方法有多種，例如：

①友會制度：募捐會員，提供特殊性的服務，如烹調研習會、美容化妝教室。此種制度的功用除固定顧客外，應可培養意見指導者。

②顧客登記制度：將現有的顧客或有可能惠顧的顧客登記於帳本，每逢有宣傳節日、展覽會、拍賣會，便將有關資料、招待券或優待券立即寄送，藉以建立關係。

③卡券制度：對於特定老客戶，可贈送記名的購物卡片或證件，憑以記賬購買物品，亦可現金折扣優待。

④會員制度：對於特定會員(客戶)提供特定銷售服務的制度。

百貨公司的「文化教室」就是鞏固老客戶的方法之一。

為服務老顧客，百貨公司最近均流行舉辦「文化教室」，常見的教授項目有烹飪、插花、美容、剪紙藝術、皮雕、陶瓷創作、指壓等課程，甚至針對某些階層專門課程，如「上班族化妝術」，由於收費低廉，又可習得一技之長，故普遍受到大眾歡迎。

六、化客戶抱怨為「企業財富」

商品開發策略是以客戶為主體，深入進行消費分析，推出暢銷商品，除了要有超乎常人，堅強的商品開發信念外，還要設法瞭解消費者，掌握消費動態，推出暢銷品，確保企業長青。

常在企管培訓班對學員強調：「客戶的抱怨，要重視，它蘊含著財富與寶藏……」客戶有抱怨，處理不好，導致退貨，索賠，客戶離去；處理得當，企業得益，該客戶反而變成「忠誠客戶」。換言之，客戶的抱怨裏，其實隱藏著許多商機。

商品開發策略是注重消費動態，以客戶為主體，深入進行消費分析，借真正滿足消費者慾望，來開發暢銷品。

開發暢銷商品的創意著眼點，首先要注意到「消費者不滿意的心

聲」。當消費者對商品使用不滿意，或使用方式超過企業研發單位的想像之外，而使用得商品效益無法充分發揮時，必然會提出不滿意的抗議。此類「抗議」或「不滿意」的心聲，常令業務部門大傷腦筋，往往認為對方是在「故意搗蛋」而采取不理睬或敬而遠之的態度，其實企業此舉正在「推出發財機會」！當遭逢客戶不滿意的抗議時，我們不妨以另一種積極心態來思考，將此視為「提供一個商品改良的創意」，傾聽客戶的寶貴意見，不只作好商品售後服務，固定客戶層，更可以借此機會來瞭解用戶到底對此商品需要什麼效益。當聽到「不滿意的心聲」時，建議你用寬闊的心胸來包容這種「看法」，不要馬上加以否定，而是以更積極的態度來思考「如何才能消除他的不滿」！

在我的經驗中，企業解決客戶不滿的作法內，事實上早已穩藏著暢銷品的因素，對商品的開發有極大的關係，客戶在抱怨商品時，是當作「頭痛時間」或「發財契機」，全取決於你的應對心態。

熨衣服的上班族必然會瞭解到，早期當你在熨衣板操作「電熨斗」時，常被熨斗的電線拉扯而精神不寧，我們早就知道沒有電線的熨斗使用更方便，但是「沒有電線的熨斗」一直沒有推出。

直到有心的研究開發人員針對熨斗進行改良，深入瞭解用戶的抱怨，才有了「無線熨斗」。

由於熨斗必須一次貯存很多熱能來熨平衣服而限制了下一步，采用「無線」設計有其先天困難度，但在分析消費者的使用型態，瞭解到使用者大都有「操作 30 秒休息 15 秒的習慣」，因此開發人員想出在「休息時間予以充足供應電量」之方法，成功的開發出無線電熨斗的暢銷商品。

事實上，不只如此，用戶在聽音響的耳機，也有「無線化」改變，各種商品均有「無線化」趨勢。

想要推出暢銷商品，除了要有超乎常人、堅強的商品開發信念

外，其實也有簡易具體可行的方法——設法瞭解消費者，實地深入瞭解用戶的使用方法，用戶的使用場所、使用的時間、對商品不滿意的地方等，例如臺灣最近業績突出的金車飲料，老闆為捉住消費者口味，就會在深夜在臺北的統領商圈一帶，實地觀察垃圾箱各品牌易開罐垃圾的數量，以瞭解年青的最新的消費趨勢。

　　如果各位仔細思考，會發現現代主婦買菜時間愈來愈短，造成冰箱容量愈來愈大，但在寸土寸金的都市，容量大的冰箱在狹窄的公寓房子內，一打開單門電冰箱便會碰到附近的物品或牆壁，產生「取用不便」的問題。

　　為了解決這問題，才開發出左右具開的雙門式電冰箱，上市後在都市內造成暢銷風潮，這又是一個「解決消費者不方便」而推出暢銷品的成功案例。

　　透過瞭解用戶的不滿，以開發新商品，也要體會時代的變遷所造成的影響，例如以往洗衣服都在白天（尤其天氣晴朗時），如今由於工業化、都市化、小家庭化的影響下，愈來愈多家庭是在晚間洗衣服（尤其是雙薪家庭的女性上班族），此舉對企業界而言蘊含著何種「發財契機」呢？以往洗衣機均強調「洗淨力強」、「不打結」、「機體不生鏽、不敗裂」等功能，但如今上班主婦為了利用晚間洗衣以節約時間，為了安寧不吵及家人與鄰居，內心的需求就轉為「如何在夜間洗衣而不吵到別人」一台輕聲、不吵人的洗衣機，不必顧慮鄰居安寧，可安心地洗衣服，就是此類商品最大的滿足。

　　因此，廠商開發出「超靜音洗衣機」，提出創造消費者豐富生活的提案，這又是一個暢銷品的開發案例。

　　簡言之，「發明是 99%靠努力，只有 1%是靠靈感」。這句話對行銷人員也正意味著，只要各位流著汗水努力從事消費調查，掌握消費動態，必可推出暢銷品，確保企業長青，得到完美的成果。

　　當客戶有抱怨時，如何處理呢？將客戶抱怨想像為一個輕氣球，開始時它尚未充氣，所以很容易地可以放入你的口袋，但只要它充滿了空氣(或憤怒)它就不再能夠放入你的口袋中。

　　讓它爆炸，任其掉入萬劫不覆的深淵中，以後再也不會擁有該氣球(或顧客，但也許顧客從此與你終止交往的關係，或者你能夠讓它隨風而去到處飄蕩直到無風無息)。

　　其實最好的方法是慢慢地將空氣趕出氣球，隨時注意抓牢，直到它已完全地洩完氣並且回到你口袋中。

　　當你正處理抱怨時，必須「心存解決問題」，不要對客戶談及你不能做的而是告訴他你將要去做的。當某些行動已經開始，假設有某些事情已經破裂，不要爭論誰將要為它付費，你可以先離開那裏，再仔細審視該件事後再憂慮錢的事不遲，你要顯示給顧客看的是你多麼關心他的問題及為了盡快讓此事順利解決，你是如何地急切、如何的努力。

　　當你傾聽抱怨的時候，你是在擁有它，並意味著你不會將它推到別人身上，它是你的責任，你的問題，以及你必須針對它找到解決方案。

　　調查顯示，每一位不滿意的顧客會將他的感受告訴 13 個人，而每一位滿意的顧客他只告訴 3 個人而已。此意味著「將抱怨排除」須列為第一優先，正如一位滿意的顧客也常常有過「抱怨處理」的歷程，但今天他們「的的確確」是我們的好顧客。

　　一個有抱怨的顧客就好像有濃腫的一顆牙齒一般，假如你將它拔除或投以抗生素治療，很快的這問題就迎刃而解。但假若你將它置之不理，痛苦會漸漸擴大甚至毒性將致你於死地。同時地謠言會被不滿意的顧客所散佈開來，終使你的生意(事業)無法繼續經營。所以掌握抱怨及處理抱怨是一件刻不容緩的工作。

有時候抱怨的發生只因顧客不再覺得他受到「好的對待」，研究顯示為何 68%的顧客改變供應商的原因根本就無關於產品或服務的品質，只因顧客覺得「這公司似乎不關心我，也不和我溝通，我好像是被認為是『理所當然』，一定會買的顧客一般」。抱怨者第一件事就是去尋找一位有感情的傾聽者。

你掌握不快樂顧客的方法不應被看出來，是「將他們視為一分離出來的問題區」？千萬不能設立所謂「抱怨處理部門」，因為如此，正好告訴你的顧客你有成千的抱怨者。事實上，每一個人都能有效地掌握某一抱怨，掌握抱怨的步驟也應記錄下來，處理情況也應該清楚明白的報告出來並建立起反應回饋處理系統。

有一位電話行銷小姐，她有一種很好化解抱怨的方法。每當一抱怨電話響起她總會說「給我你的電話號碼，我好打回給你，如此你可免付電話費」，這顧客驚訝地給了她電話號碼，並且她也立即回電給她。

即使在這之前她已聽過此抱怨，但她身聽力行，證明了此事之重要性，同時無形中她也化干戈為玉帛了。

在處理抱怨的方式以及公司內對待顧客的方式上，此時你的「一字一句」均是十分重要。「掌握顧客抱怨」它顯示了抱怨的正面意義，並非只是一問題而已，反而是一種機會點，處理得當，顧客的抱怨可能就是獲利良機，你的銷售業績更可添上一筆。

顧客滿意，事業更有利使用一個具體的格式來填寫抱怨事項，是一個很好的觀念，但是，切記它須由公司業務代表(或主管)填寫而非由顧客來填寫。一位憤怒的顧客想要去寫出一大堆抱怨字句，將是他對公司所做的最後一件事。給你所有業務代表們一些「填寫抱怨」的表格，並對每位業務代表所提出的每一案例依路線別賦予編號，如此你就能夠用來分析他們所處理抱怨的數目了。如此將有助於你認定你

的代表們那位是化解抱怨的高手，以及誰是熱心地一直想把事情做的圓滿，甚至於它也將告訴你是否有某些人對曾經有過的抱怨而從不提，從不認為它有何重要。

　　若此，你除了可以掌握顧客抱怨外，您可能由此發現您的業務人員的良劣，並作為考核獎懲的依據，至此，相信「顧客更滿意，事業更有利」的目標將能順利達成。

　　　憲業企管顧問公司專門出版各種實務的企業管理圖書，幫助企業解決各種經營難題，各圖書名稱詳細資料，請參考本書末頁。
　　　或是直接上網查詢：www.bookstore99.com

員工五個人，平均每人薪水 3 萬元，則「每個月的人事費用是 15 萬元」，這是一個極大的錯誤想法。

第 *10* 章

檢討人事費用高低

員工五個人，平均每人薪水 3 萬元，則「每個月的人事費用是 15 萬元」，這是一個極大的錯誤想法。

一、企業的「用人費」究竟有多少

員工五個人，平均每人薪水 3 萬元，則「每個月的人事費用是 15 萬元」，這是一個極大的錯誤想法。

人事費用絕不是津貼、獎金的合計總額。人事費用包括項目項多，例如：法定福利費（社會保險費中，企業所負擔的金額），退休金（一次付完的退休金、退休年金、退休準備金等個金額），實物津貼（企業所負擔的伙食費、房租等），非法定福利費（休假費、福利設施的維護管理費、服裝費、喜慶喪葬費、慰問金、衛生費等），其他（團體保險繳納的錢、招募工作人員費用、教育訓練費等）。如果把每月的工資、津貼、獎金合計起來，人事費用可以達到一年內分所有薪資所得的 1.6～2.0 倍。所以，不要忘記，員工如果一個月領 3 萬元，其實是平均每個月至少要付出 3 萬元的 1.6 倍至 2 倍，更進一步說，如果 5%的調薪，正意味著要增加 8%～10%的人事費用。這就是要提高工作生產率的原因。

人事費用的項目有多種，究竟僱用一個人的總成本有多少呢？根據日本工作者的調查，就該調查來看，如將規定時間內薪資訂為 100，則包括加班津貼及獎金在內之現金給與總額是 144，也就是約 1.44 倍。更以包含福利費在內之總成本來講則是 169，約為 1.7 倍。

由此推算，如規定工作時間內薪資為 1 萬元，平均一個人用人費就是 1.7 萬元。

二、用人費比率

在診斷企業的績效，我們常將企業的「營業收入額」與「人事費用」相比，作為判斷數據，也就是說，銷貨額的人事費用比率為銷貨額該期經營所支付的人事費所得的比率，用來判斷人事費用的高低。

例如上年度人事費用項目總額，合計 800 萬元。而銷貨額扣除退貨，折讓等，合計銷貨 1600 萬元，則該比率為 50%以「每人平均為單位」所計算出來的數值，簡單易行，常被使用，但常忽略了「員工」在素質上的差異。

此外，人員的「數量」因素，必須考慮到時間長短。是以一個人一個人來計算營業額的，而我們要注意的「1」這個數字。「1」雖然仍是 1，但關於人的成本即薪資，現在則是 5 年前的約 2.3 倍，與 10 年比較，則是約 4.6 倍。

所以，反過來說，現在平均一個人的薪資在 5 年前可以僱用 2.3 人，10 年前可僱用 4.6 人。同樣是「1」個人，10 年前與 10 年後，彼此是不同的。

對經營者來說，最關心的就是，投入了一大筆人事費用之後，希望知道能夠產生什麼樣的成果。也就是說，經營者希望知道，人事費對銷貨的倍數，因此，這種以「每人為平均單位」所計算出來的數值，

作為生產力的指標，是最常被用到的。

　　例如，在上年度，實績的人事費對銷貨倍數是五倍的話，在下一個年度，也可以預定此一倍數，由此一倍數可以預先計算出人事費的總額，然後可配合人事費的總額，要求所需要的銷貨收入。也就是制定出某一數值的銷貨收入，此一數值的銷貨收入對人事費總額而言，是必須達成的。

　　在診斷企業的經營績效，可使用「銷貨額對人事費用比率」作為改善的對策指標，例如：假定自己公司與其他同業 12 家公司作比較，平均值 11.7%，作此比較的話，馬上可以判斷出自己公司的營業額對用人費比率是 15.6%，高於平均值。

　　「每人平均人事費」所指的人事費，包括了董監事報酬、薪水、津貼、獎金、福利費、退職金、退休金等。每人平均人事費是表示薪資水準的指標，不過對大企業來說，即使包含了董監事報酬在內，也不會在數值上發生影響。因為大企業的從業人數非常龐大，對人事總費用而言，董監事報酬所佔的比率非常小。

　　每人平均人事費通常會逐年上升，為了不讓每人平均人事費對企業造成嚴重負擔，應同時檢討人平均銷貨收入及附加價值。除此之外，也應當重視每人平均人事費與工作分配率的關係。對企業而言，每人平均人事費必須逐年增加。

　　每人平均經常利益，是容易理解的一種指標，因此經常被用到。雖然依業種的不同而有不同，一般來說，大企業的經常利益，比中小企業來得大，業績優良的企業，比業績不良的企業，其經常利益也來得大。

表 10-1　營業額對用人費之比率表

公司名稱	營業額對用人費之比率
A	11.3%
B	15.2
C	9.8
D	16.8
E	10.0
F	10.5
G	9.7
H	14.6
I	17.3
J	8.0
K	8.8
L	8.5
12 家公司平均	11.7%
自己公司	15.6%

　　在企業的運作上，「用人費」是佔經費的大部份，因此，在控制經費時，勢必要對「用人費」加以留心。

　　雖說「用人費」是佔大部份，但在某些行業、產業，人事比率是偏低，例如「機械設備的折舊，佔大部份費用的設備產業」、「加油站」、「無人店鋪」等，可是從一般商業的推銷員與管理費來看，用人事所佔的比例很多，所以以用人費為中心看損益計算表形態的好壞，由於在經費中所佔的比例之高而論，是應當的。

　　企業的經營情形，能否負擔提高薪津能力也使人擔心，折舊雖說很多，但該設備已支付價款，現僅依照耐用年數撥出折舊費，不可能

再提高價格，但人事費須每年調整工資及獎金，如無法解決這些條件的企業，就無法繼續存活下去，故應該重視用人費。

銀行業為求「開源節流」，在衝刺業績下，也思考「如何降低成本」，一般而言，「人事費用」與「電腦硬體設備」是銀行最大的經營成本，過去各銀行的分行，在服務客戶的前提下，也多有四、五百坪的分行規模，行員人數也較多。然而在電腦化的作業趨勢下，目前正全力檢討，並縮短銀行作業流程，對於人員，則採遇缺不補或從內部人員職務調整代替，簡單業務工作，改由自動化機器加以服務。

三、要控制員工人數的成長

人事費用居高不下，而且持續往上增加，主因就是「用人過多」，造成人事費用龐大。因此，要控制龐大的人事費用支出，就要控制員工人數的成長。

人事費用居高不下，最常見原因是「人員眾多」，尤其是「生產力低落的冗員眾多」，為何會人員眾多呢？主要原因是缺乏「僱人就需要支付相對的金錢」的觀念，導致必要人員管理鬆懈，人員安插，任意而行。

企業若未建立良好的組織系統逐漸的增加許多「不必要的人員」。用人浮濫，缺乏職位分析，正確作法是先確定組織，定出工作職位，並研判工作項目，工作所需求之「人員」應具何能力？需求有幾人？再對外或對內徵聘。

企業未確立人員任用的許可權，大企業常見之缺失，「人員之使用」歸直屬主管之許可權，而「人員之任用」卻是歸人事部門主管之許可權，因而「人員任用」與「成本管制」連結意識低落，日本大企業尤其容易發生此弊端。

企業主管常有一個錯誤心態,認為「部門人員愈多,能表示該部門愈重要」,是一個足以誇耀之事情,因此「積極增加人員數目」,或是提報公司「本部門工作份量多,需要人員數目眾多」,此舉都會增加公司人員數目。

有效的管理,應是逐漸減少管理人員,將研究部門集中在一起(如總公司),工廠部門、銷售部門則專門負責生產與銷售,管理部門要專業化,而且減少人數。

一旦,管理策略有偏失,勢必逐漸人員數目,而且在初期看不出跡象,形成病態之後,已難以處置。

企業有一種錯誤假像,認為公司規模大就表示有成就,而且根基穩固,因此毫無憂患意識,久而久之形成安逸的心態,導致公司各方面管理逐漸僵化,經營態勢也在不知不覺當中由盛轉衰。

四、檢討用人費限度

人事費用之壓力,在各行各業均可看出,以「事務機器業」為例,可明顯看到。事務機器業的產品以傳真機、影印機為主,有高價位豪華機型、低價位陽春機型,以經營成本來區分,人事費用就佔 40%到 50%,幾乎和商品進口成本差不多。

目前許多企業所面臨的問題為用人費之急激增加,假如每年以 17%之幅度增加則約四年就要增加一倍,若以 15%計算五年就會變成倍數。故對用人費之上升拿不出對策的企業,難免要遭遇到淘汰。

筆者指導企業經營時,常碰到經營者抱怨:公司要求提高業績目標時,部屬會不加思考,馬上答覆「那我要求增加人手,要求增加廣告……」。雖然各公司有各獨立的企業經營體質,但是,經營者在用「道德勸說」部屬之下,本身必須瞭解「公司到底可以聘用多少人?」這

個問題，甚至於有些經營者本身也忽視它的重要性。

「公司到底可以聘用多少人」，其實就是所談的「用人費」，用人費支付的最大限度有多少呢？

首先，明白劃分出可歸納於「用人費」的項目，其次，掌握公司內各項財務數據，就可計算出「用人費的支付最大限度」，方法有許多種，例如損益平衡點，產品毛利率等。

「損益平衡點」，這個觀念相當重要，在作者的協助企業轉危為安時，第一步就是要求設法達到這個地步，無奈的是，經營者常追求於「可輕鬆獲利的業外收益」（稍一不慎，立刻變成「可輕易賠錢」），或者是整日埋頭苦幹，相當的忙(盲)，提不到經營重心。

一旦，計算出「損益平衡點」，即可繼續計算出「用人費的最大上限」與「適當的用人費」額度。

五、降低用人費的規劃

「用人費」的規劃與減少，在執行上必須正確的心態，要解決「用人費」的吸收策略，不要期待會有「阿司匹林」特效藥之效果，它必須點滴滴的努力，靠著全公司員工上下的綜合努力，有計劃的按步驟執行，「沒有憂患意識」或是「危急時才掘坑」，都會造成「後悔莫及」的悲慘地步。

造成「人事費用」居高不下之原因甚多，經營者必須在員工心態上加強「用人的成本意識」，例如「員工本身是否瞭解自己每天，每小時的用人成本呢？」、「本公司每個月的用人成本到底有多少呢？」讀者不妨問一問員工，他們是否有此數字概念呢？

在各人的工作崗位上，改善工作方法，節約材料，防止不良品的產品等，細心的努力之累積，都與吸收策略有關關聯，這一點要讓所

有員工都有共識，這是非常重要的，並且同心協力做最大的努力。為達成此目的，應促使 ZD 運動，QC 圈等小集團活動活潑化，而設定降低成本 10%或消滅不良品 100%等目標，使之成為全公司運動。也就是「不要由一、二人來思考研究或是只由人事單位來研究降低」，而應由「大家來想辦法」，這是很有必要的。

「用人費居高不下」或「面臨員工採取罷工」，其實都是企業沒有在平日點點滴滴累積努力成果，「冰凍三尺，非一日之寒」，要排除人事之困擾，必須日常累積努力。以「用人費居高不下」為例，若欲減少 10%用人費，必須區分時間，以 2 年時間，第一年減少 6%，第二年減少 4%，並且設定若干對策，加以執行。

並且，要時常明確地訂定經營計劃或用人費計劃，致力於收益性之貫徹作為推行這些措施之前題。

六、應有多少業務員呢？

一說到「適當的員工人數」，人們會立刻認為要「裁員」或「減薪」。但是，今後寧可以現有全體人員(現在的總人事費用)，盡力達到營業額和薪資的目標，既達成公司目標，也達成照顧員工之目的。

達成的手段、方法，第一是貫徹少而精的原則。應採取借著充分發揮能力和工作意願，使用最少的人員，獲取最大的成果。

第二是一人身兼數職，也就是以「工作豐富化」要同時身兼二職、三職來培育部屬，順利地運用合作、支持，也可提高效率，除一定的員工人數(必要的人員)外，應儘量減少。

第三是適才適所。找尋適當的人才，從很多職務、職場中找合適的位置，或者透過人才培育和週密計劃、分配，確實做到适才適所也是管理者的職責。

顧問師說明此案例，舉例說明，企業內的業務員人數應是多少人呢？

表 10-2　確定人數多少的例子

固定費用	變動費率	人事費用	利益額
200 萬元	70%	100 萬元	70 萬元

營業額目標＝（固定費＋必要利益）÷（1－變動費率）

適正的用人費支付限度＝用人費總額÷目標營業額×100%

營業額目標＝（200 萬元＋270 萬元）÷（1－0.7）＝900 萬

適正的用人費支付限度＝100 萬元÷900 萬元×100%＝11.1%

此 11.1%乃是為取得必要利益，所佔營業額的適正用人費限度，而其中是 100 萬元。最低限度所必要的辦事人員薪俸、勞工工資，這些金額假定為 50 萬元時，要計算「業務員應有多少人？」應扣除此部份之費用。

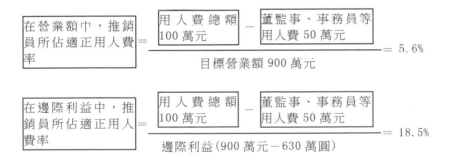

顯示營業額 900 萬元的時候，推銷員的適正用人費率為 5.6%，對於邊際利益 270 萬元來講，18.5%是適正用人費率。兩者用人費的範圍都是 50 萬元。

在看完計算範例，由上述計算公式，可求算出：

· 應該有多少位業務員？

· 平均每個業務員，應有多少營業額？

· 是否可以增加 5 個業務員？

· 可增加人員的幅度有多大？

①應該有多少業務員人數呢？

以該 50 萬元來支付推銷員薪資，所以，以下式可求出人數：

$$推銷員的適當人數＝50 萬元÷推銷員平均薪俸＋年薪÷12$$

②平均每個業務員，應有多少營業額呢？

$$推銷員平均每人必要營業額(月)＝(推銷員平均薪俸＋年薪÷12)÷5.6\%$$

另外一種計算方式，是使用「毛利率」或「邊際利益率」方式，來計算若公司增加一個推銷員，應至少增加若干營業額。

首先，定義「用人費用」、「銷貨毛利」、「毛利率」，如下：

所謂用人費系指企業所耗費的薪資、獎金、退休金及年終獎金的攤提，福利安全費、教育訓練費、保險費、旅費交通費、工作服裝費等人員相關的費用均屬之。

所謂銷貨毛利系指銷貨淨額減去銷貨成本之後的差額(如採用戰略管理會計制度時，即為邊際利益，系指銷貨淨額減去變動成本之後的差額)。

所謂毛利率即為銷貨毛利÷銷貨淨額(如採用戰略性管理會計制度時，即為邊際利益率＝邊際利益÷銷貨淨額)。

根據公司內部規定，新增加一個推銷員，所增加的費用支出假設是 5 萬元，該企業用人費佔銷貨毛利的比率(用人費÷銷貨毛利÷40%)，因而該員應達成的月平均銷貨毛利＝用人費 5 萬÷用人費佔銷費毛利比率 40%＝12.5 萬。

已知「該增加的推銷員」應達成的月銷售毛利是 12.5 萬元，再來是「公司的銷售毛利率是 22%或 15%」，應達成多少營業額呢？

假定該公司銷貨毛利率為 22%時，則該員應達成之月平均銷貨目

標＝該員月平均銷貨毛利 12.5 萬÷毛利率 22%＝56.8 萬。

如果該公司的銷貨毛利率因競爭激烈而降至 15%，則該員應達成之月平均銷貨目標＝該員月平均銷貨毛利 12.5÷毛利率 15%＝83.3 萬元。

③是否可以增加 5 個業務員呢？

在檢討下一個年度期間的營業額時，由於景氣好轉，投入產品增加，促銷經費增加，員工的薪資也調高等，在諸多因素之下，公司常要求營業單位要增加銷售額，卻碰到「營業單位人員反對」或「營業單位若增加銷售額，就要增加營業新人」為藉口，經營者碰到此狀況，除了言語、道理說服之外，還可運用「財務管理」之角度加以說服。例如：「營業所以增加營業額 1000 萬為理由，要求增加人員 5 名。如何處理？」

假設該公司營業所的銷售業績如下：

表 10-3　銷售業績

營　業　額	1000 萬元	
邊際利益	3000	邊際利益率 30%
固　定　費	2000	
利　　　益	1000	

過去 3 年，雖然小幅度，但營業額仍在上升，邊際利益也大致維持同時的比率。由於增加人員 5 名，固定費估計大略要增加 200 萬圓。

現在的固定費對邊際利益比率＝固定費 2000÷邊際利益 3000＝66.7%

增加 5 名後，新的固定費為 2200 萬元（2000＋200＝2200）

必要邊際利益＝新固定費 2200÷66.7%＝3300

必要營業額＝3300÷邊際利率率 30%＝11000

能獲取的利益＝新邊際利益 3300－新固定費 2200＝1100

　　把固定費增加額 200 萬，在固定費線之上方再劃一線，作為新固定費線。為獲取同額的利益 1000 萬，需有 1 億 700 萬的營業額，而如能達成所約定之 1 億 1 千萬營業額的話，利益將上升到 1100 萬元。

　　可看出營業額越高，利益就越大，倘能按照約定達成營業額 11000 萬的話，利益會增加 100 萬，故「增加之利益」仍可承受所「增加之 5 人」。但此舉之影響，必須令「營業所主管」明白此結果因素，避免屆時變成「營業員增加 5 人」順利達成，「應增加的營業額」卻未見達成。

圖 10-1　業務員增加數目的分析圖

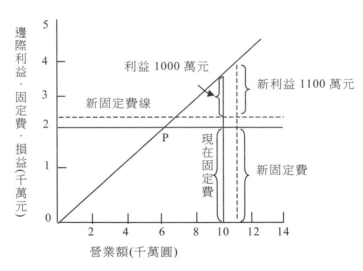

④可增加人員的額度有多大？

　　企業經常碰到「業務工作稍加重，營業部人員就反應工作忙碌，要增加人手」，由於「人員增加」，公司開支就會增加，勢必影響到經營績效，最後影響到整個企業內的員工。

　　我們有時會發現，營業額是增加了，但利益則完全不增加的例子，一看營業額增加就增加人員。更有甚者，營業額並沒有增加的希

望，只因「事務工作忙，便馬上增加人員」的笑話，企業絕不可有這種愚笨的經營。

因「工作忙碌而增加人員」，除檢討工作瓶頸、工作流程、內部協調業等因素外，企業主必須明白「因工作忙碌而增加的人員，必須有限度」。

假定營業額的增加為 3000 萬圓，公司的變動費率為 75%時，邊際利益率是 1－75%＝25%。

用人費增加可能的界限可用下式求出。

用人費增加可能界限額＝營業增加預計額×边际利益率

750 萬元＝3000 萬元×25%

用人費可增加到 750 萬圓，但必須在「邊際利益有該金額的增加」，並且「不會影響目標利益額的最低條件之下」才能實施。

以上例子而言，若「營業額有增加」，但營業利益卻沒有增加，原因是「可增加的用人費支出 750 萬元」全數被移作「增加的用人費」，難怪人員有增加，卻沒有增加利益。

七、「人事費用」的經營戰略

企業若欲提升人事費用的績效，設法「提高營業額」是最高戰略，此外可採行省力化、省人化措施，合理化的改革、業務轉外包，管理人員精簡等。

(一)提高營業額是最高戰略

在實務上，想要吸收「用人費」，或是降低「用人費」比率，最高的經營戰略是「擴大營業額」。

企業的操作講求「永續經營」，隨著經營資歷的不斷增加，員工

的薪資、福利等也會呈現上漲的趨勢,若「用人費」增加,而企業的
總營業額沒有增加,則「用人費」比率就會大幅度提高,壓縮企業利
潤。茲舉例說明:

　　將企業依照「大企業」、「中小企業」加以區分,「大企業」是 1000
人以上之公司,「中小企業」是 50～299 人之公司,二者做一個明顯
的劃分。(如表 11-6),在 1970～1974 年間,用人費的平均是大企業
12～13%,中小企業 15～16%。

表 10-4　營業額構成比率(製造業)

	年　　　度	1970	1971	1972	1973	1974	平均
大企業	原材料費	51.4	49.7	47.6	49.7	53.4	50.4
	用　人　費	11.8	12.8	13.0	12.8	13.3	12.7
	金融費用	4.1	4.5	4.2	3.8	4.4	4.2
	折　舊　費	4.4	4.7	4.5	3.9	3.5	4.2
	其他費用	23.0	24.4	26.1	23.9	22.0	23.9
	純　利　益	5.3	3.9	4.6	5.9	3.4	4.6
中小企業	年　　　度	1970	1971	1972	1973	1974	平均
	原材料費	49.3	48.3	47.5	48.7	49.1	48.6
	用　人　費	14.6	16.0	16.3	14.9	15.7	15.5
	金融費用	2.7	3.0	2.8	2.5	3.1	2.8
	折　舊　費	3.0	3.1	3.0	2.7	2.6	2.9
	其他費用	26.3	26.6	26.7	25.3	25.3	26.0
	純　利　益	4.1	3.0	3.7	5.9	4.2	4.2

　　假定薪資調高 10%,用人費也以同率增加時,如果營業額不變,
則營業額與用人費比率的上升,大企業是 1.2～1.3 點,中小企業是

1.5～1.6。

如果原材料及其它經費方面無變化的話,「用人費」比率的增大將抑壓收益。根據上表,營業額純益率在大企業是 4.6%,中小企業是 4.2%,故用人費以上比例侵蝕的話,大企業要減益約 28%,中小企業則約 37%。換句話說,經營要蒙受相當大的打擊。

所以,以企業的立場來講,如有用人費的增加,就需要設法使營業額擴大到同等或同等以上的數目。並且除非採取這種戰略,否則因為:

由於「用人費」比率是:

$$「用人費」比率 = 用人費 \div 營業額 \times 100\%$$

故上例,一旦用人費的增加,就要相對的,設法「增加營業額」。

$$營業額用人費率之增加率 = 用人費增加率 - 營業額增加率$$

這種積極的戰略成功,設法「增加營業額」,即使不採取降低成本、工廠歇業、裁員之類似的特別合理化措施,也可以吸收用人費的增加,而更由於不需提出特別的要求,所以員工的士氣也不會低落,同時也可以獲得工會的協助。換句話說「擴大營業額」對企業經營可說是屬最受重視的戰略。而根據多項調查顯示,以這策略作為用人費的吸收方策之第一順位的企業是壓倒性地佔多數。

在做廣泛的企業問卷調查時,分析「企業欲優先採行何種戰略」時,以此方案為各企業優先考慮項目,為數最多。

因此,具體地來講,可購併同行、策略聯盟,努力擴大銷路,應以價位適合,投合客戶所需,而且高品質商品開始,投入優秀營業人員,充實宣傳或售後服務等措施,不是只有消極的減少人員而已,無論如何要想盡辦法徹底擴大銷售才行。究竟是「費用太高」,或「營業額太低」,我們必須深入檢討。

以「用人費」比率而言,是「用人費太高」,還是「營業額太低」

呢？以「管銷費」比率而言，是「管銷費太高」，還是「營業額太低呢」？
深入思考，會大有發現。

(二)提高生產力

前述的戰略，是「提高營業額」，若在經濟景氣、高成長期，由
於市場需求強烈，比較容易執行。

但在經濟不景氣時，或是市場競爭激烈時，以必須重視客戶需
求，產品無法滿足客戶需要者，都會面臨銷售瓶頸。

故在經濟成長減速時期，則「所製造的東西不一定能賣掉」，所
以企業界的困擾也在此。就今後的經濟情勢來講，若未能開發相當新
穎優質的商品，或設法將業種更換到成長領域，否則不容易將營業額
擴大。

因此，在今後的經濟上，另一個成為企業經營最重要目標的「勞
動生產力的提高」。也就是，如能提高生產力，即使營業額不增加也可
以獲得完全同樣效果。

企業在思考用人費的成本降低，由於它是固定費用，所以大家總
會誤以為除了裁減人員、讓員工辭職外毫無對策。其實，只要提升勞
動生產、提高生產力，即可迎刃而解了。

所謂的勞動生產性，就如同圖 11-2 所示，是由公司全體所賺取
到的附加價值，也就是從所銷售的產品總額中，扣除原料費、進貨費
用及外包費用等由外部購入之物品的總額後，除以員工人數所得到的
數值，即人均附加價值，再將此附加價值率乘上人均營業額，所得之
值即是勞動生產性。

因此，提高勞動生產性即是提高「人均營業額」，也就是提升「附
加價值率」；若生產性提高的話，即可以較少的生產成本來順利推行降
低成本活動了。

為提升「每人平均營業額」，有必要藉由開拓市場及改善行銷策略來提高總營業額；要提高附加價值率，則必須開發或改良高附加價值的產品，或是削減材料費。

勞動生產率＝附加價值÷員工人數

　　　　　＝營業額×附加價值÷員工人數×營業額

圖 10-2　提升每人平均營業額的途徑

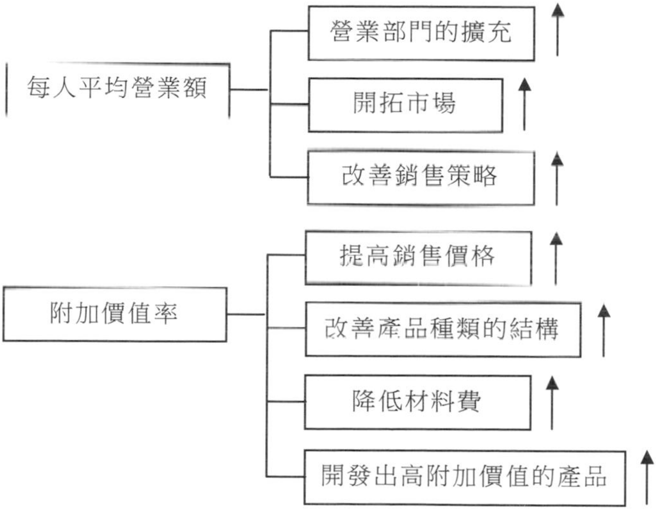

我們可設法將「用人費」比率加以拆解，如下：

營業額用人費比率＝用人費÷營業額

　　　　　　　　＝(用人費÷員工數)÷(營業額÷員工數)

　　　　　　　　＝平均 1 個人用人費÷營業額生產力

假設年營業額有 200 億時，即使營業額保持不變，而原來以員工 1000 人來達成的業績，變為 900 人來完成。那麼營業額將由原來為 2000 萬即變成 2220 萬，增加 10%，如此其結果，可帶來與「擴大營

業額」一樣的效果。

在低成長期，生產力的提高對企業是非常重要的策略。但要樣做，經營上必須作相當重要的判決。也就是需要以少數人員來達成與過去同樣或還要超過以前的效果。尤其如上例，若裁減人員的話，總是很容易造成勞資雙方的糾紛。

由於不能輕易調整僱用人員，要以自然淘汰不補，或不錄用新人，為基本作法，因此從問題的性質來講，必須以數年的長程計劃來因應。

如果無法減少人員的話，就要訂定 3 年或 5 年的中程計劃，而採取營業額增加但不增加人員的措施。例如，即使三年的時間營業額約增加 30%，而由 200 億增加到 260 億，此時人員的增加如能抑制在 17%的話，則在三年後生產力提高了 10%，即可實現精兵之目的。

(三)「省力化、省人化、省時化」的投資策略

為減少人員之目的，另一作法是「排除工作的浪費」或者是「實行省力化」。例如採用「自動搬運器材」，可節省搬運工人，或「倉儲採用電腦化管理」，可減少記賬或盤點人員。

透過儘量作省力化投資，造成以少數人員也能工作的態勢，如搬運機器或捆包機等。採用「省力化的器材」，必須計它的效益例如「投資回收期」、「所節省的效益」等。

例如「投資回收期」，由省力化投資的回收期間來計算的方法。假設所引進的機器設備經過一段時間，會陳腐變成沒有用的東西。而且最近技術革新很快，許多機器設備在 2、3 年即陳腐化。因此必須在這期間之內充分運轉賺回本錢，以這樣的打算來作省力化投資才行。

合算的省力化投資＝用人費×投下資本的回收期間

假定一年的用人費為 300 萬，如投資回收期間為 2 年時，則為 600 萬，3 年時則為 900 萬是其合算的投資界限。

例如「所節省的效益」，此部份的效益，若由「財稅觀點評估」，其所省下來的費用有：利息支出，折舊費，稅捐、災害保險費等，其合計額約為投資額的 30%。如果合算的投資額為 I，用人費為 W 時，即使投資了用人費的約 3 倍金額，其成本還是一樣的。

$$\because \ W = I \times 30\%$$

$$\therefore \ I = W \div 30\% = 3.33W$$

從「節省人力若干」來加以評估，例如企業在評估「購買甲機械，一年可以節省勞務方面的用費支出 500 萬元」。

一般而言，評估因採用新機器而使人力減少，而使用人費用下降是計算利益的重要因素之一，如果你這樣想的話，可能就會有問題了。

所謂「成本」是指工廠內所發生的全部費用。假如裝設新機械而能實際減少公司內不必要的人力，計算方法是正確的。然而削減員工如果屬於臨時人員還比較容易處理，因此，削減人力對象，這些人力仍然還是留在工廠內，依舊要支付薪津，如此一來勞務費用仍是沒有減少。但如果配合事實需要，因增加設備投資而產生的剩餘人力轉移到其他部門，因而不必僱用新進人員的話，這種因購入機械而減少新進人員的錄用，充其量只能減少新進人員的薪津，不能算是因投資設備而減少了勞務費用。

如果在使用機器的這部門，其人員數量也並沒有因為「購買新機器而減少員工」，則當初的評估目標：「減少員工」，事實上並未達成。

正確的觀念，如果你正在規劃一個新部門，用新機械與否的結果，是「九個人」或「三個人」，則有達成省力化、省人化。如果你是因為規劃改善部門效益，而想購買新的機械設備時，就要考慮同時應該減少幾名的員工，故合理的投資計算，就要要把漸漸需要減少的人

力計算進去。

(四)以「合理化」來提升經營績效

經營管理若是「合理化」，執行力強，動作迅速，產品就可確保利潤，提升經營績效。

日本的東麗公司是產銷各種紡織產品，由於市場競爭激烈，曾在一季內就虧損達 60 億日圓。因此，為了提高競爭力，決定以「合理化」來因應，具體工作為何？

為了能將虧損金額削減為零，該公司除了提出三千人員的消減計劃外，並且提出：進口防壓策略，亦即在海外生產以美元計價的成本，和在國內生產以日圓表示的成本相較後，選定匯率預測點，而後再決定那些產品在國內生產，那些在海外生產的種類及項目；構築資訊網路系統，以上、下游集團的力量落實降低成本的效果。

東麗公司耗資 30 億日圓，將 30 家紡紗及 27 家織布業者總計 117 家上下游業者間建立網路，除了成品、採購、原料的庫存之外，有關於借入金、經費等都可以暫態間掌握，東麗集團間所使用的材料中有九成以上，透過此套系統可以立刻瞭解到目前是以什麼程序、什麼方法去進行庫存，在集團內彼此擁有共通的資訊後，集團內的生產、供應體制全面發生變革。

這套體系運作後，果然達到最先所計劃的減少各階段庫存的目的，連帶的原料的採購及庫存的經費也大幅減少。

效益更具體的是企業整體的革新，過去為了交貨及訂貨，一位銷售人員必須配置兩名助手，現在由於物流效率化及訂貨作業手續的簡化等革新，助手大幅減少。紡織部門從過去的 1200 名作業員削減為六百名。此外，由於工作量的減輕，得以大量啟用女性作業員，有關和服的訂貨全部委由女性作業員運作。

(五)非核心業務可轉由外包

　　企業欲提升績效，如何「企業再造」是一大關鍵，設法牢牢掌握「企業本身優勢」，此為企業專長，而將不具有企業競爭優勢，又不是企業的核心業務，可考慮委由外包承做。

　　例如某家遊戲軟體資訊公司而言，該公司的費用項目內，研發人才的人事經費是軟體企業發展過程中沉重的包袱，因此將原有的研發人員，改制為獨立工作室，以簽約和預算制的方式與原有公司合作，但健康保險等必要福利還是在公司制度範圍內，藉此減少企業的人事負擔。

(六)注意「直間比率」的合理化

　　減少冗員的另一個作法，是注意「直間比率」的合理化。這比率，表示作業現場的直接作業員、營業員、技術研究員等直接人員，與記錄工、材料工或管理、監督部門等的間接人員的比率。換句話說，現在假設有一百個員工，其中 60 人是直接人員，40 人為間接人員的話，直間比率是 60 對 40。

　　雖然所僱的員工人數相同，但是如果直接人員的比率愈高，則經營效率也愈高，設法將公司的生產力，營業額維持不變，但「減少間接員工，由 40 人減少到 30 人，則經營績效更高。

　　對於這一點，在日本，直間比率是 60 對 40。但在歐美各國，尤其美國其想法非常徹底，其直間比率為 80 對 20 或 85 對 15，亦即內勤、行政人員只佔 15%，人員更精簡。

　　有的公司，營業部門直接人員，例如業務員只有 3 人，助理就有 4 人，有貢獻的人比率確實太少了！我上課時常說「將比兵多」是組織的弱點。

第 *11* 章

健全的組織架構

企業目標，是要以最低的成本，在最適當的時間和地點，以最適當的形態提供給顧客最佳品質的產品或服務。要達成這個目標，除了銷售外，還要執行產品發展、產品規劃、產品交換、產品推廣、分配運輸儲存、行銷情報、顧客關係、財務融通等等的功能。

除此而外，對於各項目標的達成，更要以全員經營的精神，由各部門密切的加以配合，才能獲致最佳利潤。

一、企業組織的弊病

企業的組織架構，不只要符合企業所需求，在組織編制內的各個成員也要「適得其才」。

兩頭獅子被關進動物園，其中一頭獅子每天吃香蕉，可是隔壁籠子裏的另一頭獅子卻每天啃著牛肉，「吃香蕉的獅子」剛開始就隱忍不吭氣，可是轉眼已半年，他再也忍不住了，就向動物園抱怨，為什麼別的獅子吃牛肉，他卻天天吃香蕉？

結果，「答案」非常地爆笑，原來那頭獅子佔的是「猴子」的職缺！

嗜吃肉食的獅子，每天吃香蕉，若想要威猛、健康，恐怕是天

方夜譚了！企業組織架構若零亂，各部門用人全憑好惡，想要企業
經營有效率，恐怕也是天方夜譚了！

　　目前，隨著工商業的進步，企業經營已經進入行銷導向時代，一
切以滿足顧客的需要為依據。

　　企業一旦組織體龐大，人員充斥，組織呈現官僚化，經營績效就
會一路走低，組織呈現病態，冗員也到處充斥。

　　有個笑話，某工廠常有卡車出入運貨、卸貨，由於噸位重，壓壞
廠區的道路，馬路被壓的坑坑洞洞，影響觀瞻，廠務課遂找來工程包
商報價修理，仔細一核算，工程費用不低，而且修補機率高，不如買
些機具、材料自行僱工修理，從此，廠務課增加一個工作項目「僱工
修理廠區道路」。一年後，根據「彼得定律」，會自行產生不必要的工
作，因此組織膨脹為「編制人員三人」；二年後成立「工程組」，人員
增加為四人，並設組長一人；三年後，整個編制，包括各部門渦濾所
辭退到本單位，人員竟有十二人，且設備一應俱全，標準的組織弊病
從此正式誕生了。

　　筆者在輔導各中小企業時，發覺到企業有一個錯誤心態。企業為
了使公司看起來比較有規模，硬是將現有組織加以擴充，從原來只有
「組」、「課」的這個層級，變成「部」級，「分公司」級的單位。

　　既然「部門」名稱更大了，當然不能沒有來頭，於是憑空增加一
些中堅幹部，經過一番調整後，企業的確是壯觀多了，但這並不表示
企業的經營績效也是跟著「水漲船高」。

　　由正面、負面影響來看，組織的龐大、老化，正是此種組織膨脹
的企業的負面影響，組織的膨脹正造成此類組織有龐大、老化。

　　企業組織一旦龐大，部門配置不合理，職掌不分，冗員到處，就
會產生下列現象：

1.組織龐大，疊床架屋

所謂機構龐大，是疊床架屋，或是在部長和課長之間設置代理部長、處長、次長，由於管理層次的增多，使管理系統當中出現「閣樓」。

機構龐大持續發展，會導致非生產部門過分增加，事務內容被分解得更細，而這卻極少與生產率相關聯，反倒往往成為生產率下降的原因。

為了對這種機構龐大現象進行檢查，有必要在公司的非生產部門、管理部門加以檢查，看看它的機構是否比生產現場的機構還要龐大。

參考評估同行業的「生產、銷售人員」與「後勤部門」的比率，因為同行業公司的人員配置，檢查本公司的直接銷售、生產人員和非生產性人員的比例如何，也是很有必要的。

2.組織系統的僵硬

組織體一旦龐大，甚至重疊設置，疊床架屋，造成企業經營績效不彰，緊跟著馬上會造成「組織僵硬」的病態。

由於強化了官僚階層結構的手續，造成做最後的決定必須經過更冗長的過程，「為達成企業目標」而進行的活動，卻變成「維護規定與手續」的活動。目的與手段顛倒，本末倒置，企業就沒有辦法做出適時應付多變市場的決策，速度一放慢，漸漸的就變成「恐龍企業」了。

3.本位主義強烈

隨著企業規模的發展，各部門的規模也逐漸擴大，公司內部各部門之間的競爭必然日趨激化。例如，採取事業部制，各事業部象一個獨立的企業一樣，被賦予責任和許可權。這種體制本是一種以促進健全的公司內部競爭為目標的經營體制，本來是作為預防大企業病的一種措施，而設想出來的這種以部門為單位的獨立核算制，以發揮長處，卻誕生了負面的「本位主義」。

企業必須隨時注意「集團內容各部門之間的橫向溝通是否順暢」，強化雙方的意見交流，情報交換。

4.企業無法正確掌握「現場實情的變化」

企業組織一旦變的複雜，擴大之後，高階主管或經營者就難以掌握現場變化。

由於情報、資訊經過層層過濾之後，往往呈現只有「喜訊」，只有「好聽的情報才會上呈」；高階主管被週遭部門所圍繞，資訊不清楚，既無法掌握真正的第一手現場變化，當然也無法有「解決問題」的對策，二者惡性循環之下，企業績效自然不彰。

5.責任與許可權不明確

企業規模變大之後，部門繁多，組織複雜，任何優良的計畫案都難以順利，迅速的推動。當中一個原因，就是企業體擴大之後，責任與許可權不明確，無法查明到底是由誰來承擔這個責任。

企業組織體大，責任與許可權不明確，當事者要推拖責任，轉嫁責任予他人，便有機可乘。

改善之道，一方面要規範各職位的責任與許可權；另一方面，對於重要的決策事項，有必要充分檢查其責任和許可權的明確程度。如果責任和許可權明確，當結果沒有達到預定的目標時，可讓對責任者加以檢討，就不致給發生轉嫁責任的現象。

6.不必要的職務增加太多

組織體一旦變大，冗員增多，明顯的是「不必要的職務增加太多」，例如「管理組」、「輔導課」、「文書組」、「企劃組」等，字面意義富麗而堂皇，其實根本是「不必要的單位」。作者並非指責此類單位，而是指「企業為擴大組織體，盲目設置一些不必要的單位」，最明顯的症兆是「管理部門的擴充」，不只大量增加人手，更增加分支單位。為解決「分支單位」之必要存在，就「自動產生」許多文書作業，以便

理直氣壯，證明存在必要性。

作者在輔導各中小企業時，常作「工作盤點」，常要求經營者計算五年來的「直間比率」。換句話說，是「直間人員」與「間接人員」的比率，以此瞭解組織是否有不必要職務存在。

7.冗員充斥

組織龐大後，職位的規劃愈複雜，人員的增加隨之而來。矛盾的是，為防範「因組織龐大而帶來的不便」，遂增加許多「不必要的組織與人員」。

由於組織大，人員增多，另一個現象是彼此溝通困難，無法整合單位，因此「冗員增加」是可預期的負面效果。在診斷經驗中，創立時間久遠、組織龐大的企業，都存在著嚴重的冗員問題。

二、建立組織的三個工作重點

作者接受企業經營者的邀請，赴公司作行銷診斷，進公司後第一件事便是要求看該公司的組織圖，要迅速進入狀況，瞭解公司的營運結構，瞭解他的主要趨動力為何？遺憾的是，常聽到經營者如此說「本公司沒有組織圖，我來說明本公司的組織系統……」，作者馬上暫停經營者的說明，向在場人士分發白紙，要求寫下「貴公司的組織系統」，果然不出所料，每個人所寫的都不太一樣，每個人心中的「公司組織系統」都有所出入。

一個「組織」是整合團隊力量，積極向前邁進。若個人能力強，每個人的方向都有出入，將會彼此抵消掉個人的努力成果。

作者在介紹組織力量時，最喜歡舉出「端午節划龍舟」的例子，龍舟時船上有左、右二排選手，選手一定要用耳朵聽鼓手的打鼓指揮，然後雙手的一致行動，只要一致行動，龍舟就會筆直的向前進，

否則整個龍會歪歪斜斜的前進，甚至於翻船了！這就是「組織的力量」，企業經營者就是要借著組織架構，來整合團隊力量，齊步向前。

　　描寫組織最簡明的方法是組織圖，或職權圖形。以職銜表示誰向誰報告，分別主屬關係。「報告」一詞為一般人所樂用，如說「甲向乙報告」，較之「乙是甲的老闆」，民主得多，而仍不失乙能責成甲執行工作之內容。

圖 11-1　小型分支業務部模型

圖 11-2　小型分支業務部深入一層的模型

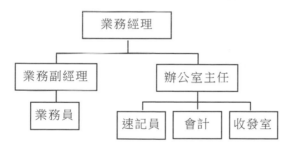

　　圖 11-1 示小型分支業務部模型，如規模較大，有在中間加設主管級一層，工作於業務經理與部屬之間如圖 11-2。至於大型公司組織分層更多，不能在單頁盡列，通常以一單位一圖表示，亦有一單位不分小部門的。圖表所示除了職銜有所表示之外，職權範圍、各人所司何事等仍屬不明。因此大公司除圖表之外必須另訂組織章程及工作說明，添附圖表。工作說明列舉每一職位所該辦的工作，即該員所必須完成之目標，列舉每一職員所該擔負之責任，並說明各職位間之關係。

連同工作說明、組織表、組織章程三項，足以描繪組織計畫全貌，誰該遵照誰的指導，每人應該擔任之工作，誰該協調那一部分，應該保持何種關係，也規定了上通下達的各種情報路線，並能使主管們決定在「任何工作不能如限完成或發生偏差時，決定是誰人之過錯」。如在小型組織，自可不必過甚其辭的──筆之於文件，分工與權責均在默契之下進行無阻，甚至有些較大組織，也有認為口頭吩咐與說明已足應付的。迨業務發展愈大愈形複雜之後，才覺得有建立組織系統表之必要，俾一目了然。

組織最主要原則即是職責劃分，首先要有一個合理的組織系統，明確劃分每一部門的職掌，詳細規定每一工作人員的責任及應有的授權。

實施職責劃分，要從企業組織的規劃開始，下列各點是非常重要的工作：

1.組織系統圖

組織系統圖可顯示每一職位在企業中的地位及其上下隸屬與縱橫的關係。從組織系統圖可知道某一工作人員應對誰負責，在他指揮監督下又是些什麼人，以及部門與部門間、個人與個人間之關聯情形如何，這是以圖表方式表明職責劃分的一種方法，故每一企業都應有組織系統圖，以表明其職責劃分情形。

企業組織系統，應力求精簡，避免龐雜，除明確劃分各部門、各人職責外，還要能指揮靈活，聯繫密切，提高工作效率，充分發揮組織功能。

2.職掌劃分表

企業各部門的職掌，應予詳細及明確劃分，使每一發生事項都由負責部門辦理，不重覆，亦無遺漏；一項業務若需二個部門以上共同完成時，各部門應負責任的範圍，亦需明白規定，利用職掌劃分表，

是實行職責劃分的具體方法。

　　某些事項須採用授權辦理時，對授權的範圍及內容應明確予以規定，以便互相遵守，這亦是職責劃分的方法。

　　職責劃分就是要每一個工作人員獨立負責其經營工作，在自己職責範圍內之事，由自己負責決定並完成，不必請示上級；唯有超越本身職掌範圍以外而必須由上級決定的事，才陳述自己的意見、看法和建議，請上級決定，以達完成分層負責和各人工作獨立承擔責任的目的。

3.工作說明書

　　職位工作說明書，亦是職責劃分的重要方法，職位說明書需把每個職位應做的工作內容、應達成的工作品質、應負的責任和應有的權力詳細明確規定，使他無法推卸責任，自己應該做的工作，由自己負責完成，自己不該做的工作，避免越權決定和指揮。

三、行銷部門的組織架構

　　行銷部門組織主要可分為「市場開發」及「客戶服務」兩方面：

　　①市場開發：主要是負責銷售、產品發展、產品規劃、產品交換、產品推廣、行銷情報等業務。

　　②客戶服務：主要是負責分配運輸、顧客關係、售後服務、交期追蹤、產品更新、交期更改等業務。

　　為達到上述之目標，企業首先必須建立起一個健全、有效的行銷部門組織。

　　有關前述的「市場開發」工作，作者在各種行銷企管班均會強調，有關「市場開發」工作，其組織應區分為二線：「第一線的營業部門」、「第二線的行銷企劃部門」。此兩部門的業務要「分工」與「合作」，

而且人員要「輪調」。綜合我的診斷經驗，發覺企業的行銷部門有許多麻煩，究其根源，實屬「工作輪調」息息相關。

圖 11-3　A公司的組織型態區分圖

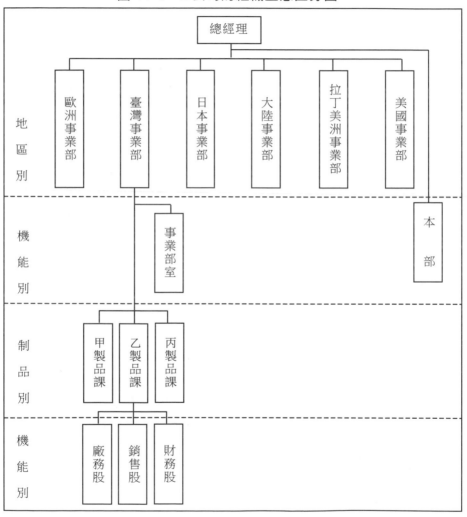

圖 11-4　B 公司的行銷部門組織型態

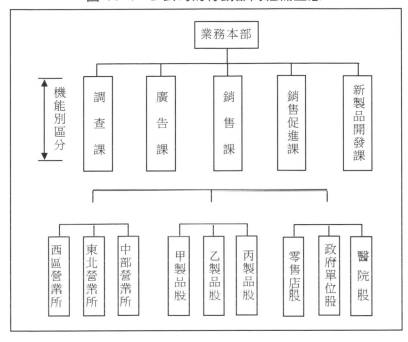

組織型態有各種，因為產品線不同，銷售對象不同，行銷策略欲加強的重點，銷售範圍地區之廣大，與競爭對手的競爭狀況等，而有不同的行銷部門編制。大致上，常見之編制型態有：產品別、客戶別、地域別、機能別等方法。

1. 產品別的業務組織

企業依據產品(群)不同而設立不同的業務團隊。

本型態是，在各產品之特徵或銷售方法有顯著不同的情形時，或須加強今後可期盼成長之產品群的情形時，或營業人員的經銷產品種類太多的情形時，經常被採用的型態。

不過採用此法的前提條件是：

⑴儘量避免相同通路的重覆銷售活動；
⑵即使依各產品區分，也可確保每個營業人所需之營業額；
⑶可依照各產品推展細膩而一貫的行動活動。

2.客戶別的業務組織

企業依據客戶對象的不同，而設立不同的業務團隊。

與其把重點放在「產品」，不如放在「市場或顧客」的業務組織上。此組織型式可以說比「產品別」更加強「市場導向性」機能之組織型態，代表性的可分為「批發商與直銷」之通路別，「百貨店」與「超級市場」、「量銷售店」、「專門店政府客戶」之客戶別的型態。

此種型態之組織，是當各銷售通路期盼得到專門化的益處時，經常被採用的方式。不過，問題是在於必須滿足下列條件：
⑴可以確保每一個人的生產力；
⑵須依各銷售通路與顧客實施專門化的行銷；
⑶業務員須具備寬廣的產品知識等。

3.地域別

企業依據地理環境不同，而設立不同的業務團隊。例如生產、販賣家電用品的廠商，為開闢歐洲市場，在英國、法國設立兩個公司的營業據點：「英國業務處」、「法國業務處」。

地域別業務組織可與他種組織型態加以混合使用。例如在台中、高雄設分公司，編成營業據點，再根據這種地域別組織作為基礎，業務員再依產品別、客戶對象別，將這兩者組合，編成任何一種型式。

4.機能別的業務組織

企業根據所需求機能而設立的業務團隊。「機能別」指的是市場調查、產品開發、經銷商管理、促銷、推銷、售後服務等的機能，雖然依業種、業態之不同，在行銷組合之，其強弱或輕重有所不同。一般而言，產品企劃、銷售促進、銷售管理之三種幕僚組織較為重要。

依企業屬性不同，而決定要設置那些機能性的組織，而且分析此類組織到底是要分置在總公司統籌運作，或是安置在各部門，「各直線組織下之分散型」，必須做一抉擇。

無論企業要採用那類組織，必須視企業的特性，對客戶的服務、企業的產品與市場之組合而定。上述各種型態組織皆有利弊，要在「專門化」與「整合化」原則，決定那一種型態最適合自己之企業所使用。

表 11-1　行銷部門組織之型態

產品　　市場		品種‧產品差異	
		小	大
通　路‧客戶數‧差　異	小	地域別組織	地域別‧產品別組織
		機能別組織	
	大	地域別‧對象別組織	地域別，而採用產品別‧對象別混合之組織

四、部門的組織診斷

企業本身要做自我的組織診斷，經營者要有決斷力、雅量以及客觀的心情。公司有成立總經理室或是企劃部等幕僚人員，這種幕僚人員就是從事組織診斷的工作。

為求完整，建議經營者最好能事先計畫好執行內容，一步一步執行，避免匆促而造成錯誤，並且任何一件事，要事先徵求員工的看法，再做綜合研判。例如可先針對下列表格內容，以加檢討組織的執行情況。

表 11-2　如何進行組織診斷

項　目	有無書面資料		有否具體執行			執行說明	建議修正事項
	有	無	沒執行	略執行	執行徹底		
1　組織圖							
2　各單位機能職掌							
3　各人之工作說明書							
4　輪調辦法							
5　授權表							
6　行銷報告系統							
7　會議體系							
8　人事管理規則							
9　內部協調清單表單							
10　人事資料卡							
11　獎罰規則及辦法							
12　檔案管理系統							
13　薪資辦法							
14　人事職等分類及升等辦法							
15　教育訓練頻度及內容							
16　員工年終考績及平時考評							
綜合診斷意見							

透過組織圖架構瞭解企業的編制，顧問師在這個階段的診斷企業組織時，要觀察組織是否符合企業要求，組織架構是否正確？而各部門的管理控制幅度是否適中。

例如某製造工廠的組織圖，在組織架構上就存在若干缺失，例如「管理層次凌亂」、「管理層次不合理」、「部門控制幅度大小不一」等，經過修正後，在人員與薪資上每月計節省$106000（領班一人 20000+

總經班二人 46000+製造部門主管一人 40000)。

　　透過組織圖，先瞭解全公司的組織概況後，再由組織內各單位的「工作職掌」、「工作說明書」、「授權表」等，瞭解各單位的具體工作內容；其次，要對企業的現有人力加以盤點。例如透過下列表格，瞭解到各單位幹部、基層人員的能力、評等、年資、職位、薪資等。為瞭解員工在處理工作時所遇到之困難，可透過下列「工作分析表」藉此表格可看出，員工的困難點與工作瓶頸。

　　一旦知道員工所經手的各個工作，再來就要針對此類工作加以檢討。例如「每月月初要編制銷售實績報表」，這工作的執行是否有績效？有何缺失？是否應加強、修正，或廢止呢？他的工作重點是否正確？對這工作的每一個細項工作加以徹底查詢，利用「流程圖」加以書面列出，並檢討改善。

　　經營企業免不了要利用「表格管理」方式，每項工作可能牽涉到若干表格。表格的實用性必須檢討，表格的流程與傳遞，更是顧問師在診斷時，注意的焦點。

　　經過檢討後，針對缺失，找出初步對策，並事先與員工協商，瞭解他們的看法，作為整體研判之依據。

　　新的組織制度，正式運作前，仍要舉辦說明會，加以溝通、介紹。試行一段時間後，利用「P—D—C—A」管理循環，做再度的檢討修正。

五、行銷部門組織的改造

　　企業的組織，要隨著環境的變化，而不斷的學習，有句古話：「唯一不變是『變化』」，企業的組織要對外界變化而有所警惕，企業要定時檢討本身之作法，更要隨時注意外界環境的變化，因應環境而調整、修正本身，企業的作法。

1. 行銷組織改造的時機

當企業發現在經營管理有下列缺陷時,必須迅速檢討部門組織之運作,並加以改善:

⑴業績不振;

⑵企業的措施與行動,無法及時推展;

⑶生產或銷售面臨瓶頸;

⑷責任不分明;

⑸部門主義盛行;

⑹組織系統混亂;

⑺極端的勞逸不均;

⑻公司整日充斥沒效率的會議。

2. 組織改善的檢討步驟

⑴確定組織的遠景。所為何事?特殊目標為何?

⑵確定完成上述目標的工作要求與個人的工作規範。

⑶確定如何完成工作之計畫,與劃分原始責任。

⑷確定完成工作所需的組織類型。

⑸確定人員編制及工作分配。

⑹檢討改進營業部門組織的健全程度。

3. 組織改善的檢討項目

銷售組織的執行績效,至少應定期檢討,遇銷售不佳,更可隨時改進,加強競爭力量。

(1)組織

銷售組織結構是否有以市場導向為依據?推銷員如何安排其推銷區域?區域之大小如何?這些區域之潛在銷售量如何?

(2)推銷員的效率

每位推銷員之推銷成績與他所應該獲得者(潛量)之比較如何?

是否有具體方法，定時激勵業務員的效率？

(3)銷售政策

①給推銷員何種指示？

②分析訂貨之次數與每次之數量

③檢討業務員拜訪之次數

④業務員應瞭解正確的推銷成本

⑤業務人員的最佳分配

⑥銷售區域之大小

⑦最經濟的銷售路線

⑧「訪問次數」與「成交筆數」相比較

4.組織改善計畫

欲謀求組織效率的改善，發揮各營業成員的幹勁，可將企業銷售組織適度加以調整。組織變更種類有新設、加強、合併、縮減、分開、廢止六類。（如表11-3）

例如某公司行銷部門進行工作盤點，加強重點工作、劃分業務許可權後，依據組系統改善原則，將銷售組織加以調整，而實施後可獲致效益，亦應盡可具體評估。

行銷組織的改造，試以「量販店」、「保全公司」為例，加以說明。

例如連銷量販店的業務組織，因應競爭需求，增加「產品開發部」。因為一般量販店的採購部門，主要任務著眼在商品的售價是否有競爭力，它的工作是向供應商「砍價格」或洽談配合條件，至於「新產品的開發、引入」，多半是由供應商主動介紹，量販店的採購人員常居於被動狀態。為了克服這種問題，故在組織中成立「產品開發部門」，由被動轉為主動去尋找新產品。

表 11-3　組織變動計畫表

組織單位		專售課	商品推廣課	通訊課
變動說明	項目	政策性成立新單位，擴大 OEM 業績。	以商品介紹力量，協助全省業務員鋪貨之不足	原有之營業部門負責產品太廣泛，另立新單位全力衝刺業績。
	主要職務	負責特殊銷售管道的銷售事宜	黃憲仁帶隊負責宣傳全公司商品知識	所有負責通信產品的銷售事宜
	實施日期	1987 年 10 月	1987 年 12 月	1987 年 8 月
	依據組織原則	同質職務的分配原則	同質職務的分配原則	指揮系統統一及授權原則
	對象人員	林本德、盧聖邦等 4 人	吳孝俊等 3 人	課長、課員等共 8 人
可能結果	如何	加強對 OEM 業務機關行號業務的開拓	加強對全省經銷店的產品知識介紹與協助鋪貨	負責全省通信產品促銷
	節約金額或增加績效	一年達 2800 萬	提高經銷商的產品知識，利於推銷，增加銷售額 1200 萬	增加人事費用 134 萬，增加銷售額 2100 萬

六、行銷部門的主管輪調

　　要確保行銷部門的組織運作良好，有一個關鍵，那就是「輪調」，作者從事行銷顧問工作多年，一向積極向經營者推薦「輪調」制度，甚至於首創「行銷雙軌」制度，將行銷部門的組織編制劃分為「第一線的營部單位」、「幕僚的行銷企劃單位」，兩單位的人員欲升官之前，必須先「輪調」到對方單位，爾後再調回原單位升官。誠懇的向各位經營者建議，趕快積極規劃並執行貴企業的「輪調制度」吧！

　　所謂工作輪調，是指透過職能部門內或職能部門間的工作異動，來提高、增加職務能力的措施。因而，工作輪調是因應工作量變動及提高業務效率的多能化教育，在特質上，與新單位或成長部門的強化，相關人員重新佈置或士氣的重整……等的定期異動，當然，也有因為性格不適所造成的異動。

　　「經驗乃是最好的學習」，職務能力的提高主要還是得經由職務的體驗，而工作輪調就是職務體驗的最佳方法，因而工作輪調可說是重要措施。

　　要確保組織的運作良好，輪調制度不可缺，這個「輪調制度」好比是機械內的齒輪潤滑油，加入它，才能運轉順暢。

　　作者擔任企業的營銷顧問、營銷培訓講師多年，深深感受到「行銷部門的人員要輪調，才能發揮總合戰力」至於，如何輪調行銷人員呢？

1. 行銷部門輪調制度的關鍵因素

　　為有效執行輪調制度，在執行時應注意下列關鍵因素：

　　在企業中，常耳聞某優秀員工被輪調後，結果卻不了了之。這種事例，通常有的是因自己努力不足，但主要還是因為主管指導的問題。為了防止這一類的失敗，選了適合的人選後，企業要注意到調動職位後的充實性。

　　為了能更加充實，公司必須設定長、短期的培養目標。檢討達成目標所必要賦予的工作，以及怎麼叫對方去執行，然後經由日常業務有計劃地、持續地予以指導。

　　長期(3～5年)的培養目標，必須根據短期(年度)培養目標的達成結果，來做適度的修正，或者是把調動後的六個月當做教育期間，擬定詳細的指導計畫，並規定本人與上司對話的義務，由上司不斷地追蹤進度……等，並考慮工作輪調的目的和對象，因應狀況使制度更為

充實。

　　另一個關鍵問題是「輪調部門主管」，為了實施順利，負責部門與負責人的熱誠及執著，是絕對必要的。在談到工作輪調的運用時，大家基本上是贊成輪調的，但執行起來卻不是那麼容易。為了克服這個障礙，負責單位和負責人的熱誠與執著確實要扮演著重要的角色。

　　工作輪調，並非只要最高決策者支持即可實現，各部門的主管對於部門目標的達成也負有責任。工作輪調必須兩邊都極力配合才有希望達成，否則根本就無法維持下去。

　　各階層的經營管理人員，有必要對工作輪調的必要性深入地瞭解，並且在意識上徹底地改變。這種瞭解與意識的改變並非一個制度、一張通知書就可解決的，必須由與具體事實息息相關的負責部門的熱誠和不斷的指導才能達成。

2.行銷部門輪調制度的規劃重點

　　針對以往實施輪調的缺失，在規劃時，我們先留意下列重點：

(1)檢討輪調的具體內容

　　工作輪調的具體內容（去路、時期、補位人選⋯⋯等）應根據培養的目的，加以檢討。

　　以行銷幹部的培養為目的之工作輪調，實施的對象當然是各級幹部，本年度應調動那些幹部，調到那些部門，所留的空缺，應由何人補充，他們應接受那些訓練呢？訓練結果，成效如何？此類輪調內容均應加以留意。

(2)企業內各主管的績效，應每年評價

　　以幹部為長期培訓之對象，應每年定期評估其工作績效，在公司所規劃的輪調各個不同崗位上，如果都有傑出表現，必是一位理想的人才。

(3)異動的職位與滯留時間應有彈性

異動的職位和停留期限不應該做劃一性的決定，而應該具有相當的彈性。對於異動職位的設定，有些公司固定了職能（人事或採購等）、技術、負責機種、工作內容（基本計畫與詳細計畫）、場所（公司或工廠）等的組合。

以基礎能力的啟發為目的工作輪調，應該在剛到任後的一段期間內進行劃一性的工作輪調。

(4)考核制度的建立

為了有效推動輪調制度，必須選出適合的人選，因此考核制度、評選制度、有建立的必要性，並且本人對個人所希望的職務、工作地點、自我啟發重點等，都是「輪調制度」不可或缺的重要一環。

(5)企業要確定加動「輪調制度」的組織

在實施輪調制度時，企業先設立「推展委員會」，負責有效推動輪調，例如規定「職位異動經驗」是任命高級幹部的條件之一，讓各個部門的主管能全力配合工作輪調制度的實施。

七、部門輪調制度的說明

「行銷」或「營銷」，名詞雖異，但工作內涵是相同的。作者在行銷管理工作二十年，深深感受到，要做好行銷工作，「第一線的營業人員」與「第二線的幕僚人員」要彼此分工合作，密切配合，尤其要加強「輪調」工作。

「第一線」與「第二線」人員是「直線」與「幕僚」的區別，行銷組織要因應企業需要，而有不同的變化，各位必須考量本身企業體質特殊性而加以選擇使用。

企業為達到行銷策略，必須廣泛運用到「促銷組合」，因此「行

銷組織」的設計，不只要考慮到第一線銷售現場的「業務部門」也要
考慮到如何運用到「促銷組合」的「行銷部門」，針對這個「行銷部門」，
介紹他的組織與職掌，為免名詞的誤解，茲說明如下：

　　企業對各部門的命名，雖各有所不同，為方便解說，該股票上市
公司有高階層的「業務處」單位，設副總經理一人，下轄「業務部」
與「行銷企劃部」，「業務部」負責第一線的銷售工作，「行銷企劃部」
為幕僚支援部門，各設經理一人，而「業務」經理因應各地區販賣需
求，分別設立課長若干人，而「行銷企劃部」因應任務需求，分別設
立「商品企劃課」、「行銷企劃」、「廣告課」、「促銷課」、「管理課」等。

　　作者在診斷公司文化、產品特性、市場競爭後，規劃如下：公司
的行銷劃部為達成公司支付的任務，將行銷組織定位為功能式組織型
態，並命名為「行銷企劃部」，並由五個課所組成，筆者在輔導此類企
業時，常要求下列重點工作事項：

　　⑴高階主管負責督導「行銷企劃部」與「業務部」之績效，欲升
任高階主管宜具備此二部主管的歷練。例如會任「業務部經理」，必須
亦擔任「行銷企劃部經理」職，熟悉工作運用，方能高升為副總經理，
擔任此兩部門的共同主管。反之亦然，「行銷企劃部」經理若表現良
好，有升官之跡象，必須先外放到營業單位，先擔任「業務部」經理
一段時間，再調回，升官為這兩個部門的共同主管-副總經理。

　　⑵將行銷企劃部分為五部門(課)，別承擔各自的工作範圍，或設
若幹部門部門(課)，加以承擔上述功能。

圖 11-5　行銷企劃部組織結構圖

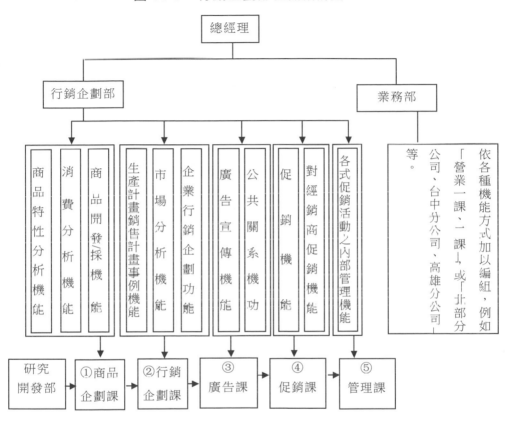

(3)各課之擔當人員宜在適當時間加以輪調，企業組織規模大，「行銷企劃課」採產品別區分，共三位行銷企劃員，彼此負責不同的產品，彼此宜輪調，(例如「行銷企劃員甲君負責冷氣機產品的行銷」，「行銷企劃員乙君負責電視機產品的行銷」，一年半後，二位所承擔之產品，彼此互為輪調。)而「行銷企劃員」又再與行銷部不同各課再適當輪調，(例如廣告課成員丙君與行銷企劃課成員丁君，二人工作輪調)

⑷同一課的成員，除負責自己本身之工作，又再擔任「本課某同仁的助理員」，例如行銷企劃課甲君是負責冷氣機產品，但他同時也要負責對「乙君的電視產品」加以協助，擔任乙君的助理員，因此之故，因君同時對「冷氣機」、「電視機」產品的各項行銷工作均相當熟悉。由於此種「助理員」制度，人員工作熟練度更廣泛，而且為調派人手，不擔心人員接任之問題。

⑸行銷企劃部各課之間（商品企劃課、行銷企劃課、廣告課、促銷課、管理課）的功能，彼此要加強溝通、協調，整合出企業最大的行銷績效。

⑹採「功能性編列組織」，可將整個廣義的行銷企劃組織，概分為「研究開發部門」、「商品企劃課」、「行銷企劃課」、「廣告課」、「促銷課」、「管理課」等單位。由於產品線廣，而各產品類的產品項目又多，故「行銷企劃課」採用「產品別的組織制方式」，各個承辦人員負責編制內的產品行銷工作，並與其他單位緊密協調，由於此「行銷企劃課」為軸心單位，故在調薪時要加強處理。在年度的人員考核評估上，採取一分為二的評估方式，整個單位也不受到「常態分配」的限制。

⑺市場資訊、消費訊息，必須及時回饋到最起點的「研究開發部」單位。

⑻新產品的開發，要善用整個行銷架構組織的力量。

第 *12* 章

利息支出多寡

　　企業在埋頭苦幹，擴大營業額的當中，要注意「利息支出」的變化趨勢，因為利息支付額龐大會降低企業的收益，甚至於會影響到企業的生存。

一、「利息支出」是診斷指標之一

　　要迅速的診斷出企業的弊端，「利息支出」多寡，是一個重要指標。

　　顧問師在診斷企業時，首先必須知道「病情」，其次才是「對症下藥」。

　　有幾個重要指標，可以明白該企業的病情是否嚴重，第一個是「企業所支付的利息比率」，利息支付龐大就會降低收益，甚至於影響到企業的生存。第二個指標是「資金週轉率」，資金週轉低而困難，即使產品銷售有利益，也會讓企業窒息而死。第三個指標是「短期資金流通能力」，即使企業有龐大家產，若「短期債務扣除手頭資金」後，所餘資金不足，有如人體疾病的「血壓太低」，隨時會遭遇危險。第四個指標是「企業營運體質」，根據最近四個年度的「資產負債表」與「損益表」，可以瞭解企業的體質，例如「收益能力」、「週轉能力」，企業體

質不好，要從合理化著手，逐步改善。

二、計算利息支出率

所謂「利息支出」比率，是指利息所支出的比率，此比率數值愈小愈好，比率愈高則表示「與銷售額相對的支付利息愈高」，換句話說，就是借款愈多，利息愈多。

作者在診斷企業時，常發現一個現象，企業在銷售產品或服務時，明明有利潤，最後卻造成公司虧損；甚至於，更進一步，產品有利潤，公司的財務報表也沒有虧損，企業經營者卻為資金週轉一直在煩惱，常跑「銀行 3 點半」而調資金頭寸。當中的奧妙關鍵，就在於「公司的財務週轉能力差」，主管常只感興趣於「產品是否有賺錢」，而健全的企業經營，應還要再加上去關心「財務週轉是否健全」。

為數眾多的庫存品壓力，收不回來的應收賬款，形同呆賬的銀行退票票據，龐大的利息支出等，在業務部高興「銷售成功」之餘，其實早已埋下「資金週轉不靈」的恐怖地雷了。

利息支出比率愈高，資金的週轉會愈困難，會造成企業因失血過多而死亡，所以我們常用此比率來檢查企業的安全性狀況。

表 12-2　利息支出比率

中小企業	銷貨毛利率(%)	大企業	銷貨毛利率(%)
製造業	2.1～2.2	全產業	3.5～3.8
建設業	1.2～1.5	製造業	4.6～5.1
批發業	1.1～1.3	商　業	1.9～2.0
零售業	1.1～1.2	百貨業	1.8～1.9

例創立 50 年的 H 紡織公司，是老牌子的化學纖維紡織公司，由

於本身屬資本密集產業，再加上投資各種產業，造成投資金額龐大，財務結構上負債比重偏高，負債佔資產比率高達 63.67%，往往本業所辛苦掙得的獲利，全被龐大的利息吃掉了；筆者斷言，「如何改善財務結構」，例如處分土地、資產等，是這公司要優先處理的要件。

再從財務報表分析，該公司負債金額高達 171 億元，前三季淨虧損 6 億 4 千萬元，其中就包括「利息費用支出 7 億 2 千萬元」，為改善虧損狀況，應將工廠移往海外生產，設法減少冗員（臺灣廠員工由 1 萬人降到 2700 人），處理空閒土地等。

三、決定利息高低的三個因素

在診斷企業的營運時，重視「掌握銷售額、產品利潤、利益」等，而「利息支出」數據是一個不能省略的要件。

從財務觀點而言，「利息支出」受到三個因素影響，那就是利率、週轉率、資本構成比率，說明如下：

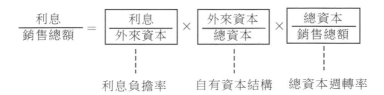

$$\frac{利息}{銷售總額} = \frac{利息}{外來資本} \times \frac{外來資本}{總資本} \times \frac{總資本}{銷售總額}$$

利息負擔率　　　自有資本結構　　總資本週轉率

「週轉率」對「利息支出」有影響，當企業遇上不景氣時，商品銷路不好，庫存量增加，應收賬款收取困難，所收到的票據，延長期限，整體而言，資金的週轉就會惡化，企業對資金需求迫切，就會轉向外界借貸，加重利息支出金額。

「資本構成比率」對「利息支出」也有影響，企業資金的「自有資金」部分若太小，依賴「外界資金」的借貸，一旦經濟不景氣時，

利息支出就會吃力，加重負擔，這也就是在經濟不景氣時，或是公司經營虧損時，「自有資金」比率較低的公司，常容易倒閉的原因。

要控制利息負擔，取決於企業「資本構成比率」的大小，碰到「利息支出」太高，除檢討「利息費用」之由來，另一大關鍵是「要檢討自有資本是否過小」。

「利率」、「週轉率」、「自有資金比率」三者互相影響，「週轉率」一旦惡化，外來資本對「自有資本」的比例就增大，借款的「利息」也隨之提高。利率、週轉率以及資本構成比率這三個要素都惡化，利息、票據貼現費用對銷售額的比率迅速上升，引起惡性循環，企業就急劇陷入困境。

在經濟不景氣、週轉率惡化時，倒閉的企業較多，這是因為對週轉率所作的改善努力不夠，以及自有資本過小的宿疾，企業主呀！你是否有想到這是你的「先天宿疾」呀！你的不利命運呀！

我擔任企業顧問，在輔導企業時，相當同情企業經營者的辛苦，在如此現實環境中，要努力經營成功，實屬不容易！

以上例而言，企業經營者不只要控制產品銷售順利，在忙碌之餘，也要設法跳出心理瓶頸，思考公司的「自有資本比率」是否太低？是否要增加自有資本額，而這一點常被「事務繁忙的經營者」所忽略了。

「利息支出比率」究竟應該佔百分之多少呢？受到企業產業不同而分別看待。到底%若干，因為銷售額利益率極高的產業，有高度的負擔能力，所以不怕比率高。相反的，如利益率低的產業或業種，付出太多的利息，就成為赤字。因此，使用此比率，是針對「利息」與「銷售額」二者，作為參考。一項是「絕對數字」百分比，另一項是變化的趨勢，例如上期的「利息支出比率」是 5%，本期是百分 6.5%，就值得警惕了。

四、利息支出超過比率，企業會倒閉

在貴公司的經營，利息支出佔營業額的百分之多少呢？擔任企業顧問，在診斷經驗中發覺出，如果你的利息支出比率超過某個限度，顧問師就可以扮演江湖相命人士對你斷言：「幾個月內發生經營危機，半年內可能會倒閉」。

茲以「生產工廠」和「批發買賣業」二種不同型態，加以說明：

利息支出比率，其百分比數字愈低愈好。「生產工廠」由於規模龐大，營業規模也較大，「利息支出比率」所能承擔之能力，是略大於「批發、買賣業」。

如果屬於「生產工廠」，是某某製造業，「利息支出比率」愈低愈佳，在 3%以內，是一般狀況；升到 5%，就會造成資金週轉困難；繼續升到 7%，借款快速增加，有銀行支票退票之危險，公司內部會延發薪水、工資；一旦繼續上升到 10%時，就會隨時有經營倒閉的危險。

我們將「利息支出比率」，分成四個階段，「3%以內」為正常狀態，「5%」為「資金週轉困難」、「7%」為「縮小經營規模」，「10%」為遭遇企業倒閉。

利息支出比率在 3%時，即使資金週轉有些困難，公司仍可向外借到錢，銀行仍願意貸款，這個階段還算是健康型。

利息支出比率由「3%」往上上升到「5%」時，利息負擔愈來愈重，「產品利潤」扣除「利息支出」後，企業在此時已感受到資金週轉的壓力，此時，「財務週轉」會變成經營者的心頭痛，千方百計的尋求各方面的借款，由於借貸困難，甚至可能會「病急亂投醫」，轉而向地下錢莊、高利貸者借款，結果原來的經營問題沒解決，反而利息壓力轉為更重，資金週轉更吃力。

　　在「利息支出比率」5%的地步，此時如果企業內部不加以改善，而只是更依賴借款，如果將造成利息更重，資金週轉更吃力。正確作法是應該藉由內部緊縮的力量，壓榨出資金，例如檢討庫存材料、半成品、庫存品等庫存資產；在外的應收賬款，如何加強回收，與對方協調，縮短應收票據的期限，控制各種費用的支出等，設法謀求公司營運資金的充裕。

　　如果企業未謀求內部改善，只是處理資金週轉，則企業必然會持續惡化，利息支出百分比將由「5%」升至「7%」。

　　到利息支出 7%時，利息壓力更大，企業的「損益平衡點」(Break Even Point)會上揚；企業達到損益平衡點更吃力，一旦「損益平衡點」大於「銷售額」，會造成企業嚴重出血，企業就是日以繼夜的努力工作，仍然無法挽回局面。

　　作者從事企業顧問多年，經常碰到，終年 365 天無休的辛苦經營者，滿面風霜來求救，卻是「每況愈下」，令人同情！

　　處於嚴重出血狀況，日夜工作也無法扭回局面，虧損與缺乏現金，終將造成「企業無法發放薪水、工資」，員工士氣非常低落。

　　企業在這時，必須有「壯士斷腕」決心，實施斷然措施，以維繫企業的生存。首先要籌措週轉資金，其次是縮小經營規模。例如處分公司內部閒置資產，土地、庫房、股票，多餘的機器等，即使是「本身擁有，現為自用的辦公室」，都可考慮賣掉，以取得現金，再以承租方式加以收回使用。

　　檢討庫存品數量與種類，加以低價處分、換回現金；解僱公司內部人員，減少人事費用支出；要破除「顏面心態」，一切保留核心業務，縮小公司營業規模。

　　在這個「生死存亡」的關鍵時刻，作者呼籲，這時你要學習「烏龜哲學」，設法「縮小規模」，只要「留得青山在，不怕沒柴燒」。

　　筆者曾診斷一家連鎖業者，建議經營者關掉多年虧損的門市部，但經營者在「面子掛不住」的心態下，拒絕接受，3個月後支票大量跳票，宣告倒閉。原因是公司持續經營虧本，遠低於「損益平衡點」，而利息支出高達 11%，而經營者向地下錢莊高利貸者借款，更是自掘墳墓。

　　由「利息支出佔 7%」升到「利息支出佔 10%」，此時，經營者就要在心理上準備接受倒閉的命運，「企業清算」、「企業重整」來臨了！

　　至於「買賣、批發業」是以批貨售出賺取差價，至少應有「7%的利潤」，有關利息、票據貼現的費用，利息支出比率在 1%，是正常狀況；在 3%時，會出現資金週轉的壓力，經營者已感受到資金融通的困難；在 5%時，企業面臨「無利潤」、「缺現金」狀況，員工發薪日期不正常，工資拖欠；再捱到「7%」時，企業唯有宣告倒閉或接受外界的併購。

　　顧問師在診斷產品銷售額、利潤額時，必須掌握到「利息支出與銷售額的比率」，否則會產生「產品略有利潤……」的誤診，而認為應朝向「擴大銷售」的對策，「此言差矣」！在「高階主管行銷班」對企業講課，就一再要求經營者，高階主管在平時就應明瞭「損益表」、「資產負債表」的數據，否則會被誤導而決策錯誤！

　　企業的經營，是一個很有趣的話題，也是一個相當現實的問題。由於工作關係，常接觸到各行各業的經營者，瞭解到他們的心聲。

　　我常見到一個企業，初創時期，也許業績不佳，猶能生存，維持一、二年後，業績轉好，甚至令人驚奇的大幅度躍進，卻在「眾人一片看好聲」中，匆促的倒閉了！倒閉的原因甚多，主要在於營業額大幅增加之同時，營運週轉金也要跟著充實，有如車輛的前輪與後輪，必須一前一後，相互配合；如果沒有扎實的計劃與配合，你不要妄想營業額會提升，如果硬是將營業額大幅提升，而週轉金沒有「水漲船

高」的配合，援兵(週轉金)未及時到來，你就會碰到週轉資金不足的困擾，財務管理上的「黑字倒閉」，就悲慘降臨了。

不借款，資金不足，無法因應營業額大幅增加的需求。反之，若是以「借款」來補足資金不足的部分，就會招致「利息支付增加」的結果，於是毛利不斷被侵蝕，利息支出不斷增加。

因應之道，根本之策在於「提升資本額」，要隨時留心檢查公司的生產、經營規模，更要因應規模大小，做適當的股東增資。

五、檢討改善利息支出

我一再呼籲經營者，不要一味只企圖擴大銷售額，若是企業發覺「利息支出」太高之傾向，必須立刻加以改善。

「利息支出」太高時，首先要檢討造成利息太高的原因，例如發覺「財務結構不佳」，就要在企業內部加以改善，如增資、處分固定資產等。

在企業的財務管理上，也要有主力銀行的配置，這是企業理財技巧。貸款利息是否太高呢？貸款金額是否太高呢？都要檢討並且設法改進之處。

(一)檢討為何利息支出太高

企業內的利息支出費用，若居高不下，就有必要檢查「利息負擔太重之原因」。

$$\frac{支付利息}{營業額} = \frac{借款總額}{總資本} \times \frac{支付利息}{借款總額} \div \frac{營業額}{總資本}$$

若是「借款總額太高」，必須檢討企業的「資本結構」是否有問

題，進行深入的檢討。顧問師在診斷企業時，常發現經營者未妥當計算出企業的營運金需求，資金一開始就不夠用，難怪負擔重有問題。作者於 1998 年受客戶之邀，赴福建省診斷一家食品工廠，該案就是一個典型的「創業初就未妥當規劃應有的營運資金，導致資金不足」之危險。

　　另一種原因，是未放置「保留盈餘金」。若是「借款利率高」，則利息支出必高，則必須留心和銀行間的交涉往來。

　　若是「總資本週轉率低」，則借款金額也會增加，只要借款金額增加，則支付利息就會相對提高。

(二)檢討存借率與主力銀行

　　企業向銀行借款時，所付出的代價是利息支出多寡，其實牽涉到「存借率」與「利息率」二個。

　　企業向銀行借款時，在實務上，銀行會要求就貸款金額加以回存一部分，例如「向 A 銀行借款 900 萬元，A 銀行要求存 300 萬元為定期存款，企業實際上只取得現金 600 萬元」，此種「借款對定期存款的比率」，稱為「存借率」。

　　一般而言，「存借率」以 3 為目標，超過了，表示「充分借款」，借款效率高。當一個公司往來銀行情形分散，若就其個別銀行的「存借率」做檢討，則會發現，公司的借款方式，借款效率極低。其原因在於，和一個銀行往來超過融資限度，而陸續改換到新銀行的結果。

　　因此，公司應該從檢討「存借率」著手。如果效率不佳，則必須移轉其他賬戶之存款，來增加借款，以提高整個「存借率」。

　　其次，企業經營要有「主力銀行」的配合，從交易實績可顯示那一個銀行為公司的主要銀行，並讓該銀行認知，所謂「主要銀行」，是於公司遇到緊急情況時，可及時協助融資，是公司的「救主」。企業應

將借款和兌現票據的半數以上，與主要銀行做交易。這是相當重要且
必要的。

(三)貸款金額多少才適當

貸款過多的原因，為「銷貨債權增多」、「庫存增加」、「固定資產
過多」和「缺乏自有資本」四項。除非能針對原因，徹底解決，否則
貸款不斷增加，企業除忙於償付外，利息負擔亦是一筆可觀的數目。

就企業而言，貸款的限度究竟多少才適當呢？

為了支出，或償付貸款而舉債，雖然可以暫時減緩資金調度的壓
力，但償還債務乃遲早之事，所以其法並非資金調度的根本之道。何
況，貸款愈增加，資金調度的體質則愈薄弱，所以必須在一定限度內
加以運用、控制。

有二種貸款指標，第一種是「用貸款佔每月銷售額幾倍」的衡量
方法，第二種是「貸款比率佔總資本的百分比」方法。

第一種「貸款佔每月銷售額幾倍」的方法，簡易可行。

$$(短期貸款＋長期貸款＋貼現票據)÷平均每月銷售額＝？倍$$

這計算方法可以算出倍率，在一般的標準認為「1.5 倍還可以」、
「3 倍就應該注意」，「6 倍以上是危險的數值」，這數字的意思是貸款
的數字如果是一個月交易的 6 倍，總貸款的利息、貼現費會把所有的
純利益全部吃掉，三倍即吃掉一半，差不多較為安全的是 1.5 倍。這
是製造業及零售商等的銷售額對營業利益率達到 4%時的情形,如批發
商的銷售額對營業利益率在 2%至 2.5%時,其倍率大約要減半才合適。

例如巨力公司一年的銷售額 2400 萬元，銷售總利率 20%，經費
16%，但定期存款 400 萬元，一年有 20 萬元的利息收入。

其損益計算表如下：先看該公司的貸款限度如何呢？如果巨力公
司的純利益都用在支付利息及貼現費，而貸款限制額的利率為 10%，

利息支出額為 116 萬元，(116 萬÷0.1＝1160 萬)，借款總額為 1160 萬元，由於一年營業額 2400 萬元，平均每月營業額 200 萬元，又將它除以平均月份銷售額，結果是 5.8 月，(1160 萬÷200 萬＝5.8 個月)。

　　此例數字顯示，如果巨力公司的「貸款佔每月銷售額」比率是 5.8 個月，亦即巨力公司若貸款 1200 萬元(即一個月營業額的 6 倍)即成為赤字，這赤字並非因浪費而來的，在本息未償還之前，赤字無法解消。

　　「一個月營業額的 6 倍的貸款」是很危險的，3 倍也同樣把純利益化掉一半去支付利息，也要小心，如果 1.5 倍較為安全。

　　貸款的指標是，以每個月平均營業額的倍數測定。若期限於一個月以內為健全；3 個月為普通；6 個月以上則視為危險；超過八個月，則註定遭到倒閉的噩運。

　　所以，當貸款額超過 6 個月的營業額時，資金調度即應提高警覺。採取縮減資產，或充實自有資本的方式。

　　貸款過高容易發生危險，倘若此時又遇到呆賬的情形，遇到大批訂單減少，銷售情形不佳，或是退貨，想不關門大吉也不行了。

　　第二種方法是「貸款比率佔總資本的百分比」。「總資本」包括「自有資本」與「外部借款」等，若「自有資本」不足，則會向外舉債，造成利息支出，「完全沒有舉債」或是「大量舉債」均非上策，必須隨時因應環境而加以調整控制。

　　由貸款(包括長期、短期)佔總資本的比率來分析：10%以下，為健全；20%，為普通；30%以上即為紅燈號誌；超過 40%以上，則會被利息和償還債務壓迫的透不過氣來，而隨時有倒閉之虞。

　　因此，若貸款比率達到 30%，則必須小心謹慎地籌措資金，並緊急縮減資產，或設法充實自有資本才是上策。

超過 30%以上，則必須採取根本對策，立即處分閒置資產，縮小規模或關閉營業所或工廠，以求財務平衡。

(四)檢討銀行利率的高低

政府在大量開放銀行業之設立，勢必造成銀行業的彼此競爭，企業針對「貸款利率」的高低，可採取「貨比三家，不吃虧」。

在訂立貸款契約時，利息決定亦一併列入。但遇公定貼現率降低時，不妨向銀行交涉，降低利息，除特殊情形，銀行應可接受。

其次，也應該與目前一般行情的利率做比較，應經常注意，利率是否較其他公司為高。如果較一般行情為高，則可能是因借款過於緊迫，或是缺乏擔保力，致使信用評等較低，即要特別注意了。

如果此銀行利率高，即表示有問題，應立即向銀行交涉降低利息為宜。

(五)利息支出比率超過 5%，已出現危險訊號

利息金額支出太多，企業負擔太重，必定影響正常營業，若缺乏有效改善，一再惡化，遲早會倒閉。

支付利息如佔銷售額很高時，例如用貸款蓋房屋，採購設備等，可以說是在積極經營，但這都應該設法提高銷售額，增加總利益。建築物蓋好了，設備採購了，可是銷售額卻沒有提高，因而增加貸款利息，影響經常利益而減少利潤。

類似「大筆貸款」的使用，在財務診斷有個簡單的方法，那就是「長期資產長期還款，短期資產短期還款」、「以長支長，以短支短」，如果「購買機器設備、建廠房」，卻用「短期還款方式」，必導致龐大的還款壓力。

第 *13* 章

自有資本不足的對策

　　公司在經營過程中，會逐漸成長壯大，營業規模變大，營業額呈現急劇的增加，此時如果是「自有資本不足」，「過度依賴外界借款」，利息壓力就會沉重，但依賴營業利潤之分攤，是足以應付；但仍有二個危機，第一個是「營業利潤不足」，「毛利」被「利息費用」吃光，就有虧損之危險，另一個是遇到經濟持續不景氣，「自有資本不夠」，會導致「資金週轉不靈」之危險。

一、自有資本不足的危險

　　自有資本不足，因此大幅向外借貸，大幅度信用交易。若景氣佳，公司業務旺盛，猶有利可言，一旦景氣轉壞，企業受「自有資金不足」而向外借貸之弊端，將一一浮現。

　　除了在經營發生困難時必須借入外來資金以外，公司在發展過程中，有時候也會面臨到這種「要不要引入別的資金，以放棄部分所有權的代價，來使公司朝更大規模發展的問題」。因為公司的規模到了一定地步以後，已經是原創業者的財力無法支應，尤其是那些成長快速的公司更是明顯。企業主如果要快速大型化，只有放棄部分所有權，引入外來資金，以「改善自有資本結構」；否則就要在小模規中慢慢成

長，這是一種必要的抉擇。

如果想一步登天，而又不肯尋求外來資本，擴大自有資本結構，此時，一味的借錢擴充，就會發生資金週轉不靈的情形。國內企業最近倒風頻傳，90%以上都是來自於這種擴充過速而倒閉的例子。

在經濟高度成長下，企業經營者都誤認為「環境會永遠如此順利」，因此認為以自我資金擴大事業，不如借助於貸款來得迅速有力；過去一直順應著高成長經濟的公司，都罹患了危險的肥胖症。

在景氣好的持續期間，只要「支付利息給銀行之前的營業利益率」超過「利息率」，則用貸款經營是有利的；因為借著銀行貸款擴大事業，比起使用自己的資金來，公司的利益率更高。

換句話說，公司的利益率能增加利率與營業利益率的差距。這種情形叫做「財務上的槓桿作用」。「貸款經營」就是具有使用槓桿原理，提高公司利益率的效果。

隨著甚多企業在經濟不景氣時期，一一倒閉，也呈現出「若一味擴張信用，大幅借貸而不是擴充自有資本」，是否應值得檢討呢？

企業若自有資本較低，以借款經營為主力，此種財務上的特徵，在經濟高度成長時並不會產生嚴重問題，每一企業均能順利成長。但當經濟成長逐漸衰退，借款經營就顯得弊病百出。借款經營原本是促進企業成長，在財務上所採行的一種有力手段，在不景氣的期間，此種有力手段，卻成了致命的缺陷。

在經濟成長較低的時期，過多的負債、過多的利息支出、過多的銷貨債權、過多的庫存品、過多的固定資產，都變成了沉重的包袱，企業背負著沉重的包袱是無法走遠路的，有改善財務體質的必要。

二、「大幅借貸」遇不景氣時期，會有倒閉風險

阿基裏斯是「荷馬史詩」內的希臘英雄，力大無比，據說除了腳跟的「踵部」外，全身刀槍不入。

擴張信用，舉債經營，萬一不幸，將是企業的災難，有如「阿基裏斯腱」，「阿基裏斯腱」就是指企業的借貸經營，肩負著巨額的利息支出，相當危險。

企業用「借貸」方式來借錢擴大經營，即所謂「擴張信用」，此手法「見仁見智」，惟企業經營者必需謹慎分析運用，並且確實瞭解外界環境的變化，（當然呀，最好你還要「很幸運」），由於長期擔任企業顧問與企管講師，與企業界互動頻繁，看到甚多企業的崛起與墜落，瞭解到「企業要正派、認真經營，才有永續經營的結果」，永續經營必須點點滴滴的累積，不是喊喊口號就可以混過去了。

在高度成長，且持續通貨膨脹的期間，公司的貸款經營是擴大事業、獲得利益的有力武器。

可是，經濟在今後卻轉向低成長，在通貨膨脹減退時，本來是有利的貸款經營就成為「叛逆的刀」，有著威脅公司生命的反作用。

公司在負債比率高時，處於經濟成長的氣候下，業績會成為赤字，破產的危險性隨之提高，負債比率高是表示公司有肥胖體質的話，血壓就會升高，患腦溢血死亡的危險性也會相對的增高。

此表就是分別表示在高成長經濟下與低成長經濟下 A、B 公司的明暗狀態。

A 公司的負債比率是美國公司標準的 100%，資本結構是健全的，B 公司是代表日本的公司，其負債比率是 50～60%。

表 13-1 公司經營績效比率

項目 \ 經濟型態	高成長經濟下		低成長經濟下	
	A 公司	B 公司	A 公司	B 公司
自我資本(萬元)	500	500	500	500
負債(萬元)	500	2800	500	2800
負債比率(%)	100	560	100	560
使用總資本(萬元)	1000	3300	1000	3300
營業利益率(%)	20	20	7	7
支付利息前營業利益(萬元)	200	660	70	231
利息(萬元)	50	280	50	280
純利(萬元)	150	380	20	−49
自我資本利益率(%)	30	76	4	−

　　B 公司利用負債比率的杠杆作用，與 A 公司的 30%比較，獲得極高的自我資本利益率 76%。可是，在低成長經濟下就相反了。

　　由於不景氣的關係，利益率從 20%降到 7%，A、B 二公司的利益都會減少。但 A 公司仍舊能維持藍字。相反的，有高收益性的 B 公司，立刻亮出赤字的紅燈。

　　假設因低成長經濟下發生的不景氣，支付利息前的營業利益率降到 7%。A 公司的付利息前營業利益是降到 70 萬元。從營業利益付給銀行 50 萬元利息後，雖然很少，但能獲得 20 萬元的純利。總之，這家公司再怎麼說也不會呈現赤字。

　　至於 B 公司的情形如何呢？假設 B 公司的營業利益和 A 公司一樣，營業利益率是 7%時，就降到 231 萬元，即使在不景氣期間，也要向銀行支付 280 萬元的利息，因此出現了 49 萬元的赤字。

　　B 公司的財務狀態完全反映出公司所處的經濟危機之現況。也就是說，員工們所賺來的全部營業利益，被付給銀行的利息剝奪了，甚且發生赤字的不幸狀況。

　　公司在呈現赤字時，就會發生資金不足現象，為此又增加向銀行貸款的金額，負債比率就更惡化，然而為歸還本利，資金的週轉更加艱苦，於是公司所開出的支票開始遭到退票，可能不久就倒閉了。

表 13-2　A、B 公司代貸情況對照表

	A 公司	B 公司
自我資本(萬元)	500	500
負債(萬元)	500	2,800
負債比率(%)	100	560
資本總額(萬元)	1000	3300
營業利益率(%)	7	7
利息支出前的營業利益(萬元)	70	231
利息(萬元)	50	280
純利(萬元)	20	-49
自我資本利益率(%)	4	-

三、「自有資本比率」與利息支出之關係

　　利息支出受到「利息高低」、「票據貼現費用」、「銷售額」、「自有資本」之影響，其計算公司若利率越高，利息負擔率就是越高，這是理所當然的。外來資本在總資本中所佔比率越大，利息負擔率也就越高。再者，總資本週轉率低，利息負擔率則升高，這一點是不難理解的。

總之，利息、票據貼現費用與銷售額的關係受到下列三種要素的支配。

第一，外來的資本中，需要支付利息者，即付給借款及貼現票據的利息；第二，資金週轉率；第三，外來資本在總資本中所佔的比率（即外來資本為自有資本的幾倍）。

自有資本過小這個宿疾，經濟景氣時看不出來，不痛不癢的，可是，一旦遭受不景氣，疾病就暴露無遺，引起劇烈的疼痛。

週轉率一旦惡化，外來資本對自有資本的比例就增大，借款的利息也隨之提高。利率、週轉率以及資本構成比率這三個要素都惡化，利息、票據貼現費用對銷售額的比率迅速上升，引起惡性循環，企業就急劇陷入困境。

在經濟蕭條、週轉率惡化時，倒閉的企業較多，這是因為對週轉率的改善所作的努力不夠，以及自有資本過小的宿疾所引起的。生命短暫、前途難蔔，從景氣轉入不景氣時，企業就會一個接著一個消失。當利息、票據貼現費用對銷售額的比率日益增大，企業每況愈下時，稍有疏忽，就要遭殃。

必須經常注意觀察利息、票據貼現費用的發展趨勢，經濟蕭條時，這一點尤為重要。

能否控制利息負擔，取決於資本構成比率的大小，檢查有沒有自有資本過小的病情，尤為重要。

對付不景氣的唯一抵抗力，是資本的積累，即自有資本。那麼，外來資本一般為自有資本幾倍才算正常呢？在美國為 0.6 倍，在日本，優秀企業為 1 倍，股票上市公司為 3 至 5 倍。中小企業為 6 至 8 倍，這是通常的情況。到了 10 倍以上的兩位數時，資金週轉就極端困難了。

亞洲金融風暴乍起，許多企業都相繼倒閉，多年努力毀於一旦，

證明了「穩健經營」、「自有資本比率高、負債低」的重要性，資產負債狀況理想的企業，可安然渡過危機，證明了穩健經營的重要性。

四、改善體質，重建企業的財務妙方

日本的著名顧問師大山梅雄，專門以「重建倒閉公司」而著名，根據他從財務觀點來看，企業倒閉的主要原因有下列：

賬款回收的不良；盤存資產的過於龐大；固定資產的過於龐大；自有資本的不足？造成負債龐大；利益的不足。

這五個倒閉因素會互相影響。例如，賬款回收不良時，相對的就會增加借款，增加應付票據，使負債增加，結果造成資金週轉不良。此外，許多公司倒閉的主要原因：本身資金不足，大幅舉債，擴張信用，支付的利息過重，壓迫了所獲得的利益。

作者授課介紹「企業的體質分析」，介紹企業的收益力、生產力、成長力，常強調彼此有密切的關係。成長力與生產力有所提高，那麼收益力也就跟著提高，財務狀況也就會變好。

財務狀況如果良好，對收益力也會產生良好的影響，總資本經常利益率是表示收益力的中心指標，牽涉二個因素：「總資本利益率」與「自有資本比率」。

自有資本比率，也稱之為自有資本構成率，也就是資產負債表總額中，所擁有的自有資本比率。健全企業的自有資本比率較高，換言之，也就是財務狀況較佳。

當企業的自有資本都較低，而以借款經營為主力，此種財務上的特徵，在經高度成長的時期，並不會產生嚴重問題，每一企業均能順利成長。但是，當經濟成長逐漸衰退，借款經營就顯得弊病百出。借款經營原本是促進企業成長，在財務上所採行的一種有力手段，但

是，在不景氣的期間，此種有力手段卻成了致命的缺陷。

所謂改善財務體質，具體來說，也就是改善資產負債表(B/S)的形式。改善資產負債表的方法大致上可以分為兩種：壓縮資產或增加自有資本。改善方法，如下：

所謂改善財務體質，也就是改善資產負債表(B/S)的形式。改善資產負債表的意義，並不在於僅止是將借款還清而已。即使是想要還清借款，如果不採行某種策略，借款是無法還清的。改善資產負債表的方法，首先是可以用「增資」的方式增加自有資本。

不過，採行增資的方式之前，必須能夠預估在可見的將來，有利益增加的可能。通常，即使想要增資，在時間上往往並不是能夠立刻辦得到的。必須擬定計劃，逐步增資。

企業有獲利後，此利益會被股東所分配、分發，若能保留在公司內部，才能增加公司資源。

要想改善資產負債表方法是必須增加自有資本，而增加自有資本的方法，可以採用增資的形式，但是最好的方法就是儲存利益。企業設法創造較多的利益，並將每年利益中的一部分不予以分發、分配，而是保留在企業內部，也就是儲存了利益。

損益表的末尾，所列舉的本期未處分利益(盈餘)的主要部分，就是本期利益(純益)，企業可加以處分此利益，或是保留在公司內部，增加自有資本。

企業在內部保留了利益金額之後，就等於增加了自有資本，因此資產負債表的形式就獲得改善。

自有資本過少的原因之一是由於「資產的增加」(尤其是固定資產增加)，導致自有資本相對減少以及「缺乏自有資本絕對額」。

固定資產投資的第一原則，是要利用自有資本。如果不遵守此原則，就會演變成自有資本的不足。其直接原因是資本過小、保留盈餘

不足、利潤過少、固定資產過多。

如果能夠強化賬款的回收，就可減少銷貨債權。如果能夠強化庫存品的管理，就可減少盤存資產。

「自有資本不足」的應對方法，其中之一是「有效控制固定資產」，固定資產一多，不只耗費公司資產、減少可週轉的資源，而且「固定資產」變現困難，常形成僵化的資產。

固定資產太多，造成「資金不足」、「週轉不靈」。固定資產增加，相對的，資金即長期被禁錮。自有資本或長期貸款等長期資本若是較固定資產還少時，營運資金則會週轉不靈活，而成為資金籌措困難的原因。

財務體質薄弱的公司，應檢討其上地、建築物、機器的性質及利用價值，不僅是對閒置資產，營運力較低的資產亦應將其列入處分。如設法賣掉開動率不高的機器，而改採外包的方式也是一個辦法，甚至不合理的投資(買太多土地，投機性炒作)。

憲業企管顧問公司專門出版各種實務的企業管理圖書，幫助企業解決各種經營難題，各圖書名稱詳細資料，請參考本書末頁。

或是直接上網查詢：www.bookstore99.com

第 *14* 章

企業最怕資金週轉不靈

　　企業經營本身必須經營順利、有利潤(否則就反成「製造社會問題」了)，企業獲利賺錢固然重要，而能否繼續經營亦同等重要，欲達此目的，必須「資金順利週轉」，此外別無他法。

　　企業經營的目的有二，第一是利潤的獲得，第二是永續的經營；賺錢固然重要，而能否繼續經營亦同等重要！

一、資金週轉的重要性

　　人的身體，是借著血液來輸送養分和氧氣，才能維持生命和發揮能源。相對企業而言，是靠什麼循環來過活呢？企業和組織也是透過資金的良性循環，才使得生產、銷售、事務性工作都能順利進行。所以，如果業績不好，沒有利潤，資金流動停滯，業績就會降低(生病)，當資金流動完全停止時，就會出現最壞的情況——破產(死亡)。

　　更糟的狀況是，公司雖然營運業績不錯，有銷售利潤，而且結賬正確(即使在計算損益上，利潤增加上)，但錢不夠(在收支計算上現金不足)，這就會造成支付困難，使經營受挫，產生了「資金週轉困難」。

　　最近有幾家公司發生週轉不靈，都不是因為經營出現紅字，而是

仍有獲利，但卻現金週轉不靈而遭跳票！這種情形我們稱作「黑字倒閉」，最近有愈來愈普遍的趨勢。

　　為什麼會出現「黑字倒閉」的現象？簡單地說，企業經營者的眼睛都集中在「產品有否獲利？」，企業主只看「損益表」，不看「資產負債表」，不看「資金週轉表」。

　　缺乏財務規劃，造成現金流入的數量不足以支應現金支出。這是老闆根本就沒有規劃現金的流入流出，他一直在賺錢，殊不料一筆票款沒收到，銀行的三點半就來不及。國內中小企業跑三點半的人多如過江之鯽，主要原因就是現金流量的規劃缺乏；易言之，即其財務調度有所不當。

　　一般人常誤以為只要有盈餘，企業經營就絕不會發生困難，其實獲利而有盈餘的企業，若有賬無錢而缺少週轉資金，照樣會發生「盈餘倒閉」的情形。反之，虧損的企業，只要其資金能像水車一樣流轉，略有虧損亦能照常繼續經營下去。這好比是棒球賽和拳擊賽，前者只要能在九回合中，積分最多，就算勝利！而後者則前幾回合雖然積分較多，但後來如突然被對方打倒，則勝負已分而前功盡棄。企業經營的目的有二，第一是利潤的獲得，第二是永續的經營；賺錢固然重要，而能否繼續經營亦同等重要！

二、週轉不靈的原因

　　法國拿破崙曾說過一句名言：「打勝仗要有三個條件：「第一個條件是錢；第二個條件也是錢；第三個條件還是錢。」強調資金的重要性，以筆者在輔導企業所見所聞，企業經營者若只注重商品獲利，缺乏資金管理能力，必將遭到致命打擊。而這也正是企業主感到困惑之處：我每賣一個產品利潤高達 30%，為何仍然會週轉不靈、員工薪水

發不出來呢？

　　企業經營不順資金週轉困難，員工薪水無法發放，經營者承受著相當大的壓力，整日與銀行、財團打交道，苦思如何借入資金，個中辛酸實在令人同情。

　　俗語說得好：「一文錢可以逼死英雄漢」。企業無論業績如何風光，毛利幾千萬，一旦資金入不敷出，所開支票無法兌現，第二天一定是醜事傳千里，債主仍會聞風而至，龐大的討債壓力會壓跨企業。以筆者所見，目前國營企業、私營企業的最困難之處已由「產品如何獲利」往前延伸到「如何加強資金管理」了。

　　銷售虧損，俗稱為「紅字」，是企業經營者最不願意看到的結果。反之，銷售盈利，稱之為「黑字」，按理說，有利潤是好事，然而，在我的診斷經驗裏，卻常看到令人可惜的「黑字倒閉」！

　　人人都知道企業經營虧損，業績呈現紅字會倒閉，卻不知銷售有利潤的企業，也會因為資金週轉不靈，產生令人惋惜的「黑字倒閉」！

　　筆者擔任顧問，就協助企業的經驗，對企業週轉不靈的現象、原因、對策一一加以說明，以期對企業和經營者有所幫助。

　　中小企業針對上百件倒閉個案進行分析，發現經營失敗的原因，主要由現金流量控制不當有關，包括客戶拖累，負債過多。財務調度失靈，擴張過速，投資錯誤，行業不景氣銷量減少，這四個原因合計佔中小企業關門原因的九成，企業如要健全經營，對於現金流量的掌握是最要緊的事。

　　受第三人拖累，主要是銷貨客戶應收賬款票據無法收回而現金短缺。負債過多財務調度失靈方面，則以向銀行或他人借款過多，卻因經濟不景氣而缺乏現金還本付息。至於擴張過速投資錯誤，多為借款購置廠房或機器設備擴充，卻缺乏現金還本付息能力。

　　至於生產管理不當指的是，原料在製品、製成品的生產管理不

當，導致現金積壓在存貨上而週轉不靈。同時，發生財務危機的企業中，代表現金支付能力的支票存款，開始發生退票現象，所謂外跑三點半，即表示現金週轉已出現問題，到了最後，大量退票的結果，導致超過八成的企業，因存款不足而遭受拒絕往來處分。

分析發現，許多企業倒閉前，其實它的資產負債表、損益表並無異狀，尤其以應付基礎為主的損益表，營收仍為盈利，但卻觀察不出其現金部位的匱乏，可見中小企業必須修正傳統的會計觀念，開始重視現金流量表，以降低企業出現倒閉的危機。

商場交易循環是從「購買設備、材料、商品」開始，到最後「銷售商品」、「收回票據」、「票據兌現成現金」結束，營運資金經過四個流程變化：

· 第一道：生產產品所必要生財器具及建築物投入之現金，即「設備資金」。
· 第二道：勞力及原物料等，除部分支付現款外，賒欠及簽發期票乃常有之現象，稱為「購入債務」。
· 第三道：為原物料或在製品及製成成品存貨，所投入的現金，稱為「庫存資金」。

投入存貨資產或固定資產之資金，亦即庫存投資或設備投資，為測定耗用了多少資金用於企業，可觀察資產負債表中資產部分的存貨，及固定資產的合計數。

· 第四道：生產完成的產品，直接或經銷商而售予需要者，每當銷售者有賒賬或期票交易情形者，即為「銷貨債權」。

存貨加固定資產，再加上銷貨債權減去購入債務，在企業其實就是施行營業支出以迄獲得收入為止所投下的資金量，可稱為「營業資金」。這些營業資金中除去投下設備資金外，可稱為「週轉資金」。

至於營業資金，大致有三個來源，即：

①自有資本;

②自外部借入;

③公司歷年賺到的利益。

在資金週轉上,不論資產增加多少,只要尚未變現,就不可能面對支付的事實。此種情形皆由於設備投資龐大,或存貨增加,應收賬款或應收票據大部分收現延遲等,或者債權之回收雖無變化,但付款條件縮短,使支付增加所致。

「營運資金」經過上述的流程,控制不當就可能有「週轉不靈」之危險!

企業經營順利,產品(服務)銷售即使有獲利,卻仍然可能會有「資金週轉不靈」之情形,更何況業績不佳,銷售虧損時,資金週轉更吃力!區分「虧損企業導致週轉不靈」、「企業有獲利卻導致週轉不靈」,分別說明其原因:

(一)經營虧損,導致週轉不靈

一般企業的經營為什麼發生週轉困難?所謂資金週轉困難,就是資金流入不足以應付資金的流出。簡言之,也就是入不敷出。這種現象,多半由於經營虧損所致。

第一個原因是經營虧損,若僅存在於短期間,企業還可以向金融機構借款,或利用企業間的商業信用借款,以獲得暫時性的資金融通。但經營虧損若為長期性的,則不論是向銀行借貸,亦或向同業調資,都只有使利息負擔愈滾愈重,這時的企業恐怕就面臨危機了。

其次,論及經營發生虧損的企業,因其本來就資金不足,當然更是可能發生資金不易週轉的現象,雖然它亦可能獲得一時的週轉而渡過難關,但是頭痛醫頭,腳痛醫腳,不如實施根本治療。所以最好的方法是,找出虧損的原因,徹底予以改善。

一般來說，中小企業之所以發生虧損，揆其原因，不外是濫發支票、借錢過多、產品滯銷、收入減少、削價求售、成本過高、投資過大、存貨太多、設備閒置、生產力太低、對新事業的投資失敗、賬款回收不良、事業會計與家計不分、經營的不專心或人事管理效率的低劣等等，其結果是企業的體質惡化，收益減少，最後導致資金的不足。至於其症狀是借高利貸融資、全面性的延期付款、濫發或調換支票、遲繳稅款、存貨拍賣出清、員工薪水遲發等等。針對以上各種原因，分析對策：

①營業收入減少

企業收益等於企業收入減去成本，收入愈多，成本愈低，收益愈大；相反的，若收入減少，成本增加，則收益必然減少。在此不景氣，營業收入不太可能有大幅度的增加時，最宜撙節開銷，避免過大的投資；並設法降低企業的損益平衡點。產品因競爭關係，不得不削價求售，以致失去收益力時，唯有降低成本，才可從事於價格競爭，否則，宜重新檢討產品計劃，調查市場的需要與動向，實施市場細分化及產品差別化策略，使其可能用「物美價高」的方式去營銷，以提高營業收益。

②成本過高

與銷售收入比例增加的費用，因有助於收入增加，是值得開銷的；可是那些無助於收益的間接費用，若不斷增加，一定是在管理上有了問題；此時改善的訣竅，就是要削減這些費用，宜特別注意數額較大的部分，並分析其內容。

與收入直接有關的費用，如交際費、旅費、通信費、折扣及運銷費等，要避免過份的節省，因為它們與收益有關，若弄巧成拙，反而會導致收入的減少。總之，在營銷方面，要設法維持售價，在製造方面，則要提高生產力，並降低成本。

③投資過大

企業存貨量常有過剩而壓迫資金週轉的情況。其對策是，宜盡可能控制採購，整理退貨，加強推銷等以減少存貨。在製造方面，要考慮縮短工廠操作時間，減少備貨數量。

④回收不良

加強催收帳款，有利公司資金週轉企業的壞賬損失，對企業的資金週轉，影響甚大，所以對不良應收賬款的管理，實不宜掉以輕心，而應予重視。

⑤經營者沒有專心經營其企業

適當地從事於企業外的俱樂部或交際活動，有助於企業公共關係的推廣，可是若此類活動過多，常會影響其企業本身之經營，尤其是在企業發生虧損時，更宜專心致力於管理之改善。有時可看到某企業興起不久，忽又衰敗下去。究其原因，不外經營者在成功之際，一反過去兢兢業業的專業精神，開始趨向逸樂的生活，終於在不知不覺中導致其企業的失敗，穩健的經營者實宜引為警惕。

⑥員工管理的好壞

企業一旦發生虧損，會動搖從業員對公司的信心，因為可能延期發薪、減薪、待遇惡化、或沒有加薪的希望，結果引起員工的不平不滿，此種情形，常會加速公司陷於困境；因此在平時，就要改善人事管理，促進良好的員工關係，培養員工同甘共苦的團隊精神，使公司在一旦發生困難的時候，可以獲得員工的支持，同心協力共渡難關。

(二)經營有盈餘，卻導致週轉不靈

有盈餘的企業，為何會發生資金週轉不靈而導致「盈餘倒閉」，原因不外是：

①銷售額驟然增大，所引發的週轉金不足

企業若採用「信用交易」的方式，所收取的銷售債權常是票據，仍未兌現為現金，由於銷售額驟然放大，相對的，必然產生「需求更多的營運週轉金」。一旦資金的流入速度太慢，無法滿足「對外付款」之要求，馬上是週轉不靈、支票無法兌現，有倒閉的危險。

擔任顧問師多年，發覺有個怪現象：「企業一旦業績猛然放大，就是出問題的時候」了，因為經營者在陶醉於業務之餘，渾然忘了「資金需求面」的配合。

呼籲讀者，「資金需求計劃表」、「資金流量表」非常重要，每年要更新，而且每個月均要重新務實釐定。

②銷貨債權的回收遲緩

膽怯業務員勉強的銷售行為，常使得應收賬款和應收票據增多，減少現金流入，導致資金週轉困難，再者，若應收賬款一直停留在賬上，甚至會發生呆賬的情形，此時，資金籌措就益形困難了。

一方面是遲於收款，另一方面「所收取的票據，不能兌現」，或應收賬款不能回收，若此一數目很大，會引起金融機構及交易企業的警戒，從而影響企業的信用。所以企業在平時，就必須作好顧客的信用管理，並致力於債權的回收。

③銀行抽銀根

有借貸關係的銀行，若一旦改變方針，銀行向企業收回當初的貸款，也會使企業面臨資金週轉問題。

從金融機構獲得一定融資的企業，為避免該金融機構採取銀根緊縮的方針而縮小融資的範圍，企業在平時就要改善管理體質，不要過份依賴銀行。

④客戶突然抽走訂單

往來正常的客戶，改變政策，突然抽走訂單，或是改為自己生產

而停止訂貨；或本來大量採購的主力客戶，因縮小規模，而使預定訂貨量減少，都會使得企業營運受到打擊，資金發生困難。

針對此弊病，企業平時就要改善內部的經營體質，具有獨立自主能力，不過分依賴單一大客戶。

⑤多角化經營，新投資事業或新產品開發失敗

多角化經營，雖有分散危險的好處，但是在不景氣時，其中任何一部門都可能同時發生危險，結果其危險不但不分散，而且有集中加倍的可能；多角化的組織方式，可以採用利潤中心或不同公司名稱的方式，但因其關係密切，依然會相互連累，發生循環性的困難，危險性較大的一種情形是，將企業的運用資金，投資於週轉性較慢的投機事業，如「不動產事業」，或其他風險較大的事業。

⑥庫存量增加

材料和成品的庫存增品，資金亦會調度不良。庫存無異是讓現金「睡覺」，無法發揮其功能。所以庫存愈少，資金的回轉率也就會愈快。日本有些公司甚至已達到「零庫存」的境地。過多的庫存或長期滯銷商品，均能造成資金的調度困難，而不良的庫存亦會使損益表上的損失增多。

⑦固定資產、設備過多

固定資產過多，亦是造成資金籌措困難的原因之一。固定資產多，不僅造成閒置資產的機會大，折舊回收的時間亦會延長，使得資金無法運用。因此，固定資產挪用自有資本或以長期借款的方式為宜。

若固定資產超過長期資金，致使企業不得不挪用短期的「營運資金」，那麼資金調度陷入困境，是自不待言的了。

⑧借款過多

為了償還借款，使得資金的調度更形緊迫，不得已時，只有另外再借款，以償還先前所欠款項。於是借款更多，利息增加，收益相形

減少。

⑨資金計劃的配合不當

資金週轉發生困難的原因，是資金來源與運用期間的不配合。

譬如籌措得來的資金原本是要作為短期性用途，但企業卻拿來作為建廠房、擴充設備等長期性投資用。短期資金作長期投資使用，等企業需要大筆資金，或是短期借貸期限一到，企業根本就拿不出這一筆錢，如此當然就發生週轉困難。

三、資金週轉不靈之對策

當企業發生資金週轉困難時，必須視為企業經營的問題，頭號問題是「企業要自救」，立即找出原因，從根本上著手改善；　且施救無力時，「解救」之路變為「如何善後」。

國際著名的經營學者杜拉克教授，強調今後的企業經營者，對資金計劃要特別的關心，因為低度成長的時代，資金取之不易，所以要提早準備。誠如所言，資金調度乃是時機配合得當與否的問題，如果來不及配合某一時期的需要，定會發生問題，而且當企業資金不足的症狀為外界所知，會一傳十，十傳百，影響企業信用，而加速週轉的困難。

當各種「解救」之路均屬無效，企業必須不得不思考另一個層面問題：如何善後。

當一個企業不知不覺中已採取了借高利貸、交換支票，全面延期付款等不正常的資金對策，而面臨緊急狀態時，除了其向金融機關求援外，最好對其支援或交易企業坦白公開其經營內容，商請其協助與補救。因為交易企業常為了確保自己的利益，不願受到對方倒閉的連累，只要對方有改善與挽救的餘地，事業有繼續經營的價值，而且對

方沒有蓄意欺詐的行為，常可獲得債權人的同意，而使面臨困難的企業得到新生的機會。

如何改善「週轉不靈」，有多層面的對策，在此指出數點，加以說明：

1.穩住債權人

如果企業無法獲得銀行貸款，那麼就應該盡力穩住購銷債權人並且爭取獲得進一步的賒銷。其實與企業長期合作的購銷債權人和銀行一樣，也不希望企業破產，因為一旦進行破產程序自己的債權很可能無法完全收回，並且在以後的經營中也失去了一個合作夥伴。所以，如果企業平時信譽較好的話，其業務夥伴通常也願意以賒銷或者其他的方式幫助企業渡過難關。

在企業爭取債權人幫助的同時，還應注意與債務人的協商。企業遇到「現金荒」時，通常並不是負債累累，很多時候還是很「富有」的，可能還擁有很多債權，很多企業破產的原因往往不是高額的負債，而是被這些無法及時收回的債權拖垮的。所以，當企業陷入資金困難的時候，可以考慮與自己的債務人協商。但是債務人通常不會像企業的債權人那樣害怕企業破產，所以，債務人不會太考慮債權企業的利益。因此，企業要想促使債務人還款，就要給予適當的優惠措施。例如給一些折扣或者供貨上的優惠等，必要的時候還要運用法律手段去維護自己的利益。

2.增加收回「應收賬款」

要解決「資金週轉不靈」，第一個問題是「檢討公司內部那裏有錢」，最直接的方法是增加「應收賬款」，或是將「應收賬款」變為現金。

在檢討銷貨的「應收賬款」上，首先要清查客戶的欠款，目前社會中的信用交易狀況，幾乎都是以應收票據的方式回收貨款。在這種

情況下，不但要留意票期的長短，同時還要調查可能跳票或空頭票據的虛實情形。

　　善後處理不當的交易，一旦發生有拒付、空頭票據等情形時，雖然入賬金額極可能微不足道，但是在稅務賬面上，這筆交易仍然存在，未行虧空交易的登出，於是在毫不知情的情況下繼續消化稅款。若發現上述票據的情形，就必須暫時將之列入「呆賬」中，後來的入金部分則記在「雜項收入」賬目上。

　　在檢討銷售債權內容時，首要之務為客戶欠款的清點。

　　會計方面計算，「貨款回收率」及檢視「貨款回收期限」時，多半隻留意或注重客戶欠款的「總金額」，而不是進一步瞭解款項內容。因此，假設其中出現呆賬，很可能公司上下都無人察覺。

　　千萬不可因此而放任不管，依客戶賬目檢查餘額，查看是否有呆賬或未收款項，有的話就另外列表，向負責人員查明原因。

　　其中也可能是客戶停止營業，或負責人員處理不當而導致不良情形的發生，因此業者有必要個別約談負責人員，以確認整個事件的原委。

3.降低存貨額

　　存貨一多，必會積壓公司營運資金，一旦存貨停滯於倉庫，無異將寶貴資金放置倉庫，因此，檢查存貨，也是一個改善資金週轉能力的重要對策。

　　重新盤點庫存商品也相當重要。在實施盤點工作時，並不僅是計算貨架上商品的數量，商品內容方面也必須盤點清楚。斷然地處理丟棄滯銷或不良商品，多多少少都有點兒於心不忍，但是一味緊抱著無法銷售的商品，也毫無意義，而且還必須繳納稅金，如此一來不是得不償失嗎？因此，必須檢討如何降低、變賣庫存品。

　　由於存貨增加的原因有「銷售不良」、「生產、購貨計劃不當」等。

因銷售不良，不能按原計劃進行銷售，存貨也就增加；而生產、購貨的計劃，因不能與實際銷售額配合，亦會造成存貨的積壓。故檢查存貨內容時，必須加以適當的處理。

處理存貨的首要任務是針對現場及庫房先行整理整頓，將資材堆置整齊，存貨過多的資材必須集中保管，並設法賣出活用。

由於資材的存貯費用約佔存貨金額的 20%，如任其廢棄不理，僅約五年時間，就可使該項存貨的價值消耗完。

曾分析某一公司的經營情況，發現該公司所列示的某些存貨品目的價值約有 1680 萬，但卻已存貯了 6 年以上，存貨不必像機器設備一樣攤提折舊費用，因而一直原封不動。

4.擴大自有資本

充實自有資本是最佳方法。企業可採取貫徹「背水一戰的信念」，鼓勵員工加入股東，先以部科級主管為對象，逐次推展至從業員工。也可吸收員工存款，推行員工儲蓄存款制度，利率須較銀行存款利息為高，以吸收安定性的資金，惟手法敏感，必須避免犯法。

5.處分內部保留盈餘

企業在危急時，可處分「內部保留盈餘」之款項。

提存內部保留盈餘，是積蓄企業自有資金的最佳方法。以經營績效著稱的優秀企業，均有提存內部保留額，並且能夠達成分配高紅利的目標，非常難得。應設法抑低紅利分配及董監事酬勞金，並以蓄積內部保留額為其首要任務。

6.說服銀行增加貸款額度

當企業遇到現金週轉不順暢的時候，首先應想辦法從銀行貸款。如果企業的發展前景很好，原先的合作銀行一般還是願意給企業增加貸款幫助企業渡過難關的。因為如果銀行不增加貸款，一旦企業真的破產，按照破產程序銀行原先貸給企業的款項通常不能全額收回。而

如果銀行給企業注資幫助企業渡過難關的話，企業不但可以歸還以前的貸款，而且該銀行還多了一個忠實的客戶，有利於其以後開展其他業務。但是企業能否在危難之時獲得銀行的幫助，還要取決於企業的發展前景、平時的信譽、當時的經濟狀況以及央行的貨幣政策等，其中有一些原因是企業不可控的。

7.處分資產，換取現金流入

改善現金流量，還可以從資產管理上入手。有效的資產管理能減少現金佔用量，如有效的存貨管理能夠減少現金在庫存儲備的佔用量。減少存貨，就能增加資金，可以改善企業的現金流量。

企業要處分不良資產以及將其現金化，企業面臨資金週轉困難，及利息負擔沉重的經營危機時，經營者必須施展壯士斷腕的魄力，處分與經營無關、完全閒置的資產，將之變換成現金，以便充實流動資金。

某電機公司面臨財務危機時，經營者當機立斷，一口氣變賣了二十多棟與經營無關的店面建築物，藉以緩和資金短絀的嚴重性，又收回對外投資的資金，例如，選擇時機賣出股票。如有貸放出去的長期資金，也考慮收回，藉以充實自有資金。並且變賣了自用豪華汽車，員工士氣大振，終於克服難關。

8.利用售後租回

售後租回是先把企業的一部份資產出售，然後再和買方協商以租賃的形式租回來繼續使用，這樣企業其實是以放棄資產所有權來獲得資金，以付出租金再換回資產的使用權。售後租回雖然使企業暫時失去了資產的所有權，但是可以迅速補充現金流量，還可以通過租賃的方法租回並繼續使用這部份資產，所以對企業的生產經營不會造成太大的風險。等到企業渡過難關以後可以再把這部份資產買回來。售後租回其實相當於以部份資產作為抵押進行融資，租賃費就相當於是融

資成本,等到企業資金充裕的時候再把資產買回來等於是還了人家的本錢,把自己的抵押物「贖」回。售後租回在迅速補充企業現金方面還是可以起到立竿見影的作用的。

9.採取民間融資

當企業要上某個項目,而又實在籌不來資金的時候,可以考慮向民間融資。特別是對於一些中小企業來說,向銀行貸款的難度可能很大,所以可以考慮運用此方法。但是,民間融資的成本一般要高於銀行的貸款利率水準,因此企業在向民間融資時一定要考慮自己在成本方面的承受能力。

10.企業內部人員的溝通

企業的員工和老闆心情是一樣的,都希望企業向好的方向發展,因為關係到員工自身的利益。當企業遇到現金困難時,往往可以通過與內部人員的溝通,以犧牲內部人員的利益來幫助企業渡過難關。例如,企業可以和員工協商,暫時減少薪資、降低獎金或者其他福利待遇,必要的時候可以讓員工集資,這些往往會在企業最困難的時候起到立竿見影的作用。

如果企業和員工解釋清楚,通常員工是會理解的。但是如果企業不和員工溝通,可能會引起企業內部的恐慌,這就會加深企業的危機。另外,當企業度過危機以後要給予員工一定的補償。因為一方面企業要對自己的員工負責,另一方面當企業以後遇到類似情況時,容易得到員工的理解。

11.檢討應付債務

針對公司內部的支出項目,所開立的付款票據,要求能否延長開立日期、延後兌現日期;針對各種管理費用,檢討有無刪除之空間餘地。

12.向金融機構調度資金

投入企業的資本，含有各種形式的資產，這些資本以現金型態流入，若用資本購入商品則形成現金的流出，流出的現金再經由銷售又流回該企業，現金就如此不斷的循環。

不論投下多麼龐大的資本，現金不足時，資本的流動即告停止，而企業也就陷入危險狀態。又在企業內，資本若以現金停留於公司內，則資本也就不會產生利益了。因此如何預定現金的收支及維持適度餘額，在企業經營活動上是很重要的事。

企業某期間的現金收入與支出額並不一定一致，因此當收入比支出多時，必須想辦法加以運用，相反地，支出比收入多時，則須調度不足額。這些手續就稱為資金調度。

「明日的一百萬，不如今日的五十萬」，時間因素對資金的調度來說，是非常重要的因素。尤其票據的支付日期一天也不能拖，不能說「明天有錢，請等到明天」。所以收支一天的差異，有時是會斷送企業的生命。

利益減少，企業也不一定會立刻倒閉；但若現金收支、資金調度失敗的話，就很容易步入倒閉的噩運。因此必須將一期間之現金收支，加以預定，以調整收支過與不足的情形，此手續稱為現金收支預算，以資金調度表來表示。

向銀行借錢，也是一個融通資金的方法，很多人聽到「借錢」兩個字就嚇壞了，有錢的人怕人借錢，沒錢的人又怕開口向人借錢。其實，借錢不一定是缺錢的必要手段，缺錢的人有時只要通融通融一下就夠了，所以說「借錢」倒不如說「融通」來得恰當些。再有錢的人也需要融通的時候，一個企業也不例外，不懂得融資的技能，任它有多大的能力與效率，也難逃「跑三點半」的厄運。

對你強調一個觀念，企業平時要利用關係、機會向銀行借錢。平

時就要向銀行借錢，有借有還，否則，等你急用錢時，各個銀行機構因為與貴公司沒有「借貸經驗」，屆時你就會吃到苦頭。

「不缺錢也要借錢」，這句話聽起來好像不合邏輯，殊不知等您急需再想借錢就來不及了，其理由很簡單，一方面是由於時下的金融機構作業速度都不快，答應得也不夠爽快，另一方面是因為您不先借錢，別人怎知道您信用如何？所以在您不需要錢時不妨先試著借錢，只要有借有還，下次再借就不難了。

借錢是一種科學，也是一種藝術。所謂「科學」是指借錢有一定的辦法和原則可循，要懂得如何借錢。以前應先瞭解國內金融的環境、融資的各種來源及種類、融資的作業程序以及信用評估要素等，明白了這些之後，融資的手段，就靠個人「藝術」的發揮了。

從公司內部籌措資金，若仍然不夠，就只好向外調度資金了，向股東個人或客戶借款，但向高利貸等地下錢莊借錢時，利率很高，還會惹麻煩，還是不借為妙。想辦法和往來銀行等金融機構調度資金較為理想。

一般而言，要向金融機構調度資金，主要是各種借貸方法，除此之外，有以下幾種方法：

第一種是「票據貼現」，所謂的票據貼現就是指將票據作為擔保，向銀行借款一事。這種方法不失為調度資金不足最簡便的方法，因為這些借款只要票據到期交換後入賬，即可自行償還借款了。

然而，在貼現時又必須支付相當於利息的貼現息，所以也有人不願票據貼現，而以背書轉讓的方式做為付款工具。

要特別注意的是，與商業買賣無關而以融通資金為目的開立的「融資票據」，票據原本是用來支付貨款的一項工具，若是為融通資金而開立票據，則可能會產生一些意想不到的糾紛，因為這種票據極可能是空頭票據。

　　另外，還有一些業者在資金週轉發生困難之後，開立沒有記載金額、日期等的「空白支票」，藉以向金融機構調度資金。

　　另一種是「透支額度」，就是與有支票存款往來的銀行訂定透支契約，在契約金額範圍內即使有存款不足的情形，銀行也會代為支付票款的一種契約。

　　這種制度的優點在於在契約範圍內，不須要一次又一次辦理借款手續即可自動取得借款。但通常在締結透支契約時，都會被銀行要求必須以定期存款等作為擔保條件。

四、未雨綢繆的資金需求計劃表

　　企業要預防「資金週轉不靈」之慘狀，最具體、最有效的方法，便是事先做好「資金需求計劃表」，並加強內部管理，落實「資金計劃」的具體實施，而不是事後的如何彌補「資金週轉不靈」。企業要預防資金週轉不靈，最具體的方法是要作好資金管理計劃，在每一預算期間內擬訂好「資金運用表」，以便掌握資金的動態。小企業從不做「資金週轉表」，健全的企業常做六個月或十二個月的「資金週轉表」。

　　調度資金，非一朝一夕之功，故至少需要提前六個月或一年以上，使用正常的方法去準備。所謂正常的方法，是指根據正確的資產負債表，從其科目中去尋找資金調度的方法；例如可以從借方科目中的應收賬款，加強現金的收回，又可從貸方科目中的應付賬款，去請求交易對方延期付款等。所以中小企業要先有健全的管理及會計制度和能正確反應經營結果的財務報表，才能做好資金調度計劃，否則等到停止應付賬款，展延支票限期以及借高利貸等病狀一旦發生，一定會動搖企業的信用。屆時，再想去調度資金，恐怕就很困難了。

　　安排「資金計劃表」，注意應收債權與存貨的增加，即使是六個

月或一年的資金計劃，也必須「比較每個月的實績」，以便發現問題所在，來設想對策。

憲業企管顧問公司專門出版各種實務的企業管理圖書，幫助企業解決各種經營難題，各圖書名稱詳細資料，請參考本書末頁。

或是直接上網查詢：www.bookstore99.com

第 *15* 章

要收回應收貨款

我在「銷售技巧培訓班」，介紹各種推銷手法與推銷管理技巧，卻常對上課學員叮嚀另一個重點「會銷售是徒弟，會收款才是師傅」，你不只要「賣的出去」，更重要的是，要記得將貨款收回來。

一、收款的重要性

一些業務員急於推銷，對於交易條件，尤其是貨款回收，都採取低姿態。如：「什麼時候都可以！」、「到時候再說吧！」結果在模糊之中就開始商業交易行為，等到收回貨款時，問題就發生了。

企業要教育員工「回款很重要」，「追款很困難」，才能避免「不該發生的應收帳款」出現。

「要帳」比「銷售」更難，與其將大量的時間和精力花費在要帳上，不如用這些時間去開發更多更好的客戶。

賬款收不回來，人人怕，即使是小店也怕「收不到賬」，也怕「賒賬」！寒流過境，深夜就在住家附近的羊肉爐攤小酌二杯，暖暖身子，看櫃檯上貼了斗大一張紅紙條寫著：「小本生意，謝絕賒賬」，老闆苦著臉說：「景氣不好，生意本來就不好，不少賒賬的大爺，連人都跑得

不見蹤影,如果再不謝絕賒賬,只有喝西北風了!」

　　銷售的內容可分為「現款銷售」及「賒賣」兩大類,「現款銷售」是收錢交貨,同時交換,所以沒有什麼問題,問題就出在「賒賣」,先把貨交給對方,以後再支付貨款。

　　例如藥品市場,廠商推出「成藥」,銷到各地中盤商,再轉鋪貨到各藥房、門市部、藥品商店等,廣告知名度高、暢銷的藥品就高,廠商姿態高,出貨就收取現金,較沒有知名度的藥品,只有採取寄賣方式,或者是收取「票期 6 個月以上」的支票,稱為「竹竿票」。

　　銷售的內容可分為「現款銷售」及「賒銷」兩大類,問題就出在賒銷,先把貨交給對方,往後再支付貨款。

　　筆者有次診斷台商企業的績效,常聽到經營者說「產品銷路不錯」,但問到貨款時,卻只聽到歎氣聲,「收不到貨款」似乎是相當普遍的困境。

　　交易習慣採用「賒銷」的信用交易方式相當普遍,不堅持用「現金交易」方式,而是採用「加強信用稽查,控制信用額度」等方式。在大環境下,大眾的交易方式已經穩固。但在某些「收取貨款有明顯困難」的地區,企業經營者有必要構思措施,以保護自己的債權。

　　譬如貨品已交付完畢,而對方不支付貨款,就是想收回貨品也不能取回,因為「物權」在對方,必須有對方的承諾方能收回,我們只有收回貨款的「債權」而已,擔任企業經營顧問,常要求企業與客戶之間必須訂妥「書面交易」,而且明白記載著「若客戶不付款或票據退票或違約,本公司有權隨時取回貨物……」,各位明白這當中的奧妙吧!

　　再說「貨款收不到」,想取回原來的「商品」或「材料」,此時大部分的貨品已經用掉,或賣出去的材料在工廠已變成產品,而該產品賣掉了,或成為存貨蒙著灰塵擺著,無論如何,無法還回原形退貨,

再嚴重者對方倒閉變成倒賬。

就是說賒賣雖也可以提高銷售成績，但賒賬尚未收回之前，還不能說銷售活動已經完畢。

即使是收到貨款的「應收票據」，也不能算是收到貨款、結束交易業務，因為支票尚未兌現，在「收到支票」至「支票兌現」這段期間，仍有可能發現「匯票造假」、「票據遭到退票」與「向銀行貼現」的雙重損失。甚至由於「應收票據」票期過長，或金額過多，屆時退票而影響到企業的倒閉，產生了所謂「黑字倒閉」。

很多高階主管認為，如果能有營業額，或是「提升營業額」，工作就算結束，而收到款項之後，營業活動也就完成了，其實並沒有那麼簡單。只有回收到現金，才能說：「銷售完成了」。

在設法提升營業額的當中，不要疏忽了應收賬款的風險，回收期間越長，而且應收票據的金額越多，不能回收的風險就越高。

一些銷售人員在催款中會表現出某種程度的怯弱，一個很重要的問題是必須要有堅定的信念：

「不欠款客戶就不會進貨，欠款是沒有辦法的事。」

「客戶資金怪緊張的，就讓他欠一次吧！」

「看這個客戶不像是個騙子，過幾天就會回款」。

還有的收款式人員認為催款太緊會使對方不愉快，影響以後的交易，如果這樣認為，你不但永遠收不到貨款，而且也保不住以後的交易，客戶所欠貨款越多，支付越困難，越容易轉向他方（第三方）購買，你就越不能穩住這一客戶，所以還是加緊催收才是上策。

把本來已經沒有希望的欠款追回，反之，則會被對方牽著鼻子走，本來能夠收回的貨款也有可能收不回來。因此，一個人在催收貨

款式時，若能信心滿懷，遇事有主見，往往能出奇制勝，催款人員的
精神狀態是非常重要的。

二、應收賬款的管理技巧

1. 加強應收賬款的日常管理工作

公司在應收賬款的日常管理工作中，有些方面做得不夠細，比如
說，對用戶信用狀況的分析，賬齡分析表的編制等。具體來講，可以
從以下幾方面做好應收賬款的日常管理工作：

(1)做好基礎記錄，瞭解用戶付款的及時程度

基礎記錄工作包括企業對用戶提供的信用條件，建立信用關係的
日期，用戶付款的時間，目前欠款數額以及用戶信用等級變化等，企
業只有掌握這些信息，才能及時採取相應的對策。

(2)檢查用戶是否突破信用額度

企業對用戶提供的每一筆賒銷業務，都要檢查是否有超過信用期
限的記錄，並注意檢驗用戶所欠債務總額是否突破了信用額度。

(3)掌握用戶已過信用期限的債務

密切注意用戶已到期債務的增減動態，以便及時採取措施與用戶
聯繫，提醒其儘快付款。

(4)分析應收賬款週轉率和平均收賬期

看流動資金是否處於正常水準，企業可通過該項指標，與以前實
際、現在計劃及同行業相比，藉以評價應收賬款管理中的成績與不
足，並修正信用條件。

(5)考察拒付狀況

調查應收賬款被拒付的百分比，即壞賬損失率，以決定企業信用
政策是否應改變，如實際壞賬損失率大於或低於預計壞賬損失率，企

業必須看信用標準是否過於嚴格或太鬆，從而修正信用標準。

(6)編制賬齡分析表

檢查應收賬款的實際佔用天數，企業對其收回的監督，可通過編制賬齡分析表進行，據此瞭解，有多少欠款尚在信用期內，應及時監督；有多少欠款已超過信用期，計算出超時長短的款項各佔多少百分比；估計有多少欠款會造成壞賬，如有大部份超期，企業應檢查其信用政策。

2.加強應收賬款的事後管理

(1)確定合理的收賬程序

催收賬款的程序一般為：信函通知、傳真催收、派人面談、訴諸法律。在採取法律行動前應考慮成本效益原則，遇以下幾種情況則不必起訴：訴訟費用超過債務求償額；客戶抵押品折現可沖銷債務；客戶的債款額不大，起訴可能使企業運行受到損害；起訴後收回賬款的可能性有限。

(2)確定合理的討債方法

若客戶確實遇到暫時的困難，經努力可東山再起，企業幫助其渡過難關，以便收回賬款，一般做法為進行應收賬款債權重整：接受欠款戶按市價以低於債務額的非貨幣性資產予以抵償；修改債務條件，延長付款期，甚至減少本金，激勵其還款。如客戶已達到破產界限的情況，則應及時向法院起訴，以期在破產清算時得到部份清償。針對故意拖欠的討債。可供選擇的方法有：講理法；惻隱術法；疲勞戰法；激將法；軟硬術法。

3.應收賬款核算辦法和管理制度

加強公司內部的財務管理和監控，改善應收賬款核算辦法和管理制度，解決好公司與子公司間的賬款回收問題，下面從幾個方面給出一些建議：

(1)加強管理與監控職能部門，按財務管理內部牽制原則

公司在財務部下設立財務監察小組，由財務總監配置專職會計人員，負責對行銷往來的核算和監控，對每一筆應收賬款都進行分析和核算，保證應收賬款賬賬相符，同時規範各經營環節要求和操作程序，使經營活動系統化規範化。

(2)改進內部核算辦法

針對不同的銷售業務，如公司與購貨經銷商直接的銷售業務，辦事處及銷售網站的銷售業務，公司供應部門和貿易公司與欠公司貨款往來單位發生的兌銷業務，產品退貨等，分別採用不同的核算方法與程序以示區別，並採取相應的管理對策。

(3)對應收賬款實行負責制和第一責任人制

誰經手的業務發生壞賬，無論責任人是否調離該公司，都要追究有關責任。同時對相關人員的責任進行了明確界定，並作為業績總結考評依據。

(4)定期或不定期對行銷網點進行巡視監察和內部審計

防範因管理不嚴而出現的挪用、貪污及資金體外循環等問題降低風險。

(5)建立健全公司機構內部監控制度

三、收回多少貨款

要計算本企業的收款績效，最方便的是計算「應收賬款週轉率」、「應收賬款週轉次數」等，這是以公司為主本的自我評估績效；另外，還要針對個別的客戶，計算他們的收回績效。

要計算「向客戶收回賬款的績效」，要區分「收回多少」與「收回什麼項目」。以前項而言，「收回多少」意指「是否如數收回」，是否

尚有餘額未收齊,是否轉入下期貨款,是否被對方以「收款折扣」方式加以沖掉了。

第二項的「收回什麼項目」,以商場習慣而言,常是收回「客戶的支票票據」,當中值得注意的是「兌現的可能性」、「兌現的日期多久」。

(一)以「資金真正回收」來評估績效

公司的營業活動並非只要把商品銷售出去就沒事了,還必須待該貨款回收,資金化之後才算告一段落。

舉個例子,銷售商品之後對方以 3 個月的票據作為付款工具,待 3 個月後票據到期才能夠資金化。換句話說,貨款全額以票據回收時「回收率」為 100%,但「資金化率」有 3 個月都是掛零;因此,如果不經過 3 個月等待票據交換入賬的話,「資金化率」顯然就無法達到100%了。

所以,就企業立場而言,從銷售面看,是「銷售率」有否銷售成功;從利潤上看,是「回收率」有否收回貨款;從資金面看,是「兌現日期」,最重要的並非「回收率」,而是「資金化率」。而為業務員評分時,也不能光靠營業額和利益來評估,還需將上月與本月的應收債權金加以比較,以本月份資金化的金額來打分數。如此一來,便可提高業務員的資金概念,進而強化公司本身的經營體質。

所以,企業的應收賬款管理,由淺而深,希望達到下列之目的:

1. 目標銷售額有否達成?
2. 貨款是否有如數收回?
3. 貨款「資金化率」的滯留日數符合公司要求否?
4. 「資金化率」是否儘量縮短或 100%呢?

一旦發覺客戶的付款有拖延,或是所收票據有延長兌現日期,企

業本身就必須提高警覺，並且檢討下列各點，以籌劃對策：

1. 客戶的進貨業績是否在惡化中？
2. 往來上是否有糾紛發生？
3. 我方業務員所洽談的回收方式是否過於寬鬆？
4. 付款方式是否有改變？

一旦發覺客戶延長付款有顯然的惡意時，必須採取立即的行動，諸如「信用額度的重新評估」、「停止出貨」、「加強催收貨款」、「寄發法律信函、存證信函，請求付給貨款」、「準備訴諸法律強制行動」等。

(二)以「收回多少」為評估

企業為銷售產品，與眾多客戶往來，要加以收回款項；為了明白各個客戶的賬款收回績效，一般就會用「收回率」，即依據賬單來檢查收回的比率。

例如潤利公司有二家往來客戶：A 客戶與 B 客戶，計算後，彼此的「收回率」均不相同。對 A 客戶而言，潤利公司自本月 1 日起至 31 日止的賒銷額 20 萬元，因為上月沒有賒賬的殘餘，所以本月 5 日即將 20 萬元的賬單送去，以現款收回來了，這個收回率是 100%。

對 B 客戶而言，潤利公司本月的賒賣 20 萬元，但上月應收餘額轉入賬款還有 6 萬元，合計 26 萬元。這次收回現款 6 萬元及 16 萬元的支票一張，兌現期限是一個月，計 22 萬元，還有餘額 4 萬元轉入下月支付。這個收回率是 84.6%。

(三)應收餘額還有多少

在實務上，企業在某一期間末(如月底)會加以計算客戶的貸款，並在(月初)加以收取貨款。

收取款項後，向客戶取得「現金」、「應收票據」，每個月並將「應

收票據」向銀行貼現，先付出利息，取回現金，此時，尚有若干「應收餘額」，說明未全部收清。

由於所收取的「應收票據」尚未兌現，故在實務計算上，凡是「未兌現為現金」者，一概歸納為「應收餘額」。瞭解客戶的「應收餘額」有多少，在企業的財務控制、風險管理上有極大的幫助。

企業要瞭解「應收餘額」有多少，這個方法是每月底，看各客戶有多少賒賬與應收票據，又究竟佔每月的銷售額的幾倍，編列一覽表即可知道那一客戶的高低情形。先準備一覽表的用紙，填具每一客戶的賒賣金額，應收票據、貼現票據的金額，並算出賒額合計。

該表的計算，是填具從本月至過去 6 個月的每個客戶、銷售額及合計數。又將此數字除以平均 1 個月的銷售額。餘額合計除以平均 1 個月的銷售額，而算出應收餘額每月營業額倍率。在這個階段，可知道那一個客戶對銷售額比應收餘額多，又設定標準再算差額，採取此方法更有助於判斷。

甲、乙、丙三個客戶的餘額合計為 36 萬元、36 萬元、34 萬元，雖看起來相差不多，如果企業在計算賒賣額時，把應收票據及貼現票據分開，則又是另一個答案，甲比乙及丙的收回成績不好。

採用「應收餘額」表，主要是考量客戶的銷售實績高低，再比較「未收回的餘額」，分析出區別，以便主管能進行「重點管理」。

(四)以「收回日數」為評估

業務員所收回的貨款，若是支票票據，必須認明「兌現日期」。提到「票據日期愈長，風險愈高」，因此，企業內部應定出合理規定，所容許收回的客戶票據日期為多長，不只要嚴格管制貨款的收回，更要注重「收回票據的日期」，列為業務員績效的評估重點。

潤利公司的貨款回收，若業務員甲有「收回現金」或「短天數的

支票票據」，業務員乙則是有「收回較長天數的支票票據」，則在績效評估上，業務員甲優於業務員乙。

至於所收回的「應收票據」，其日期天數如何綜合計算，加以評估呢？潤利公司有二個業務員邁克和洛斯，收取貨款時，分別收到下列的應收票據：

邁克銷售 20 萬元的產品後，收到當初給的訂金「6 萬元現金」，餘款 14 萬元則是分成 2 張支票，「1 張 60 天後兌現的 6 萬元支票，另一張為 120 天兌現的 8 萬元支票」。

洛斯也是銷售 20 萬元的產品，收到訂金「現金 8 萬元」，餘款 12 萬元，是收回「一張 90 天後兌現的 12 萬元支票」。

擔任企業顧問，在進行企業內部培訓時，曾一再要求業務員要有正確心態，要有「銷售產品，收回並且兌現票據」才是「銷售實績」，否則「只是銷售業績」而已！原因就在於有些企業只要求業務員去銷售產品，卻不要求「收回貨款」。另一種弊端，就是「有要求收回貨款，卻不關心收取票據的內容、日期」，以為「有收到支票就是成功了」。

以本例的業務員邁克和洛斯，誰的「應收票據」收回期間較短呢？計算方式是估算二個重點：「票面金額」與「兌現時間」，依照公式先算出銷售所佔的各個票據的構成比例，乘以天數而再求合計。

邁克收回日數 66 天，洛斯 54 天，業務員洛斯比邁克少 12 天，所以洛斯的收回日數較優秀。

要計算所收回票據的兌現日期，就是計算「收回日期」，其實也就是企業資金管理上的「資金化率」，亦即收回的票據，何時才轉變為真正的「資金化」了。

四、應收賬款週轉期

　　貨物（或服務）一旦銷售，及早收款，如數兌現，是最理想之事。為了明白「應收賬款的回收狀況」，可以根據「應收賬款週轉次數」加以判定。

　　顧問師在診斷傳統企業的績效時，常發現問題企業有共同現象：「銷售績效差」，再碰上「收回貨款績效差」，難怪企業經營者常為週轉資金而疲於奔命！

　　一般超級市場、百貨公司、零售業或餐廳所提供之產品或勞務，大多以現金交易進行，賒賬之銷貨債權（應收賬款、應收票據）較少。但是從事生產製造的企業，其產品的出售，採直接現金交易者不多。依商場的習慣，皆使用本票做為延期支付的信用工具。因此賒銷金額中，大都以未回收應收賬款或應收票據的型態，保有其債權。這些債權稱為銷貨債權。

　　測驗企業投入銷貨債權之資金，在一年內週轉之次數（週轉率），亦即銷貨發生後多少天才能收回貨款（週轉期間）的指標，稱為應收賬款週轉率。

　　企業的銷貨債權，可以區分為「應收賬款」與「應收票據」，為方便說明，我們簡稱為「應收賬款」。

　　「應收賬款週轉次數」的計算，是「銷售額」除以「應收賬款」，所計算出的次數，愈大愈佳。

　　例如北亞公司 1999 年銷售額 1 億元，應收賬款為 2500 萬元，計算出「應收賬款週轉率」為 4 次，表示一年的週數次數為 4 次，每次約 3 個月（12 月÷4 次＝3 個月）。應收賬款週轉次數愈高愈佳，表示「應收賬款回收狀況良好」，以北亞公司為例，「1997 年為 3 次，1998

年為 3.4 次，1999 年為 4 次」，顯示在公司重整後，應收賬權有進一步的改善。

在診斷企業績效時，若發現「應收賬款有異常」，則必須分析狀況，追究原因，常以上述方式具體計算出數據，明白是否出在「應收賬款的回收」項目。

更進一步分析，由於可細分為「應收賬款」或「應收票據」二項，我們可分別計算其週轉率，即可更深入的瞭解問題所在：

例如利龍公司銷售額為 1000 萬元，應收賬款為 100 萬元，而應收票據 50 萬元，貼現票據 100 萬元，則分別計算其週轉率為：

應收票據週轉率＝銷售額 1000 萬元÷應收票據 150 萬元＝6.7 次

應收賬款週轉率＝銷售額 1000 萬元÷應收賬款 100 萬元＝10 次

由計算結果，表示「應收賬款週轉率」一年 10 次，等於 1 次約 1.2 個月，表示「商品出售後，1.2 個月才收回現金」；「應收票據週轉率」一年 6.7 次，週轉一次約 1.8 個月（12 個月÷6.7 次），表示「從收到票據起，到現金回收須要 1.8 個月」。

詳細分析利龍公司的財務數據，如果要追究銷貨債權回收異常的原因，只要比較應收賬款及應收票據之週轉次數或週轉期間，即不難發現問題所在。

由上例之週轉率及週轉期間比較，顯然應收票據之回收期間遠較應收賬款為長，問題在於應收票據之票期過長，導致回收遲延，故必須「設法縮短票期」才能解決資金運轉短缺的問題。

成功的業務人員，第一步是「成功推銷商品」，第二步，也是最重要的工作，就是「成功的收回貨款」，評估「貨款收回貨款績效」就是「應收賬款週轉期」，例如龍邦企業的應收賬款有 300 萬元，而單月銷售額有 150 萬元，則應收賬款週轉期是 2 個月，此公式所求得的「幾個月」，代表著「商品、服務銷售後要幾個月才能收回賬款」的效

率。「數字愈少」，表示「週轉期間愈短」，應收賬款的回收速度愈快。

由於賬款回收越快，資金需求的壓力會變小，資金的週轉自然越輕鬆。所以顧問師在診斷該企業是否安全，貨款是否均能安全回收，避免到結算期結束才猛然面臨「收不回貨款的悲慘」。在診斷企業時，必須計算出它的「應收賬款週轉期」多久，並且與各期歷史數據加以比較，以顯示它的演變趨勢。

一般企業常面臨到「營運資金突然不足」，其原因就是「應收賬款的回收期」無法掌握，若能掌握「應收賬款回收期」，即使擴大營業，需求更多的營運資金等，也都可以事先列表計算出資金缺口。「萬事都在你的掌握」，可事先向金主、銀行、創投基金等加以說服，吸收更多股東的資金。

五、應收票據太長的困擾

企業在內部掌控的運作上，針對「應收賬款」賬戶，應區分「客戶」別，一一加以列表管理，瞭解「出貨」、「退貨」等，才能建立「應收賬款」數據，再從「應收賬款」數據又建立「應收票據」數據。

很多企業以為收到票據，就算收回了賬款，事實上，尚缺一截。又有很多企業雖在賬面記載客戶名稱，但沒有記載從客戶收回來的票據，按收到日期順序登載，如此無法知道客戶還有多少票據需要收取；或者是所收回的票，期限太長，俗稱為「竹杆票」，距離兌現日期太長，雖在北部、南部，沒有受到地震影響，卻沒有人敢保證，這當中沒有任何異外發生。

例如1999年9月份，臺灣中部發生的「九二一大地震」，許多企業受到中部客戶倒閉之影響，客戶開立支票遭到退票，而企業受到牽連而倒閉！

　　所收取的客戶票據，若期限太長，一旦外界經濟情況轉變，或是客戶企業內部因素轉變，都有可能使健全體質的客戶產生經營危機。原來所收取的「票據」，屆時是否會兌現，相當令人懷疑；向各讀者強調一點「票期愈長，愈有倒賬的危險」。

　　客戶的票據已經收回了，可以收到票據當然已經增加了收回的可靠性，可是期限太長的票據，利益會被打折扣，也會令人擔心。

　　在所輔導企業裏，都會注意幾個行銷細節：業務員是否要負責收回貨款？主管有否關心賬款的收回狀況？賬款如數收回的獎勵辦法是何種？若賬款發生呆賬的檢討與懲罰方式是什麼？

　　第一線的業務員若不關心「賬款是否會變成呆賬」，我向讀者保證，「你的貨款遲早一定會變呆賬」，業務員的基本心態若不健全，抱持著「呆賬與否，事不關己」心態，對損失不在意。如果員工都這樣想法，這家企業一定沒有前途，而且不久會倒閉，利益額在銷售額之中所佔的比例本來就不多，即使是小數目的倒賬也會造成龐大損失。

　　顧問師在評估企業的應收賬款時，一方面是估算金額，另一方面是估算它的「品質」，是否收的回來嗎？有可能成為呆賬否？

　　就「應收賬款的品質」而言，企業經營者必須瞭解到，財務報表上的「應收賬款」，有時可能是已欠賬甚久的「逾期賬款」，只是未加處理，其實早已夠格稱為「呆賬」了！

　　反過來說，企業經營者也有可能「為了美化財務報表」，而將「逾期賬款」仍列為「應收賬款」項目內，造成財務報表上「資產龐大」的美好景象。

　　臺灣的股票上市公司此類例子最多，為了炒作本身公司的股票，拉抬股價，常利用「海外子公司」來灌業績，它的方法是：母公司在海外設子公司，完全掌控子公司，造成當「有必要炒高股價時」，母公司可以大量出貨給海外子公司，造成母公司假像：「有眾多的應收賬

款」,「營業額龐大」。其實,這些貨只是「轉移倉庫」而已,尚未真正販賣出去,「何時出貨,出貨多少」都是自己人可以妥當安排的,此時母公司可先對外發表「迄今銷售達〇〇〇萬元」的利多消息,消息一上報,利多消息就刺激股價上昂了。

反過來說,海外子公司的退貨,先壓住不退回母公司,等到公司經營層有意「打擊股價」時,就收回海外子公司的退貨,也一併對外公佈「銷售不順利,退貨一大堆……」銷售不順,投資者急於殺出,股價自然「應聲而倒」了!

六、管理週期愈短愈好

「應收賬款週轉期」是表示「每幾個月週轉一次」,也可轉換為幾天可週轉一次,更為清楚。

筆者曾同時兼任二家公司執行總經理,時間仍然夠用。主要就是採用「目標管理」的精髓,雖是「授權」,但緊盯「目標進度」,而「目標進度」的管理,個人有一個心得,願意與讀者共同分享:不僅要授權,而且更要查核進度,而查核的管理週期愈短愈好,查核的工作,交給助手去執行,我只看答案以及如何因應、修正改善。

例如銷售額 1000 萬元,應收賬款為 250 萬元,則「應收賬款週轉日數」計算得知,「應收賬款週轉日數」為 91 天,表示週轉一次要 91 天。從產品出售到現金回收,若除以 30 天,則亦可換算「應收賬款週轉月數」為 3 個月。

企業的財務規劃好,可以替企業帶來許多收益,例如「向銀行爭取低成本的貸款」、「加快應收賬款週轉率,減少資金負擔」。例如,在臺灣經營績效良好的華碩電腦公司,有規劃完整的會計制度,內部控制流程,並配合業務成長,適時調整作業流程,提升工作效益,在財

務與業務配合無間下,華碩的存貨是應收賬款週轉率僅 13 天,較一般同行的 70 天,整整少了 50 多天。

七、檢討銷貨債權過多之原因

企業的經營者,日理萬機,各部門工作均有其重要性,無法偏廢。身為一個經營者,必須掌握重點工作,次要工作可委由他人、部門主管加以處理。所提的「經常掌握貨款回收狀況」,就是經營者的重點工作。

為了早期回收和全額回收,管理應收債權,正確把握回收狀況(餘額狀況),是絕對不可或缺的重要條件。

應收債權的管理,不僅要掌握全體的數字(合計、累計、餘額),也必須仔細注意不同客戶的數字。而且,僅僅追回應收賬款餘額還不夠,要像「應收債權曲線圖」所明確表示的那樣,除了注意應收票據的餘額、應收賬款的回收期間、應收票據的回收期間之外,還必須掌握應收債權週轉期間、應收債權週轉率。

另一方面,即使沒有應收賬款,也不能過早安心。在回收賬款中,如果有還沒到支付日期的應收票據,就要想到只要還沒有到期兌現,就不能說是完全回收完畢,這點應該牢牢記住。

除針對「全體客戶的應收賬款」加以評估,還要針對個別「單一客戶別的應收賬款」加以評估。

為迅速瞭解這個客戶的銷售額、回收額(現金、支票)、餘額、貨款回收率高低,甚至於所收取的回收額,若有支票,還要以「票期長短」加以區分,以便判斷好壞,採取行動因應。

僅根據自己的情況,是幾乎不可能改善回收條件(交易條件)的,所以,要使請款金額相對於回收金額,即應收債權回收率接近 100%。

在行政作業上，耐性地努力提高「請款金額相對於現金回收額」，即現金回收率，儘量提早請款截止日期、收款日期。

提高回收成績在於提高回收率、縮短回收時間（到資金化的期間），減少債權餘額。明示回收率和回收期間的目標，並貫徹執行；制定回收計劃，防止拖延，未收和未達標準時，必須使其提出報告。

根據統計調查分析，造成企業經營困難，資金週轉壓力下，「應收賬款過大」是主要原因之一。

銷貨交易發生時，除了現金交易外，「應收賬款」無異是將現金借給了買方。如果能於銷售行為發生後的下個月回收賬款，則不至造成任何問題。若收回的是應收票據，除非貼現，否則無法轉為現金。若是遇到買方支付情形惡劣，或是賣力勉強促銷種下惡果，則回收條件更形不利。於是銷貨債權增多，甚至於發生倒賬或資金長期滯留等的不良債權現象。收不到預期資金，即罹患銷售債權過多症。

(一)找出原因加以改善

在作現狀分析或檢討問題點時，非數字性的重要因素當然也很重要，但是，絕不可忽略與數字有關的決算書或其他的管理數據。因為，從數字數據能夠瞭解銷貨收入的增加遲緩，利益率的降低，賬款回收不良等問題點的所在。

只強調要「增加銷貨收入，提高利益率，改善賬款回收」，是無法解決問題的。銷貨收入的停滯，利益率的降低，並不僅僅是由於從業人員努力不足所造成的，其背後隱藏著種種的原因。要將所有的原因正確地掌握住是很困難的，因此，應盡可能找出主要的原因，並設法改善，否則僅只要求從業人員「要努力、要有耐性」是不夠的。對於現狀，收集了各種數字數據，如果不檢討造成優劣的原因，則不能稱之為現狀分析。

　　問題點的產生是一種結果，因此必須追究其原因，否則就無法講求適當的對策，加以因應處理。

　　就以「應收賬款回收不良」而言，僅止訂出「回收率要達到%」的目標是不夠的。發現賬款回收不良時，應檢討下列原因。因為有這些不同的原因，而產生了賬款回收不良的結果，注意這些原因，才能夠談到如何改善，進而訂定改善計劃。

　　(二)統計學或品管學的 4W1H 分析法、魚骨圖法、柏拉圖分析表，都是相當不錯的分析手段，可以參考使用。

表 15-1　利用 4W1H 進行分析

(1)	What	具體表示問題是什麼。
(2)	Where	個別表示問題出在那裏。
(3)	When	以期間表示問題從什麼時候開始發生。
(4)	How	用數字表示出是什麼程度的問題。
(5)	Why	明確地表示問題的原因

　　試以「魚骨圖」法加以分析「應收賬款回收不良」的原因，大體而言，有下列原因：

　　①貨款回收率太低。

　　②票期太長。

　　③貨款回收的折讓金額太多。

　　④退貨太多。

圖 15-1 利用魚骨圖進行分析

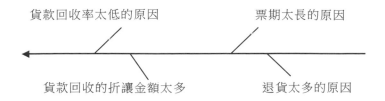

⑴貨款回收率太低的原因

①主管督導不夠積極。

②沒有分析應收賬款的賬齡。

③沒有做貨款回收計劃。

④業務員在貨款回收方面的訓練不足。

⑤業務員沒有提高貨款回收率的觀念，主管也沒有採取激勵辦法促使業務員積極收回貨款。

⑥不瞭解客戶的付款習性。

⑦業務員強迫推銷商品給顧客。

⑧對客戶的銷售潛力判斷錯誤。

⑵票期太長的原因

①貨款的票期沒有原則性的規定。

②競爭廠商採取票期戰略，使業務員讓步。

③客戶拖延付款的戰術奏效，業務員的說服力不足，以及縮短票期的政策執行不夠徹底。

④強迫銷貨，使進貨量大於客戶本身的實際銷貨量。

⑤業務員為了替自己做好關係，對客戶施予小惠而損及公司。

⑥業務員對客戶的徵信調查不足，客戶因週轉不開而開立遠期支票。

⑶貨款回收的折讓金額太多

①沒有明文規定折讓的金額，以致濫用。

②在漲價或跌價前後，公司沒有明白指示，以致客戶事後要求折讓。

③定價策略與銷售數量不當，許多的賬款都有尾數，以致給客戶有可乘的機會。

④業務員在與客戶交易時，沒有堅持「買賣算分，相請不論」的態度。

⑤業務主管處理折讓時，態度不夠堅定、明確。

⑷退貨太多的原因

①對客戶的潛力認識不足，強行塞貨，以致沒有「實銷」。

②未協助客戶做好商品消化的工作。

③客戶的庫存管理太差，貨品存貨太久，使商品價值受損。

④業務員為爭取業績，採取寄庫手段，屆時客戶退貨抵賬。

⑤在推銷某些產品時，採取的推銷手段不適當，以致客戶要求退換其他的產品。

「應收賬款」的債權，如不注意，很快的就會有增加的趨勢，而使週轉率下降。例如「回收條件惡化」，通常應收賬款如於月底結賬，則次月 10 日以前即可回收，而今延到次月 20 日才能回收；或原應收賬款可收回的現金改為收回票據，則顯然延長現金回收的時間。這種情況顯示回收條件已惡化。此類客戶愈多，表示銷貨債權週轉率降低，對經營條件而言愈為不利。

八、針對應收賬款的改善工作

應收賬款的改善方法，企業經營顧問師在診斷企業的營運，針對

「應收賬款」項目，有下列改善建議：

(一)不可以為獲取銷售額而賒銷

　　如果一個企業，每月確保銷售額達到 3000 萬元就足可獲得盈利，但為了期票兌現則必須使月銷售額達到 5000 萬元，於是為填滿「多出的 2000 萬元」，就會任意出貨、塞貨、殺價等，甚至於用違法的手段(例如寄庫銷售手法)、海外子公司的出貨(例如總公司出貨給海外子公司)等，這樣，就會陷於單純為籌措資金而進行銷售所引起的惡性循環。出現這種情況的根本原因不在於賒銷管理不善，而完全在於經營本身。

　　為了籌措資金，將月銷售額從 3000 萬元提高到 5000 萬元，就可能將商品售給那些信譽差的客戶，最後終將引起賒銷款回收難的煩惱。

　　資本結構不佳，自行資本不夠，應循財務結構面加以改善；週轉金不足，應檢討原因，對症下藥加以改善，而不是「藉任意賒銷來改善資金週轉」。

(二)重新檢討訂貨管理可能之缺失

　　根據診斷經驗，貨款回收不順，其中有部分原因是企業內部的管理流程出問題，尤其是「人員配合的問題」。

　　在小企業經常可看到這種工作流程，每個推銷員對於自己負責聯繫的客戶包括：接受訂貨→加工指示→送貨指示→交貨→要求付款→回收貨款等→整套業務。

　　這種工作流程的缺點是：由於推銷員競相對其關係密切的客戶進行優先交貨，從而引起生產混亂，當熟識的推銷員不在時，客戶即使催貨也無法應付。

- 309 -

此外,「接受訂貨」與「回收資金」需要待人接物的技巧,對推銷員來說是駕輕就熟,但是「加工指示→送貨指示→交貨→要求付款」的工作流程,則屬於計劃事務範圍,對於推銷員來說,則是勉為其難的。

因此,企業在「收款不順暢」之時,除檢討「加強對外強制收款」等等工作外,也要檢討「本身的工作流程」是否有待改善,例如將接受訂貨的事務→加工指示→交貨→要求付款等一系列事務加以集中,歸業務科統管,而銷售科的業務員其工作重心是只負責接受訂貨,情況就會大為改觀。透過這種「事務集中化」,有助於提高管理水準。

政府對股票上市公司的運作,均有一套管理與稽核辦法,定期、不定期的抽查,一發覺有問題,立即要求改善。

臺北市的證期會,曾派員調查 20 餘家電子公司的子公司,發覺「對子公司的賬款」有問題,例如曾發函「鴻友科技公司對『美國鴻友科技子公司』的收款期限,比規定的授信期間還長,公司必須加強改善」;例如曾發函「力捷電腦公司對子公司 UTI、UCC、USG 公司的收款期,均較公司授信期長,公司必須加強改善」等。

(三)重新檢討銷售債權,盡速釐定改善計劃

雖說「工作來得晚些!」但遇到資金週轉困難時,還是建議你快些去重新檢討銷售債權。

平時,有一份「客戶別應收賬款明細表」,依照客戶別,分別加以檢查,設定專人負責加以催討。在客戶的「應收賬款餘額」內,究竟有多少可能是「呆賬」呢?會計部門、財務部門常是著重於「應收賬款」餘額的總數,卻疏忽於檢討它們的呆賬機率,而這一切第一線的業務部門最清悉,因此改善計劃要區分「對人」、「對公司」、「對時

間」，以「對人」而言，高級主管要重新檢討銷售債權，並責由當事人加以負責其績效。

以「對公司」而言，針對所有客戶裏的「問題客戶」，應盡速檢討其債權，確認下一步如何取回，確保債權的具體作法。

針對「問題客戶」應收賬款的改善，以皇龍公司為例，經過查核企業內的應收賬款，發覺在「應收賬款賬齡分析表」上，分析如表15-2：

公司與一般客戶賬款往來通常收款期限為 1 個月(即本月結賬，次月收回票據或現金)，故由以上知逾期賬款約佔總賬款之 45%，而此一逾期賬款中，僅集中在少數客戶，且其中大都是公司關係人之應收賬項(約佔逾期賬款之 65%)。又公司出具財務報表時，於附註說明中明白記載對關係人之收款期限與一般客戶相同。為切實執行公司收款政策，此一現象應設迅謀改進。因此，針對此客戶的應收賬款，應加以改善，並盡速催討歸還。

表 15-2　賬齡分析表的舉例

項目	1～30 天	31～60 天	61～180 天
賬齡分佈百分比	55%	25%	15%
主要逾期賬款中關係人賬款佔逾期賬款百分比	－	93%	41%

以「對時間」而言，整個「應收賬款改善計劃」，不只針對「問題客戶」有「專人」來處理，同時並有時間表來驗收成果。

根據賬款資料，對各客戶賬款回收狀況，分析債款週期率、週轉期間，針對病情設定改善計劃，例如「修改經銷契約」、「管制出貨數量」、「與主辦人交涉貨款」或舉辦「業務員收款技巧研習會」等。

為改善「應收賬款」狀況，早日收回貨款，臺灣的電腦業廠商改善作業方式，在 OEM 價格、出貨時效等方面，極力配合下訂單的美國康柏電腦公司，由於彼此合作更密切，向康柏公司收取的貨款，「應收賬款天數由 74.92 天，減少為 50.32 天」。雖說「只是縮短一些日數，但對價格經常在變動的電腦零件而言」，OEM 工廠的資金週轉壓力，卻降低不少。

(四)建立客戶的收款數據表

針對企業整體運作，要做好「貨款回收計劃」，該計劃必須是具體化、可行性高，而不是「一幅漂亮報表」；針對企業所往來的個別經銷商，則要設立單一表格，每個客戶均設立一張「收款資料表」。當然，個別客戶的「收款資料表」限於企業的運作，你也可以將「收款資料表」與「銷售資料表」加以合併。

(五)加強業務員的訓練

當企業在收款不順暢時，到底是「銷售計劃不正確」、「產品競爭力不足」或是「業務員到處亂鋪貨（或塞貨）」呢？原因甚多，其實，「回歸原點」是一個相當好的方法，將整個基本原則作業方法、執行細節均加以重新訓練，展開一系列收款訓練課程，加強業務員的收款能力。

企業要對員工做有關收款方面的訓練，實務上有兩點，可加以利用，第一點是計算員工的薪資、獎金時，其實施的計算細則，可將「呆賬」、「收款績效」一併列入考慮，第二點，在評估團體績效時，也要將「收款績效」列入計算範圍內。

在輔導企業界之行銷層面，經常建議採行「利潤中心制度」，尤其是與所介紹的「應收賬款」、「呆賬」息息相關。

(六)注重信用管理

為減少倒賬的機會，為降低未來收回「應收賬款」的困難，其實，真正的關鍵就是在「一開始就要挑對往來客戶」，許多國營企業的營運方式都是採用「來者不拒」，專注在其他重點，對客戶的財務信用，缺乏「事前調查」，結果事後，多花數倍的力量在「如何收回賬款」上。

臺灣以資訊電子行業著稱，其中著名的 P 電腦公司，以主機板、筆記本型電腦為主要業務，以產品精良、內部管理嚴謹為外界所津津樂道。臺灣產制主機板的廠商，毛利率均不高，唯有 P 電腦公司的毛利率超過 10-15%，以代工生產(OEM)的同行廠商，毛利率均不到一成。當然，在如今 2020 年，電腦生產早已獲利更降低了。

在「亞洲金融風暴」之時，P 電腦公司因為考慮到無法確保賬款回收，曾經「拒絕信用不佳的客戶放賬」，甚至「寧可不出貨，減少一些營業收入」，結果在「亞洲金融風暴」之後，東南亞一些企業紛紛倒閉，事後證明華碩電腦公司此項作法是對的，免於被倒賬的產生。

(七)企業內部各單位的配合

企業要「如期全數收回貨款」，必須也在企業內部各方面也加以配合，例如：

⑴訂定具挑戰性且有達成可能性的銷售目標。

⑵開發新客戶之前，有充分的信用調查，給予適當的信用額度管理。

⑶有完整的一套經銷商管理辦法，確保運作順利。

⑷對客戶之接受，應有一套篩選過濾之方法。

⑸廠商與客戶交易前，宜先講明「交易條件、付款方式」，並在契約書上加以書明。

⑹有完整、合理、制度化的應收貨款管理辦法。

(7)收款目標合理化且訂定獎賞辦法，以明責任歸屬。

(8)加強票期賬務管理，積極催收貨款，賬齡分析，執行征信調查與信用限額制度。

(9)作好賬齡分析、賬款管理辦法，有效執行征信調查與信用限額制度。

(10)售出之後將收回的款項充分核對，若與預定或契約不符，即迅速處理。由負責人出面催討，設法收回才好。

(11)未收賬款訂定獎懲辦法，加強催收，以利區別「有效應收賬款」與呆賬。

(12)作好商品促銷工作，協助商品銷售事宜，出清庫存品。

(13)加強業務員教育訓練，提升收款意識與收款技巧。

(14)改善行銷策略，增強產品競爭力，採行「現金交易」方式。

(15)為了確保收回工作有法律上的保障，事先採用抵押擔保對象的方法，如果無法收回時，可將抵押物體出售所得價款充為賬款。

(16)針對以「收回票據」的客戶，個別檢討修正為「現金回收或縮短票據日期」的可能性。

(17)按客戶別製作「回收貨款的改善計劃表」。

(18)企業內部定期召開檢討貨款的會議。

(19)將「問題客戶」列成清單，一一加以個別檢討。

第 *16* 章

要降低庫存成本

對「庫存」的心態，不只是資產，更要視為是「現金」。在達成銷售任務的前提下，要控制適當的庫存量，成功的企業，都有「維持原有經營績效下，設法減少庫存量，提高週轉能力」，而來增加企業績效。

一、庫存影響企業的生命

存貨少，對資金的運作較為有利；反之，存貨增加，所需的運轉資金也隨之增加。因此，存貨必須做有效率的週轉，而經營上也必須以擁有適量的庫存為重。

擁有存貨還會造成資金的浪費，例如：運轉資金固定化，存貨陳舊、破損，流行物品的滯銷，倉租、保管費、運輸費用等的支出。商品或資材存放於倉庫保管，還必須花很多費用。

在企管班講授一個笑話：企業經營者由於碰到資金週轉不靈，痛苦萬分，決定跳樓自殺，經營者從 6 層樓高度往下一跳，沒有摔死，為什麼呢？因為他摔在堆積如山的存貨上。

這是一個笑話，希望可以引起各位讀者對控制庫存品的重視。

所謂的「庫存品」，是指現有的原料、零件、在製品、半成品、

商品。在企業經營運作裏,都會保持有若干數量的存貨,庫存量過多或過少,都會產生若干問題。

例如當庫存量因為購買商品或資材發生錯誤時,絕對會造成重大的損失。一旦庫存過剩,就會使用多餘的資金、增加了陳廢品和過時品,這樣也會造成管理費用的浪費;相反時,當庫存過少時,經常可以看到由於訂貨次數增加而增加訂貨費用,容易引起缺貨、交貨期延誤、喪失信用等弊病。

當然,也有一些優點,例如前者的情況能因應顧客的訂貨要求,使交貨迅速、訂貨費用比較少,後者的優點是可以合理使用資金,減少庫存面積和庫存費用,重點是如何兼顧優點和缺點的問題。

美國媒體曾廣泛宣傳和讚揚過西南航空公司的航班紀錄:

8 時 12 分。飛機搭上登機橋,2 分鐘後第一位旅客開始下機,同時第一件行李卸下前艙;8 時 15 分,第一件始發行李從後艙裝機;8 時 18 分,行李裝卸完畢,旅客開始分組登機;8 時 29 分,飛機離開登機橋開始滑行;8 時 33 分,飛機升空。兩班飛機的起降,用時僅為 21 分鐘。但鮮為人知的是,這個紀錄實際上卻遭到了西南航空總部的批評,因為飛機停場時間比計劃長了將近 2 分鐘。

西南航空專門算過:如果每個航班節省在地面時間 5 分鐘,每架飛機就能每天增加一個飛行小時。西南航空的名言:「飛機要在天上才能賺錢。」三十多年來,西南航空用各種方法使他們的飛機盡可能長時間地在天上飛,減少飛機在地上的時間。

西南航空公司有一句話:<飛機要飛在天上才能賺錢>。高速轉場是提高飛機使用效率的另一重要因素。人們經常可以看到西南航空的飛行員滿頭大汗地幫助裝卸行李;管理人員在第一線參加營運的每一個環節。另外,西南航空把飛機當公共汽車,不設頭等艙和公務艙,從不實行「對號入座」,而是鼓勵乘客先到先坐。這就使得西南航空的

登機等候時間確實要比其他各大航空公司短半個小時左右，而等候領取托運行李的時間也要快 10 分鐘。這樣，西南航空的飛機日利用率 30 年來一直名列全美航空公司之首，每架飛機一天平均有 12 小時在天上飛。正是西南航空的高效，才使得這家公司「基業常青」。

二、企業決戰的關鍵──電腦化

企業界對電腦化意願很高，但真正完成電腦化者卻不成比例，運用電腦來作「銷售分析」，減少庫存，掌握暢銷、滯銷品的種類，並根據暢銷商品情報來開發商品，定能使企業的業績產生日新月異的變化。

日本的 7-ELEVEN 公司創立於 1973 年，面積平均 30 坪的零售店在幾萬家以上，以加盟店方式，表現了超越大榮零售業之每年 300 億日圓以上的利潤，究竟日本的 7-ELEVEN 公司是采取什麼技巧加以經營呢？其實有一部份的功勞，就是歸功於運用電腦來作「銷售分析」之技巧。

過去零售業的觀念，總以為「店內擺滿了商品生意才會好」，這種觀念猶如生產者的「大量生產」觀念。但是，7-ELEVEN 的資料證明，這種觀念是錯的。

如果按過去的觀念，為了增加銷售而擺滿商品，則在消費者需求變化迅速的現在，銷不掉的商品，立即形成呆滯庫存。而且商品種類一多，即無法精確掌握暢銷商品的種類，到時只有統統進貨，以致店頭推滿了滯銷品。

7-ELEVEN 的做法正好相反，是藉減少庫存的方法來掌握暢銷、滯銷品的種類。週轉率低與滯銷的商品，毫不留情地撤換下來，將空出來的架用來置放暢銷商品，並根據暢銷商品情報來開發商品，藉以應

付消費者需求劇烈的變化。換言之,應掌握滯銷品的實態並予以撤除,旨在保留狹小店頭寶貴的空間,並利用目前暢銷的商品來填補。

圖 16-1　銷售分析

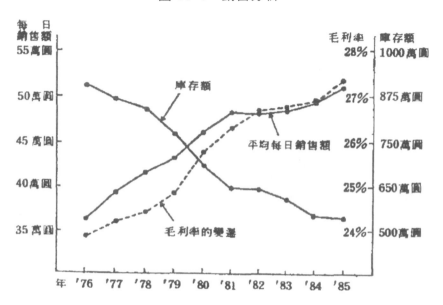

例如,過去十年的期末平均庫存額(每一家零售店)與平均每日銷售額(每一家零售店每一天的平均銷售額),以及平均毛利率的變遷圖。由圖中可看出,就予以更換,甚至於一年中要撤換掉 2/3 的商品。

運用電腦來作「銷售分析」、「電腦自動訂貨」的功能,可以所販賣的「便當」來作說明:

傳送加盟店的情報,當然是總公司利用連線搜集各加盟店資料,加以處理、分析之合,再回饋給加盟店的。

總公司所提供出來的情報有下列十一項:

1. 每天商品別賣出時刻一覽表。

2. 商品類別、時段別銷售量分析表。

3. 時段別之顧客類別銷售別。

4. 商品類別單品分析。

5. 商品類別滯銷品一覽表。

6. 商品廢棄分析情報。

7. 商品類別十週的變遷。

8. 單品別銷售十天期間的變遷。

9. 日期別、時段別單品銷售情報。

10. 雜誌銷售情報。

11. 實際變更業務。

圖 16-2　每日商品售出時刻一覽表

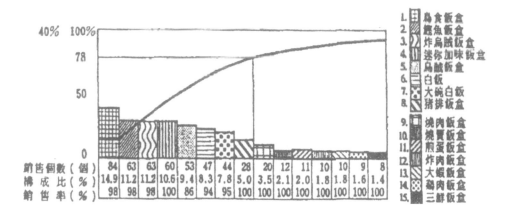

以圖為例，上週飯盒單品別銷售量的直條圖，可看出各種不同飯盒銷售數量構成比率與銷售率。

構成比率表示在全部銷售量中所佔比率，銷售率表示進貨量與銷出飯盒的比率。「迷你加味飯盒」的銷售比率100%，表示全數售出，「烏賊飯盒」售出53個，數量雖佔第5位，但是銷售比率只有86%，售不完的飯盒數量較多，可見訂貨數量過多。

「豬排飯盒」銷售數量只有 28 個，但銷售比率 100%。再看「每日商品售出時刻一覽表」的磁碟片，進貨時間是 7 點 1 次、11 點 1 次，因此 9 點～11 點來店的顧客就買不到這種飯盒，加盟店因此可判斷，7 點進貨時，可以加進豬排飯盒。有了這些情報，可減少缺貨、滯銷等損失，對顧客也可以做到更週全的服務。

從座標 78%處有區分線，表示這是暢銷八種飯盒的合計佔了銷售量 78%，對進貨提供了良好的參考。

在「時段別顧客人數、每位顧客購買等資料。各目的銷售顧及顧客人數，每兩週統計一次，掌握那一天、那一時段的人數最多、銷售額最多，以便改變商品種類來適應不同顧客的需要。

這一行動使 7-ELEVEN 一年要撤換 2/3 的商品。該公司有 6000 種商品，而 2/3 的 4000 種，在一年之內必定會撤換。這種細膩的因應需求做法，使店鋪面積僅僅 30 坪的加盟店，每天的商品週轉，一年之間也達 36～40 次之多，7-ELEVEN 公司的經營技巧由此可見。

三、降低庫存，企業就能成功

存貨是公司營業活動的重心所在，也是重要的收益來源之一，大其對買賣業而言，存貨更是公司經營的關鍵所在。商店裏的商品愈豐富，就愈受到顧客的喜愛。為了抑制存貨而減少商品，不僅無法招損顧客，而且很有可能因而喪失許多很好的銷售機會。

存貨少，對資金的運作較為有利：反之，存貨增加，所需的運轉資金也隨之增加。因此，存貨必須做有效率的週轉，經營上也必須以擁有適量的庫存為重。

經營企業要設法控制庫存量，避免資金積壓的風險，為本身營造有利的經營條件。同理，如果你是一家供貨廠商，不只關心自己的「庫

存」問題，也能設法解決(你)客戶的庫存問題，相信必會獲得客戶的愛戴，彼此合作長遠。

當顧問師在診斷企業存貨時，為確定存貨管理的績效，常用的比率有二個，第一個比率是「總資產對存貨的比率」，即庫存量多少，使用這個比率，可以瞭解庫存量是否適當。

第二個評估重點是檢查它的「週轉率」，使用這個「週轉率」可以知道經營的績效。

企業為確定庫存數量，庫存金額是否適當，是否積壓龐大資金在存貨項目，常使用此項公式。

總資產對存貨的比率＝存貨÷總資產×100%

存貨資產包括材料、商品、貯藏品

總資產包括流動資產、固定資產、遞延資產

此公式，顯示「現有存貨」佔總資產的比率，此比率對企業經營而言，更加重要。透過這個比率可以審視過大的投資是否將資金固定化了？或是否會因此壓迫到資產的安全？另外還可用在檢查庫存量是否適當、發單量是否合乎經濟原則、指接訂貨等的庫存資產如何等。

過多的庫存不但影響資金調度，而且在管理維護存貨所花費的庫存成本，亦會增加大約 20%的費用。例如保險費、倉儲折舊費、租庫費、保管費以及庫存品的折損費、銀行的利息等。因此，若能減少200萬元的庫存，在資金週轉上，不但能償還 200 萬元的借款，同時在成本方面，實際上亦可節省40～50 萬元的費用支出。

庫存包括成品庫存與半成品庫存、原料庫存。成品庫存，應以不超過一個月份量為目標。如果達到一個月以上時，則顯示對庫存量的控制發生問題。一般銷售公司所訂之交貨期限多為一個禮拜(購入期間需好幾個月者為特例)，因此，原則上製造廠商約有 0.7 個月的庫存份量，即可供給貨品。若有庫存過剩的情形發生，須按各類商品重

新檢討庫存量管理。

至於原(材)料的庫存量,通常也是保持在 0.7 個月的庫存左右即可(當然有時也得視採購時期)。擁有一個月以上材料庫存的部門,大都是持著一年只用一兩次的材料。對於這些使用頻率少的材料,公司應採臨時購入方法,以供不時之需。

在實際的顧問生涯中,受困企業求助,缺乏可用資金。我常發現,「其實他們是坐擁金山,卻告貸無門」。乍聽之下,似乎相當荒謬不稽,其實這類企業的診斷實況,正是「公司庫存嚴重過多」、「公司週轉金不足……」,資金是企業的血液,一旦被凍結為「久未流動的庫存」,就會嚴重影響到企業的生存。

啟力公司是一家小型工廠,專門從事塑膠袋之製造,由於「缺乏資金」,向顧問公司求助。

顧問公司赴廠實際瞭解狀況,到達工廠時,每個人都不相信自己眼中看見的景象。整個工廠觸目所及儘是一堆一堆地存貨,在製品、製成品,塞的連走道都只剩下狹窄的一條!橫著走才能通過,有幾個地方甚至得爬過去。

這種存貨積壓,氾濫成災的現象,果然是造成資金週轉不靈的禍首。公司壓在存貨上的資金高達新臺幣 5700 多萬元,難怪公司裏大家都問:「錢到那裏去了?」

依經驗,表面上這個問題是存貨管理不好,深入分析,顯然背後的生產管理和財務管理發生了毛病。

該公司生產部門的制程,依順序可概區分為抽絲部門、織布部門、縫袋部門。

抽絲部門供應織布部門所需的原料,人員到織布部門去查看,注意到織布部門的工作效率,高得令人難以置信。「工人拼命的做,連午餐時間都不停機,大家一面站著吃便當,一面繼續工作」。原來織布工

人是按件計酬，為了多賺一點錢，即使放假日也自動加班。

織布部門的「生產效率太高」，半成品流到下一個部門：「縫袋部門」，織布部門效率發揮到極點，另一頭縫袋部門卻苦於缺乏熟手，縫製速度過慢，無法即時消化織好的布，以致布疋大量堆積。

而更糟的是，織布部門不停的操作，抽絲部門即供應抽絲原料，再往上推，購料部門也購入原料，導致一連串的庫存過多。而出口的船期未安排妥當，使得工廠堆滿商品、材料。

顧問師明白，若是協助庫存的整頓，可以減少庫存品的損失，而且加強公司的資金週轉能力。為解決庫存品過多的壓力，針對源頭，加以處理。

針對生產流程欠妥的問題，織布部門應在不影響生產力的前提下，壓縮產能，借機實施機器保養，平日加班不再允許。在例假日也要求工人休假，至於平常工作時間，則將未保養機器的部分產能轉移生產其他東西，以免織出的布超過縫袋部門的消化能力。

縫袋部門則必須全面加班，提高產能，同時找出縫製效率最高的工人，研究其縫製方法以訓練其他工人。經過努力，縫袋部門每人每天竟然可以縫出 500～600 個袋子，大大超過以前的紀錄。

在製成品部分，教導公司重新安排生產計劃，先確定出貨日，然後計算某批貨需要的生產時間，再從出貨日倒算出必須開始生產作業的日期，以免過早提前作業，導致成品積壓待運。

要建立完整的原料採購規劃，依據每月出貨情況計算原料耗用量，考慮現有庫存及最低訂購量，制訂定期採購原料的合理數量。

經過顧問師的整頓，工廠秩序改善，而且庫存量大為降低，生產管理走上軌道，而經營者的資金週轉能力大為提高。

四、消化堆積如山的庫存品

企業對於過多的庫存品，必須儘快設法清貨，企業對於過多人員，也要設法安排和處理。

帳面顯示賺錢的企業，稍不慎常會因內部庫存太多而週轉不靈，筆者在診斷中小企業，常發現「賬銷貨款」與「庫存品」是造成中小企業資金不足、週轉不靈的兩大因素。如何剔除過多存貨，以便加速商品流通，消化庫存的步驟有：

· 瞭解庫存有那些？
· 為何商品會滯銷？
· 設法消化庫存。
· 檢討產銷計畫。

欲從事健全的行銷計畫，必須產銷二者相互呼應，不僅掌握市場動態，推出受歡迎的產品，更要跟進企業內的庫存動態，以便配合企業戰略，快速出清庫存壓力。見下表：

表 16-1　庫存報表

庫存狀況／產品別	庫存量總計	久滯庫存時間					備註
		3 個月	6 個月	9 個月	1 年	1 年半以上	
產品甲	1200		200	1000			
產品乙	400	350	50				
產品丙	2500					2500	產品嚴重呆滯，應設法促銷庫存。
產品丁	30						促銷季節即到，有供不應求危險，應快備料生產。

在行銷導向時代裏，重要問題已不是「銷售所生產出來的商品」，而是要「生產可以銷售出去的商品」，因此為消化庫存品，首先要徹底做市場現狀調查，瞭解滯銷原因，再提出可行的解決辦法。

調查「產品滯銷原因」，必須深入瞭解真正因素，一再的詢問「為什麼？」例如豐田汽車公司社長大野耐一曾舉個例子，說明「如何找出機器停止運轉的真正原因」：

問題一：為什麼機器停了？

答案一：因為機器超載，保險絲燒斷了。

問題二：為什麼機器會超載？

答案二：因為軸承的潤滑不足。

問題三：為什麼軸承會潤滑不足？

答案三：因為潤滑幫浦失靈了。

問題四：為什麼潤滑幫浦會失靈？

答案四：因為它的輪軸耗損了。

問題五：為什麼潤滑幫浦的輪軸會耗損？

答案五：因為雜質跑到裏面去了。

經過連續五次不停地問「為什麼」，才找到問題的真正原因和解決方法，如果沒有這種追根究底的精神來發掘問題，他們很可能只是找到表面原因，草草了事，真正的問題還是沒有解決，未來仍重複犯錯。

例如某廠商所推出無線電話機 BOM-1，上市後遭到經銷商的抱怨，不再進貨，經深入調查與檢討後，獲致下表，並加以改善：

表 16-2　商品滯銷調查

機型：BOM-1

項目	評分程度	現　狀	對　策
品質	65 分	故障率相當高	由開發單位研商對策，品管單位加強品管抽查。
音量	65 分	音量過小	音量考慮加大。
規格	97 分	符合電信局標準規格	乘機擴大宣傳。
價格	60 分	市售價比他牌均高出 1000～2000 元，而經銷利潤甚低。	設法維持經銷商正常利潤。
包裝	65 分	相同組別包裝在同一箱內，引起干擾	包裝方式改變。
經銷店的推廣	70 分	受到他牌的擠壓	加強營業員拜訪活動。
廣告	65 分	與他牌相比廣告量甚少	配合促銷期間活動，刊登企業形象系列廣告。
主機與手機的呼叫對講	60 分	發射功率不夠，搭配不良	1.產品設計改良，增大放射功率。2.派專員分赴各區修理不良品。3.製作對不良品說明的統一說詞，並分發給全省各營業員。

五、迅速降低庫存品的 ABC 法

製造業當然關心產品的銷路及原材料的使用情形，商店關切採購商品銷不出去。工廠製造的產品推銷不出，擱置在倉庫，採購的原材料一直放著不用，這些都是令人憂心且頭疼的事情。

假如你是商店老闆，每天都檢視店鋪的商品，一定會知道「那個商品還剩多少」或「最近的銷路不錯」。

商店的例子來說明：昨天買進來的商品，今晨剛擺上店鋪，到晚

上已經賣出去。中央批發市場的魚類、蔬菜等就是最典型的例子。然而，有些商店內的商品，已經陳列了三個月以上還沒有售出。

衣服類大約一兩個月就可以售完，季節性的商品大約三個月可以售出。衣服、皮包、鞋等商品，很多人不會馬上買，等領到薪水後再買，所以這些商品即屬於一個月可賣出的部分。但是價錢貴的商品，發年終獎金時生意特別好，傢俱、家庭電器、樂器等就是這種商品。

依商品的性質可分為以日、月、年、獎金月份，為售出單位的類別。這些都是以商品的性質而決定售出的速度。售出商品的速度與經營方法有關。並不是將商品擺上去就有人買，應明瞭顧客不買的原因，把握商品與銷售的關係。

作者　再重覆強調，經營者不只要注意「產品的損益狀況」，更要留心「企業的營運週轉」，避免淪落到「銷售有利潤」卻資金週轉不靈的「黑字倒閉」的地步。

企業欲改善資金運轉能力，或發覺到週轉有困難時，必須儘快對症下藥，實施改善動作。例如：「重新檢討銷售債權」、「重新評估應收票據」、「重新過濾雜項資金」、「重新盤點庫存商品」等。

以「重新盤點庫存商品」而言，重新盤點庫存商品相當重要。在實施盤點工作時，並不僅是計算貨架上商品的數量，商品內容方面也必須盤點清楚。斷然地處理丟棄滯銷或不良商品，多多少少都有點兒於心不忍，但是一味緊抱著無法銷售的商品不放也毫無意義，而且還必須繳納稅金，如此一來不是得不償失嗎？

庫存管理最方便的方法，推薦你使用「ABC 管理法」。

所謂「ABC 管理法」，是將所有庫存品種類依照庫存品金額高低，加以順序排列，「庫存價格高者」排在前面，稱為「A 類庫存品」，優先管制。依次類推，有「B 類庫存品」、「C 類庫存品」。

經過整頓後的庫存品，並將這些選出的項目按年度消耗額或銷售

額的順序一一排列，並累計各項目的消耗金額、計算出其比率以統計圖表的方式表示。從這份圖表裏的存貨情形來看，庫存量佔 40%的 A 級商品，其存貨金額佔 80%，所以要管理存貨必須先從 A 級商品著手，這對提高庫存效率而言，也是最具效果的。

再看 C 級商品，其庫存量佔 40%，但其存貨金額只不過佔 10%而已，所以對於這類存貨只要稍加處理就可輕易減少存貨所佔空間，同時解決存貨可能導致的損失。

B 級商品，庫存量佔 20%，但存貨金額佔 10%，這類庫存品的處理，要較優於 C 級商品。

例如將 A 級的庫存設法降低一半，B 級的庫存設法降低 25%，C 級庫存設法降低 15%，如此一來，產品或材料、零件之庫存即可降低 39%。庫存既已降低 39%，庫存損失就可以降低至最低度，而獲得極大的成果了。

至於如何降低廠內材料呢？根據 ABC 重點管理法則，區分優先處理項目，逐一檢討，設法降低該材料，其方法如下：

1. 將所有庫存材料列表，統計其庫存數量，按 ABC 重點管理法則，加以處理。

2. 從材料 ABC 分析表中，選出第一至第十項「A」類材料。

3. 查核庫存數據記錄表，並至倉庫實際盤點該十項之「A」類存量，以證明資料之準確性。

4. 仔細審核需要用到此十項材料之各類產品的制程計劃，若有需要則與生產管理人員研究並修正之。

5. 根據修正後庫存材料狀況及制程計劃，計算出往後每星期之實際進貨需求量。

6. 至採購部門查核此十項材料之未交訂單之交期與數量。

7. 責由工業工程人員與採購人員，依狀況訂出標準單位包裝數

量。

8. 對此十項材料，其採購地區、體積大小、過去交貨品質等狀況，逐項訂出其標準存貨水準。

9. 經由 MRP 之計算，重新安排未交訂單到廠之日期與數量，使其在短期內達到標準存貨水準。

10. 編繪此十項材料之存貨趨勢圖，明訂每星期之目標存貨水準，責由材料管理部門每星期具報實際存貨狀況。

11. 高階管理人員每星期審核績效，若有異常，責由材料經理及採購經理解釋原因，並立即採取改正措施。

12. 第　至第十項「A」類材料管理納入正軌後，再逐次推展至其他 A 類及 B 類材料，一般而言，只要控制達到 80%以上之材料投資價值。

六、整頓倉庫的方法

在實務上，要降低現有庫存量，除在「設計時的完善考量」、「採購時的正確訂購量」以外，如何整頓現有的庫存量，可使用下列方法：

①整頓倉庫

「整頓倉庫」的作業，對於必需之物和不必需之物應劃分清楚。將不必需之物妥善處理，對於必需之物，則依「何物」、「何處」、「數量」等要項，明確標示。另外，放物架的配置、標示以及商品的排列宜力求簡化。

②掌握庫存量

先要掌握庫存量，才能著手下一步的規劃。根據每個月的實物盤點和庫存簿，精確地掌握庫存量。嚴禁不繳交傳票的入庫和出庫，力求平時的出入明確無誤。

③釐定適當的標準庫存量

按各成品（或各材料），依過去的出庫量擬訂適當的庫存標準，並加以控制調整。當然，想要全盤控制各類庫存，實非易事。可先從重要項目、常備庫存品等處著手，藉由 ABC 分析法（Pareto 巴特氏曲線法）進行。

總之，不能「整頓」，就不能「掌」握庫存；不能「掌握庫存」，就不能控制到「合理庫存」。

④隨時檢討，挑出「應優先處理的庫存品」

由於新產品的競爭，或是商品本身衰退，於是產生滯銷品；也有好幾個月無法賣出去的長期滯留庫存品。對這些不良庫存，因應之道，將其以拍賣方式處理。

如存僥倖心理，以為終有一天能賣出而留在倉庫內，不但價格日漸跌落，因管理費造成的昂貴庫存成本亦是一種浪費。所以，還是「先放手」才是上策。

⑤指定專人負責，隨時彙報處理狀況，限時完成
⑥電腦化庫存管理

從事電子、通訊物品批發買賣的聯強公司，公司經營績效佳，早已是物流業的成功典範。該公司為克服庫存品料賬不符，自行開發一套 MIS 電腦化的管理模式，帶來甚多好處。

K 公司的物流管理中樞，在當時也的確為公司帶來不少效益，若直接從平均每員工創造的年營業額，來評估 K 公司 MIS 帶來的效率提升，則 1986 年的年營業額為 12 億元，平均每員工僅創造數百萬元的營業額。但 1991 年，K 公司營收達 46 億元，但員工人數不到 300 人，平均每人創造了 1600 萬元，增加了將近兩倍。到了 1999 年，平均每人營收更高達 4600 萬元，更是 MIS 建置之前的 10 倍。

尤其是庫存品管理，過去常見的料賬不符問題，經電腦化作業之

後，盤點誤差從原先的 6.6%降低為零；庫存管理不善造成資金積壓的現象。在業務規模大幅擴張之下，庫存金額反而減一半，不僅每年省下數千萬元的利息，也大幅提升了存貨週轉率；電腦化之前，常因出貨錯誤、存貨不足而迭遭客戶抱怨，但動用資材管理系統之後，不僅出貨正確無誤，且出貨速度提升 3 倍之多。

⑦採用供應鏈管理

一旦電腦化管理之後，更進一步將相關企業間的電腦予以連結，形成供應鏈管理。

在傳統上，製造業廠商為了處理物料管理、生產分配、產品配送、庫存、排程等問題，大多採用電話、傳真或是 EDI（電子數據交換）等模式進行，不但須要大量的人工處理，又無法做到即時反應現有庫存數據等。隨著市場競爭日趨激烈，客戶對於快速交貨的要求提高，以及科技產品週期愈來愈短等多項因素，使得上下游之間的供應鏈管理，成為資訊廠商的一大挑戰。

圖 16-3　科學地管理庫存

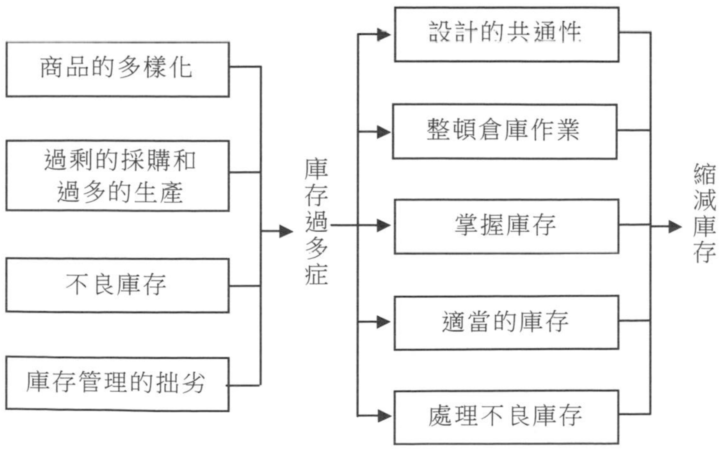

以製造公司為例，約有六成的資金是投在原料、半成品、存貨等，一旦訂單在短期內產生巨大變化，往往造成呆料，而產品削貨競爭，嚴重擠壓獲利空間。

接單後生產模式流行後，降低存貨成本、即時交貨，成為廠商營運管理的重要課題，因此，製造廠商和上下游廠商之間的供應鏈管理也逐漸受到重視。若能善用軟硬體設備做好供應鏈管理，公司存貨資金成本將可降低一成，有助企業財務運作。

企業善用電腦化，而且相關企業間的電腦化連結，形成「供應鏈管理」，將是未來大力降低庫存壓力，快速發揮績效的有力武器。

一般廠商估計採用供應鏈管理系統後，可有效減少一成的庫存資金。以世界知名的康柏電腦公司而言，兩年前 85%的訂單可在 10 天內完成，採用供應鏈管理系統之後，95%訂單可在 5 天內交貨。

七、產銷密切協調，以控制庫存量

明瞭庫存過多所造成的嚴重壓力，就要設法降低庫存品。位於臺北市新店區的立普電子公司而言，進口零件組裝成為各種電子產品，其降低成品存貨之方法是：

1. 清點成品倉庫，編訂正確之成品存貨狀況。

2. 根據成品清點資料及成品運交計劃表，找出存貨過高項目，責由銷售部門與生產管理部門經理解釋其原因，並提出立即降低成品存貨之具體建議，諸如與財務長協商，提早運交產品但給予客戶合理之折扣，以期迅速降低成品存貨。

3. 責由銷售部門依據銷售預測表提出成品運交計劃表，詳列三個月內之每星期產品運交類別及數量。

4. 依據修正之成品運交計劃表與年度銷售預測表，責由生產管理

部門重新擬定生產計劃表。

5. 依據清點成品之資料，修正之成品運交計劃表及產出計劃表，算出每星期每項產品之存貨狀況。

6. 由高階主管財務長、銷售經理與生產管理部經理共同審核成品存貨預期水準。經由各部門及高階主管認可後，責由生產管理部門編繪成品存貨趨勢圖。

7. 每星期責由生產管理部門具報實際產出、運交及存貨狀況。

8. 主管根據上項數據，並與預期數字比較。一有顯著差異，立即找出原因責有關部門解釋，並立即採取改正措施。

八、企業改善庫存之案例

許多企業經營者常因為企業資金不足而煩惱，甚至向政府抱怨「不施援手」，其實根本的解決辦法在於「自己」，救命仙丹就藏在自己的企業體內。

以位在土城工業區的甲電子工廠輔導案例而言，企業經營者從事本行甚久，對技術與品質有濃厚的興趣，常可配合市場需求而推出新產品，獲得客戶之喜歡。但經營者卻常為資金週轉到處借錢，為跑「銀行三點半」而叫苦不已。

在現場觀察後，並與各幹部溝通，發覺整個作業環境有甚多不合理之處，例如：

①倉儲的現況看到甲公司的倉庫堆滿了紙箱，同時塑膠板上佈滿灰塵，原料上面的盤點卡，寫的是兩年前的日期，顯示呆滯情況嚴重。

②檢視原物料賬卡，發現領料單與驗收單未預先順序編號，同時賬卡的紀錄與實際存量不符，顯示物料管理制度並不健全。

③在製品積壓甚多。例如到現場時，剛好看到緊急插單，現場生

產線正在換線；機台的旁邊擺滿了上批做一半的在製品，同時還有以前做一半的在製品，上面亦佈滿灰塵，堆滿在現場，使得現場通路不順，運輸困難。

④上下制程半製品的移轉，並未品檢、盤點，因此實際的生產數量與生產進度不知。

⑤生產流程與生產計劃有漏洞。現場有多部自動化機器閒置，經詢問結果系由於速度太快，只生產 2 小時即夠下游制程 3 天的生產量。由於產量快速，使下游變成生產瓶頸。生產不當是生管制度不良或緊急插單頻繁所引起。又常見緊急插單，插單頻繁則多起因於產銷不能協調。

此外，診斷人員也發覺到賬簿作業程序。會計作業流程均有問題，內部控制明顯錯誤，造成貨款回收有嚴重影響。

此外，在分析企業內的「存貨週轉率」、「毛利率」後，也獲致甚多可用資訊：

①存貨週轉率

甲公司的存貨週轉率，雖然逐年有進步，但比起同業差距仍然很大。由於存貨在總資產中佔有相當大的部分，如果週轉率偏低，可能表示存貨已過時而成呆料。亦可能表示倉儲作業不健全而產生過多的原料購置，生產排程不順也是原因之一，表示企業積壓資金的情形嚴重，同時存貨出售變現的時間減緩。因此，存貨週轉率偏低，絕對是一個嚴重的問題，必須深入分析瞭解其原因。

②獲利能力分析

由甲公司的毛利率來看，公司所處的行業，毛利率很高，是高附加價值的行業，甲公司尤其是該行業中的佼佼者。但是同業的毛利率從 73 年開始一直穩定的成長，而甲公司卻反而下跌。到 2000 年，一個各行業均豐收的年度，甲公司的毛利率卻首次低於同業，這種危險

趨勢必須要盡速的調查其產品結構及成本結構才可獲知原因。診斷員在整理全部資訊後，向企業經營者提出改善建議：

改善重心置於必須提高存貨週轉率及固定資產週轉率。提高存貨週轉率方法在於：

①建立產銷協調制度，改善生管制度，以提高再製品的週轉率。

②建立採購及倉儲管理制度，以控制原物料存量，提高原物料的週轉率。

③處分呆滯的原物料及再製品，降低存貨數量，並有利現場及倉庫的作業。

該公司可立即執行，改善的具體作法如下：

(一)處分呆滯的原物

原料可分為兩大類，一種是通用性極高的原物料，譬如 PVC 塑膠粒，目前價格大漲，只要資金週轉順暢，並無大礙。另一類原物料是特殊訂製品，如為特殊產品訂制的紙箱、零件，視其狀況分 A、B、C 三大類，對於 A 類的產品如果以後使用的機率相當高，則可清理後繼續儲存，以備將來應用。至於 B、C 類的產品，未來再使用的機率不大，可以轉售與同業，或逕行處分。如此處分呆滯的原物料可立刻收回部分現金。

(二)在製品過多的處理

在製品過多，對公司的影響比原物料呆滯更嚴重。因為原物料尚未加工生產，可以轉售，在通貨膨脹尚有巨額利益。在製品已加工，又是客戶特別訂制，除少數可轉售與同業外，大部分必須製造完成後才可變現，對資金的積壓更是嚴重。

在製品過多發生的原因，及改進之道如下：

①產銷不協調，導致緊急插單頻繁，造成現場必須換線生產，目前在生產線上的產品即變成在製品，閒置在現場。建議召開產銷協調會議，共同安排出貨進度，以避免產銷不能配合的情形。

②上下制程間在製品的移轉。未清點，導致某些產品製造過多，某些產品則製造不足，必須補足後才能並櫃出貨。在等待的期間，即造成過多的在製品。建議用作業傳票做為製品移轉的憑證，可以增進生產進度、數量及品質。

③處分呆滯過久的在製品。能生產出貨的立刻生產，不能生產的考慮賣給同業。如果都不可行，則熔為塑膠原料。

④要減少在製品的治本方法。乃在於生產管制，建議制定生產管制辦法。設置標準工時，使賬上餘額與實際盤點餘額相同，可以避免賬上有料而實際上無料，使現場產生停工待料的情形發生。

九、家電業的產銷協調作法

企業在努力提升銷售業績時，不應忘記「要確保產銷計畫」的實施，否則必然造成產銷衝突，缺貨而引起客戶抱怨，或使庫存堆積如山，妨礙企業的週轉獲利。

為獲取銷售業績，並顧及企業產能，企業必須規劃出產銷之整體計畫，此計畫由銷售預測開始，並包括銷售計畫、庫存計畫、生產計畫。

企業發生產銷衝突時，要設法加以排除，其排除方法有「透過庫存計畫加以調整」、「透過生產計畫加以調整」、「透過銷售計畫加以調整」等方法。

(1)透過「庫存計畫」加以調整

當有「產銷衝突」時，可利用「庫存計畫」數量之調整，而化解

之。

表 16-3　產銷整體計畫

項目 月份	銷售計畫	生產計畫	存貨計畫	白天作業人數	加班人數(3 小時)
1 月	10300	10300	0	800	156
2 月	9100	9100	0	800	0
3 月	5900	8200	2300	800	0
4 月	7400	9200	4100	800	0
5 月	4900	8100	7300	800	0
6 月	4100	8100	11300	800	0

當計畫銷售量增大時，所安排的生產計畫，要考慮期初庫存量、期末庫存量之差額。

(2)透過「生產計畫」加以調整

生產量的調整變化，可化解「產銷衝突」，如下：

①生產幾種混合產品，以減少季節變動。

例如冬天製造暖氣機，夏天製造冰箱，或改良生產「一年到頭可銷售的冷暖氣機」。

②利用存貨來調整銷售之淡旺季，以維持生產計畫之穩定性。

③預測可能呈現供不應求的狀況，除加強生產作業外，並事先備妥額外的重要零件。

④旺季時利用加班、托外加工或僱用臨時工人以增加產量。

⑤經濟低迷時，降低產能，用降低「成品庫存壓力」，以減少企業資金積壓。

⑥供多於求時，降低產能，抽調生產部門員工到第一線去協助銷

售,以提高產品需求量。

　　⑦銷售不景氣時,降低產能,加強員工教育訓練、提高員工素質,強化公司對外競爭的能力。

　　生產的空檔可加以利用,來執行若干平時不易推動的改革行動。例如各電影院業者為抗議政府的行政措施,而一起上街遊行,電影院就歇業一天,冷冷清清,許多電影院業者都趁此難得機會,請師傅整修內部裝潢。

(3)透過「銷售計畫」而加以調整

　　擴大促銷,提升銷售量,也是一個消除產銷衝突的方法,若能同時解決工廠的產能不足,人工太多之問題,則有「雙管齊下」的加倍效果。各種方法如下:

　　①加強廣告宣傳,擴大銷售。

　　例如,為加強促銷績效,透過宣傳「免費換磁頭」促銷攻勢,以快速出清存貨,並抽調生產線技術員至各服務站支援技術人力。

　　②在淡季時,加強促銷活動,促使銷售量增加,減低銷售數量的變動程度。

　　例如,電器公司為打開冷氣機的銷售,特提早在冬天舉辦「贈品促銷活動」,以誘人贈品「提早買冷氣機送電冰箱」,作為刺激客戶理性分析後,采取購買行動。

　　又如餐飲業為吸引客戶上門或疏散用餐時間的人潮,推出「離峰特價」,在非尖峰時段(例如下午 2 點～5 點)用餐者,以 85 折優待。

　　③變更產品線內各產品別的製造數量,如將滯銷商品的產能,改生產暢銷商品。

　　④配合旺季之來臨,事先備妥原料、加強生產,降低供不應求狀況發生之機會。

　　⑤以「配貨」方式,強制銷售「滯銷品」。

⑥開闢新市場。如保力達產品原來強調「補血強肝」，強調「保力達加米酒一同飲用」，在夏季時，又強調「保力達加冰塊」使用。

憲業企管顧問公司專門出版各種實務的企業管理圖書，幫助企業解決各種經營難題，各圖書名稱詳細資料，請參考本書末頁。

或是直接上網查詢：www.bookstore99.com

臺灣的核心競爭力，就在這裏！

圖 書 出 版 目 錄

憲業企管顧問（集團）公司為企業界提供診斷、輔導、培訓等專項工作。下列圖書是由臺灣的憲業企管顧問（集團）公司所出版，自 1993 年秉持專業立場，特別注重實務應用，50 餘位顧問師為企業界提供最專業的經營管理類圖書。

選購企管書，敬請認明品牌 ： 憲 業 企 管 公 司 。

1.傳播書香社會，直接向本出版社購買，一律 9 折優惠，郵遞費用由本公司負擔。服務電話(02) 27622241　(03) 9310960　　傳真 (03) 9310961

2.付款方式：請將書款轉帳到我公司下列的銀行帳戶。

・銀行名稱：合作金庫銀行（敦南分行）　帳號：**5034-717-347447**
　公司名稱：憲業企管顧問有限公司

・郵局劃撥號碼：**18410591**　郵局劃撥戶名：憲業企管顧問公司

3.圖書出版資料每週隨時更新，請見網站 www. bookstore99. com

經營顧問叢書

25	王永慶的經營管理	360 元	122	熱愛工作	360 元
47	營業部門推銷技巧	390 元	125	部門經營計劃工作	360 元
52	堅持一定成功	360 元	129	邁克爾・波特的戰略智慧	360 元
56	對準目標	360 元	130	如何制定企業經營戰略	360 元
60	寶潔品牌操作手冊	360 元	135	成敗關鍵的談判技巧	360 元
72	傳銷致富	360 元	137	生產部門、行銷部門績效考核手冊	360 元
78	財務經理手冊	360 元	139	行銷機能診斷	360 元
79	財務診斷技巧	360 元	140	企業如何節流	360 元
86	企劃管理制度化	360 元	141	責任	360 元
91	汽車販賣技巧大公開	360 元	142	企業接棒人	360 元
97	企業收款管理	360 元	144	企業的外包操作管理	360 元
100	幹部決定執行力	360 元			

146	主管階層績效考核手冊	360 元		226	商業網站成功密碼	360 元
147	六步打造績效考核體系	360 元		228	經營分析	360 元
148	六步打造培訓體系	360 元		229	產品經理手冊	360 元
149	展覽會行銷技巧	360 元		232	電子郵件成功技巧	360 元
150	企業流程管理技巧	360 元		234	銷售通路管理實務〈增訂二版〉	360 元
152	向西點軍校學管理	360 元		235	求職面試一定成功	360 元
154	領導你的成功團隊	360 元		236	客戶管理操作實務〈增訂二版〉	360 元
155	頂尖傳銷術	360 元		237	總經理如何領導成功團隊	360 元
160	各部門編制預算工作	360 元		238	總經理如何熟悉財務控制	360 元
163	只為成功找方法，不為失敗找藉口	360 元		239	總經理如何靈活調動資金	360 元
				240	有趣的生活經濟學	360 元
167	網路商店管理手冊	360 元		241	業務員經營轄區市場（增訂二版）	360 元
168	生氣不如爭氣	360 元				
170	模仿就能成功	350 元		242	搜索引擎行銷	360 元
176	每天進步一點點	350 元		243	如何推動利潤中心制度（增訂二版）	360 元
181	速度是贏利關鍵	360 元				
183	如何識別人才	360 元		244	經營智慧	360 元
184	找方法解決問題	360 元		245	企業危機應對實戰技巧	360 元
185	不景氣時期，如何降低成本	360 元		246	行銷總監工作指引	360 元
186	營業管理疑難雜症與對策	360 元		247	行銷總監實戰案例	360 元
187	廠商掌握零售賣場的竅門	360 元		248	企業戰略執行手冊	360 元
188	推銷之神傳世技巧	360 元		249	大客戶搖錢樹	360 元
189	企業經營案例解析	360 元		252	營業管理實務（增訂二版）	360 元
191	豐田汽車管理模式	360 元		253	銷售部門績效考核量化指標	360 元
192	企業執行力（技巧篇）	360 元		254	員工招聘操作手冊	360 元
193	領導魅力	360 元		256	有效溝通技巧	360 元
198	銷售說服技巧	360 元		258	如何處理員工離職問題	360 元
199	促銷工具疑難雜症與對策	360 元		259	提高工作效率	360 元
200	如何推動目標管理（第三版）	390 元		261	員工招聘性向測試方法	360 元
201	網路行銷技巧	360 元		262	解決問題	360 元
204	客戶服務部工作流程	360 元		263	微利時代制勝法寶	360 元
206	如何鞏固客戶（增訂二版）	360 元		264	如何拿到 VC（風險投資）的錢	360 元
208	經濟大崩潰	360 元				
215	行銷計劃書的撰寫與執行	360 元		267	促銷管理實務〈增訂五版〉	360 元
216	內部控制實務與案例	360 元		268	顧客情報管理技巧	360 元
217	透視財務分析內幕	360 元		269	如何改善企業組織績效〈增訂二版〉	360 元
219	總經理如何管理公司	360 元				
222	確保新產品銷售成功	360 元		270	低調才是大智慧	360 元
223	品牌成功關鍵步驟	360 元		272	主管必備的授權技巧	360 元
224	客戶服務部門績效量化指標	360 元				

275	主管如何激勵部屬	360元
276	輕鬆擁有幽默口才	360元
278	面試主考官工作實務	360元
279	總經理重點工作（增訂二版）	360元
282	如何提高市場佔有率（增訂二版）	360元
283	財務部流程規範化管理（增訂二版）	360元
284	時間管理手冊	360元
285	人事經理操作手冊（增訂二版）	360元
286	贏得競爭優勢的模仿戰略	360元
287	電話推銷培訓教材（增訂三版）	360元
288	贏在細節管理（增訂二版）	360元
289	企業識別系統 CIS（增訂二版）	360元
290	部門主管手冊（增訂五版）	360元
291	財務查帳技巧（增訂二版）	360元
293	業務員疑難雜症與對策（增訂二版）	360元
295	哈佛領導力課程	360元
296	如何診斷企業財務狀況	360元
297	營業部轄區管理規範工具書	360元
298	售後服務手冊	360元
299	業績倍增的銷售技巧	400元
300	行政部流程規範化管理（增訂二版）	400元
302	行銷部流程規範化管理（增訂二版）	400元
304	生產部流程規範化管理（增訂二版）	400元
305	績效考核手冊(增訂二版)	400元
307	招聘作業規範手冊	420元
308	喬·吉拉德銷售智慧	400元
309	商品鋪貨規範工具書	400元
310	企業併購案例精華（增訂二版）	420元
311	客戶抱怨手冊	400元
312	如何撰寫職位說明書（增訂二版）	400元

313	總務部門重點工作（增訂三版）	400元
314	客戶拒絕就是銷售成功的開始	400元
315	如何選人、育人、用人、留人、辭人	400元
316	危機管理案例精華	400元
317	節約的都是利潤	400元
318	企業盈利模式	400元
319	應收帳款的管理與催收	420元
320	總經理手冊	420元
321	新產品銷售一定成功	420元
322	銷售獎勵辦法	420元
323	財務主管工作手冊	420元
324	降低人力成本	420元
325	企業如何制度化	420元
326	終端零售店管理手冊	420元
327	客戶管理應用技巧	420元
328	如何撰寫商業計畫書（增訂二版）	420元
329	利潤中心制度運作技巧	420元
330	企業要注重現金流	420元
331	經銷商管理實務	450元
332	內部控制規範手冊（增訂二版）	420元
333	人力資源部流程規範化管理（增訂五版）	420元
334	各部門年度計劃工作（增訂三版）	420元
335	人力資源部官司案件大公開	420元
336	高效率的會議技巧	420元
337	企業經營計劃〈增訂三版〉	420元
338	商業簡報技巧（增訂二版）	420元
339	企業診斷實務	450元

《商店叢書》

18	店員推銷技巧	360元
30	特許連鎖業經營技巧	360元
35	商店標準操作流程	360元
36	商店導購口才專業培訓	360元
37	速食店操作手冊〈增訂二版〉	360元

38	網路商店創業手冊〈增訂二版〉	360 元
40	商店診斷實務	360 元
41	店鋪商品管理手冊	360 元
42	店員操作手冊（增訂三版）	360 元
44	店長如何提升業績〈增訂二版〉	360 元
45	向肯德基學習連鎖經營〈增訂二版〉	360 元
47	賣場如何經營會員制俱樂部	360 元
48	賣場銷量神奇交叉分析	360 元
49	商場促銷法寶	360 元
53	餐飲業工作規範	360 元
54	有效的店員銷售技巧	360 元
55	如何開創連鎖體系〈增訂三版〉	360 元
56	開一家穩賺不賠的網路商店	360 元
57	連鎖業開店複製流程	360 元
58	商鋪業績提升技巧	360 元
59	店員工作規範（增訂二版）	400 元
61	架設強大的連鎖總部	400 元
62	餐飲業經營技巧	400 元
64	賣場管理督導手冊	420 元
65	連鎖店督導師手冊（增訂二版）	420 元
67	店長數據化管理技巧	420 元
68	開店創業手冊〈增訂四版〉	420 元
69	連鎖業商品開發與物流配送	420 元
70	連鎖業加盟招商與培訓作法	420 元
71	金牌店員內部培訓手冊	420 元
72	如何撰寫連鎖業營運手冊〈增訂三版〉	420 元
73	店長操作手冊（增訂七版）	420 元
74	連鎖企業如何取得投資公司注入資金	420 元
75	特許連鎖業加盟合約（增訂二版）	420 元
76	實體商店如何提昇業績	420 元
77	連鎖店操作手冊（增訂六版）	420 元

《工廠叢書》

15	工廠設備維護手冊	380 元
16	品管圈活動指南	380 元
17	品管圈推動實務	380 元
20	如何推動提案制度	380 元
24	六西格瑪管理手冊	380 元
30	生產績效診斷與評估	380 元
32	如何藉助 IE 提升業績	380 元
46	降低生產成本	380 元
47	物流配送績效管理	380 元
51	透視流程改善技巧	380 元
55	企業標準化的創建與推動	380 元
56	精細化生產管理	380 元
57	品質管制手法〈增訂二版〉	380 元
58	如何改善生產績效〈增訂二版〉	380 元
68	打造一流的生產作業廠區	380 元
70	如何控制不良品〈增訂二版〉	380 元
71	全面消除生產浪費	380 元
72	現場工程改善應用手冊	380 元
77	確保新產品開發成功（增訂四版）	380 元
79	6S 管理運作技巧	380 元
84	供應商管理手冊	380 元
85	採購管理工作細則〈增訂二版〉	380 元
88	豐田現場管理技巧	380 元
89	生產現場管理實戰案例〈增訂三版〉	380 元
92	生產主管操作手冊(增訂五版)	420 元
93	機器設備維護管理工具書	420 元
94	如何解決工廠問題	420 元
96	生產訂單運作方式與變更管理	420 元
97	商品管理流程控制(增訂四版)	420 元
101	如何預防採購舞弊	420 元
102	生產主管工作技巧	420 元
103	工廠管理標準作業流程〈增訂三版〉	420 元
104	採購談判與議價技巧〈增訂三版〉	420 元

105	生產計劃的規劃與執行(增訂二版)	420 元
107	如何推動 5S 管理（增訂六版）	420 元
108	物料管理控制實務〈增訂三版〉	420 元
109	部門績效考核的量化管理（增訂七版）	420 元
110	如何管理倉庫〈增訂九版〉	420 元
111	品管部操作規範	420 元
112	採購管理實務〈增訂八版〉	420 元
113	企業如何實施目視管理	420 元
114	如何診斷企業生產狀況	420 元

《醫學保健叢書》

1	9 週加強免疫能力	320 元
3	如何克服失眠	320 元
5	減肥瘦身一定成功	360 元
6	輕鬆懷孕手冊	360 元
7	育兒保健手冊	360 元
8	輕鬆坐月子	360 元
11	排毒養生方法	360 元
13	排除體內毒素	360 元
14	排除便秘困擾	360 元
15	維生素保健全書	360 元
16	腎臟病患者的治療與保健	360 元
17	肝病患者的治療與保健	360 元
18	糖尿病患者的治療與保健	360 元
19	高血壓患者的治療與保健	360 元
22	給老爸老媽的保健全書	360 元
23	如何降低高血壓	360 元
24	如何治療糖尿病	360 元
25	如何降低膽固醇	360 元
26	人體器官使用說明書	360 元
27	這樣喝水最健康	360 元
28	輕鬆排毒方法	360 元
29	中醫養生手冊	360 元
30	孕婦手冊	360 元
31	育兒手冊	360 元
32	幾千年的中醫養生方法	360 元
34	糖尿病治療全書	360 元
35	活到 120 歲的飲食方法	360 元

36	7 天克服便秘	360 元
37	為長壽做準備	360 元
39	拒絕三高有方法	360 元
40	一定要懷孕	360 元
41	提高免疫力可抵抗癌症	360 元
42	生男生女有技巧〈增訂三版〉	360 元

《培訓叢書》

11	培訓師的現場培訓技巧	360 元
12	培訓師的演講技巧	360 元
15	戶外培訓活動實施技巧	360 元
17	針對部門主管的培訓遊戲	360 元
21	培訓部門經理操作手冊（增訂三版）	360 元
23	培訓部門流程規範化管理	360 元
24	領導技巧培訓遊戲	360 元
26	提升服務品質培訓遊戲	360 元
27	執行能力培訓遊戲	360 元
28	企業如何培訓內部講師	360 元
31	激勵員工培訓遊戲	420 元
32	企業培訓活動的破冰遊戲（增訂二版）	420 元
33	解決問題能力培訓遊戲	420 元
34	情商管理培訓遊戲	420 元
35	企業培訓遊戲大全(增訂四版)	420 元
36	銷售部門培訓遊戲綜合本	420 元
37	溝通能力培訓遊戲	420 元
38	如何建立內部培訓體系	420 元
39	團隊合作培訓遊戲(增訂四版)	420 元
40	培訓師手冊（增訂六版）	420 元

《傳銷叢書》

4	傳銷致富	360 元
5	傳銷培訓課程	360 元
10	頂尖傳銷術	360 元
12	現在輪到你成功	350 元
13	鑽石傳銷商培訓手冊	350 元
14	傳銷皇帝的激勵技巧	360 元
15	傳銷皇帝的溝通技巧	360 元
19	傳銷分享會運作範例	360 元
20	傳銷成功技巧（增訂五版）	400 元
21	傳銷領袖（增訂二版）	400 元

| 22 | 傳銷話術 | 400 元 |
| 23 | 如何傳銷邀約 | 400 元 |

《幼兒培育叢書》

1	如何培育傑出子女	360 元
2	培育財富子女	360 元
3	如何激發孩子的學習潛能	360 元
4	鼓勵孩子	360 元
5	別溺愛孩子	360 元
6	孩子考第一名	360 元
7	父母要如何與孩子溝通	360 元
8	父母要如何培養孩子的好習慣	360 元
9	父母要如何激發孩子學習潛能	360 元
10	如何讓孩子變得堅強自信	360 元

《成功叢書》

1	猶太富翁經商智慧	360 元
2	致富鑽石法則	360 元
3	發現財富密碼	360 元

《企業傳記叢書》

1	零售巨人沃爾瑪	360 元
2	大型企業失敗啟示錄	360 元
3	企業併購始祖洛克菲勒	360 元
4	透視戴爾經營技巧	360 元
5	亞馬遜網路書店傳奇	360 元
6	動物智慧的企業競爭啟示	320 元
7	CEO 拯救企業	360 元
8	世界首富　宜家王國	360 元
9	航空巨人波音傳奇	360 元
10	傳媒併購大亨	360 元

《智慧叢書》

1	禪的智慧	360 元
2	生活禪	360 元
3	易經的智慧	360 元
4	禪的管理大智慧	360 元
5	改變命運的人生智慧	360 元
6	如何吸取中庸智慧	360 元
7	如何吸取老子智慧	360 元
8	如何吸取易經智慧	360 元
9	經濟大崩潰	360 元
10	有趣的生活經濟學	360 元
11	低調才是大智慧	360 元

《DIY 叢書》

1	居家節約竅門 DIY	360 元
2	愛護汽車 DIY	360 元
3	現代居家風水 DIY	360 元
4	居家收納整理 DIY	360 元
5	廚房竅門 DIY	360 元
6	家庭裝修 DIY	360 元
7	省油大作戰	360 元

《財務管理叢書》

1	如何編制部門年度預算	360 元
2	財務查帳技巧	360 元
3	財務經理手冊	360 元
4	財務診斷技巧	360 元
5	內部控制實務	360 元
6	財務管理制度化	360 元
8	財務部流程規範化管理	360 元
9	如何推動利潤中心制度	360 元

為方便讀者選購，本公司將一部分上述圖書又加以專門分類如下：

《主管叢書》

1	部門主管手冊（增訂五版）	360 元
2	總經理手冊	420 元
4	生產主管操作手冊（增訂五版）	420 元
5	店長操作手冊（增訂六版）	420 元
6	財務經理手冊	360 元
7	人事經理操作手冊	360 元
8	行銷總監工作指引	360 元
9	行銷總監實戰案例	360 元

《總經理叢書》

1	總經理如何經營公司(增訂二版)	360 元
2	總經理如何管理公司	360 元
3	總經理如何領導成功團隊	360 元
4	總經理如何熟悉財務控制	360 元
5	總經理如何靈活調動資金	360 元
6	總經理手冊	420 元

《人事管理叢書》

1	人事經理操作手冊	360 元
2	員工招聘操作手冊	360 元
3	員工招聘性向測試方法	360 元

5	總務部門重點工作（增訂三版）	400 元
6	如何識別人才	360 元
7	如何處理員工離職問題	360 元
8	人力資源部流程規範化管理（增訂四版）	420 元
9	面試主考官工作實務	360 元
10	主管如何激勵部屬	360 元
11	主管必備的授權技巧	360 元
12	部門主管手冊（增訂五版）	360 元

《理財叢書》

1	巴菲特股票投資忠告	360 元
2	受益一生的投資理財	360 元
3	終身理財計劃	360 元
4	如何投資黃金	360 元
5	巴菲特投資必贏技巧	360 元
6	投資基金賺錢方法	360 元

| 7 | 索羅斯的基金投資必贏忠告 | 360 元 |
| 8 | 巴菲特為何投資比亞迪 | 360 元 |

《網路行銷叢書》

1	網路商店創業手冊〈增訂二版〉	360 元
2	網路商店管理手冊	360 元
3	網路行銷技巧	360 元
4	商業網站成功密碼	360 元
5	電子郵件成功技巧	360 元
6	搜索引擎行銷	360 元

《企業計劃叢書》

1	企業經營計劃〈增訂二版〉	360 元
2	各部門年度計劃工作	360 元
3	各部門編制預算工作	360 元
4	經營分析	360 元
5	企業戰略執行手冊	360 元

請保留此圖書目錄：

　　未來在長遠的工作上，此圖書目錄可能會對您有幫助！！

在海外出差的……
台灣上班族

愈來愈多的台灣上班族，到大陸工作（或出差），對工作的努力與敬業，是台灣上班族的核心競爭力；一個明顯的例子，返台休假期間，台灣上班族都會抽空再買書，設法充實自身專業能力。

[憲業企管顧問公司]以專業立場，為企業界提供最專業的各種經營管理類圖書。

85%的台灣上班族都曾經有過購買（或閱讀）[憲業企管顧問公司]所出版的各種企管圖書。

尤其是在競爭激烈或經濟不景氣時，更要加強投資在自己的專業能力，建議你：

工作之餘要多看書，加強競爭力。

建立企業圖書館

當市場競爭激烈時：

培訓員工，強化員工競爭力
是企業最佳對策

　　「人才」是企業最大的財富。如何提升人才，是企業永續經營、戰勝對手的核心競爭力。積極培訓公司內部員工，是經濟不景氣時期的最佳戰略，而最快速的具體作法，就是「建立企業內部圖書館，鼓勵員工多閱讀、多進修專業書籍」

　　建議您：請一次購足本公司所出版各種經營管理類圖書，作為貴公司內部員工培訓圖書。使用率高的（例如「贏在細節管理」），準備 3 本；使用率低的（例如「工廠設備維護手冊」），只買 1 本。

經營顧問叢書 ㉝⑨　　　　　　售價：450 元

企 業 診 斷 實 務

西元二〇二〇年十月　　　　　　　　初版一刷

編著：黃憲仁

策劃：麥可國際出版有限公司（新加坡）

編輯：蕭玲

封面設計：宇軒設計工作室

校對：劉飛娟

發行人：黃憲仁

發行所：憲業企管顧問有限公司

電話：（02）2762-2241　　（03）9310960　　0930872873

電子郵件聯絡信箱：huang2838@yahoo.com.tw

銀行 ATM 轉帳：合作金庫銀行　　帳號：5034-717-347447

郵政劃撥：18410591　　憲業企管顧問有限公司

江祖平律師顧問：紙品書、數位書著作權與版權均歸本公司所有

登記證：行政業新聞局版台業字第 6380 號

本公司徵求海外版權出版代理商 （0930872873）

本圖書是由憲業企管顧問（集團）公司所出版，以專業立場，為企業界提供最專業的各種經營管理類圖書。

圖書編號 ISBN：978-986-369-093-1